软件系统开发指导教程系列丛书

软 件 工 程

郑　炜　朱怡安　主编

西北工业大学出版社

【内容简介】 本书用生动轻松的语言阐述了软件工程的基本概念、原理、设计方法、实现过程、测试技术以及文档规范,在此基础上,对软件项目管理、敏捷软件开发和嵌入式软件设计等高级知识进行了介绍。本书思路清晰,内容层次分明,深入浅出,逐步体现将软件工程化的思想,而且结合实例和具体应用工具解释相关软件工程知识,加深读者对概念、原理的认识。

本书共 13 章,内容翔实,体系合理,内容选择得当,理论及应用兼顾,具有非常强的实用性。通过对本书的学习,读者不但可以掌握软件工程的各种基本理论及技术,更能学以致用,领悟对软件产品进行工程化设计管理的精髓。

本书可作为高等学校软件工程、计算机专业的教材,也可供软件开发、软件项目管理人员自学和参考。

图书在版编目(CIP)数据

软件工程/郑炜,朱怡安主编 . —西安:西北工业大学出版社,2010.11
(软件系统开发指导教程系列丛书)
ISBN 978 - 7 - 5612 - 2942 - 2

Ⅰ.①软…　Ⅱ.①郑…　②朱…　Ⅲ.①软件工程—教材　Ⅳ.①TP311.5

中国版本图书馆 CIP 数据核字(2010)第 216217 号

出版发行:西北工业大学出版社
通信地址:西安市友谊西路 127 号　　邮编:710072
电　　话:(029)88493844　　88491757
网　　址:www.nwpup.com
印刷　者:陕西向阳印务有限公司
开　　本:787 mm×960 mm　1/16
印　　张:16.125
字　　数:347 千字
版　　次:2010 年 11 月第 1 版　　2010 年 11 月第 1 次印刷
定　　价:26.00 元

前　言

　　软件工程的概念自 1968 年提出以来到现在已经过 40 多年的发展，为软件行业从业人员从事软件开发和维护提供了理论指导和基本原则，促进了软件行业的规范化和发展，也促进了软件工程自身理论体系的完善和发展。

　　软件工程课程是培养学生从单纯的程序设计技能向软件开发、管理能力发展的重要课程，也是软件从业人员从程序员向软件工程更高层次职位发展必须具备的专业知识块，其重要性不言而喻。

　　本书全面系统地介绍了软件工程的思想、软件开发的基本原理和技巧。从需求分析到软件设计所有的原理、技术和工具都是通过大量的案例分析来进行阐述的，并覆盖了所有主要的软件开发时期、阶段和步骤；同时，这些原理、技术和工具也能够被应用于大型软件的开发项目中去。具体来说本书有以下特色：

　　（1）本书在系统和详尽地论述软件工程的思想、研究内容的同时介绍了很多的软件开发方法，为了使读者容易理解，书中引入了大量翔实的案例，结合实例讲解理论，使理论更加通俗易懂。

　　（2）为了与最前沿的知识相结合，本书中加入了软件工程领域的最新技术——第 12 章敏捷软件开发和第 13 章嵌入式技术。在第 12 章中对敏捷开发的概念、原则、模式与实践进行了阐述，并介绍了主要的敏捷开发方法，对具有代表性的敏捷开发方法极限编程（Extreme Programming，XP）和 Scrum 进行了详细的介绍。第 13 章中论述了嵌入式应用软件开发的主要步骤，主要包括嵌入式软件需求分析、嵌入式软件构架设计和嵌入式软件测试。

　　（3）书中每章的开始都有本章的学习目标和内容简介，每章的后面都有"本章练习"，极好地满足了读者课前预习、课后复习与知识巩固的需要。

　　（4）在本书写作中力求思路清晰，内容层次分明，概念准确无误，同时力求通俗易懂，由浅入深。

　　本书旨在帮助读者了解软件工程的概念和发展，掌握软件工程的分析、设计、实现、测试等方法和技术，培养具备专业知识能力和卓越工程师特色的高层次、国际化、工程型的优秀的软件人才。通过对本书的学习，读者可以掌握软件工程的各种基本理论及技术和一定的软件项目管理知识，具有从事软件工程领域科学研究工作综合设计能力和创新能力。

　　本书共 13 章，下面是对本书中各个章节的简要介绍：

　　第 1 章概述了软件危机的由来和软件工程的产生，阐述了软件工程的目标、研究内容及基本原理，简单介绍了软件开发方法。

第 2 章概述了软件生存周期的定义和方法学，讨论并比较了多种软件过程模型，包括边做边改模型、瀑布模型、快速原型模型、增量模型、同步-稳定模型、螺旋模型、面向对象模型。

第 3 章叙述了可行性分析的任务、可行性分析的步骤、可行性分析报告并通过案例来进行可行性分析。

第 4 章描述了需求分析的目标和任务、需求分析的过程、需求获取，介绍了结构化分析方法，详细叙述了实体关系的创建。

第 5 章概述了面向对象分析的基本原理、概念和过程，通过实例对 OOA 进行了详细描述。

第 6 章概述了面向对象设计的基本概念与原理、任务和目标，详细介绍了多种面向对象设计的方法，包括传统的设计方法、Booch 方法、Coad 方法、OMT 方法、VMT 方法，并对五种设计方法进行了比较。最后通过实例讲解了 UML 时序图、UML 协作图、UML 详细类图和活动图。

第 7 章面向对象系统实现部分讨论了详细设计的任务和原则、详细设计的内容以及详细设计的规格说明书，编码的重用性和编码规范。

第 8 章概述了软件测试基本概念和类型，详细讨论了单元测试、集成测试、系统测试、验收测试、性能测试、自动化测试、JUnit、QTP、LoadRunner。

第 9 章叙述了软件文档定义、分类、文档模板及使用说明、需求规格说明书、需求跟踪矩阵、项目开发计划、项目测试计划、概要设计说明书、数据库设计说明书、详细设计说明书、测试用例、项目总结报告、用户手册等多种软件文档，并讨论了文档编制要求、文档常见问题、软件文档作用。

第 10 章叙述了软件维护定义、分类及作用，分别讨论了改正性维护、适应性维护、完善性维护、预防性维护并给出了实际案例。介绍了软件维护流程和管理，并讨论了提高软件的可维护性的方法。

第 11 章概述了软件项目管理中的一些基本概念，项目启动，分析项目需求，项目预估，创建项目计划，项目风险的识别、评估和处理。

第 12 章叙述了敏捷软件开发的实践原则和方法，讨论了极限编程的特点和核心价值，以及 Scrum 的概念、模型、开发过程和应用。

第 13 章概述了嵌入式软件设计的基础知识、应用、生存周期，详细描述了嵌入式软件需求分析，嵌入式软件架构设计，嵌入式软件测试方法、策略和工具。

本书由西北工业大学郑炜、朱怡安任主编，西北工业大学汪芳、长安大学杨云、西安邮电学院刘斌任副主编，西安财经学院张英鹏、吴潇雪、段芳芳、王蒙、卢夏子、付伟强、廖建、李雨江、陈进朝参与编写。

由于水平有限，书中不足之处在所难免，敬请广大的读者批评指正。

编　者

目　　录

第1章 软件工程概述

本章目标 软件工程是一门研究如何用工程的原则和方法来指导软件开发和维护的工程类学科,它采用工程学的原理、技术和方法,把成熟的软件管理技术和先进的软件开发方法结合起来,以较少的投资获取高质量的软件。本章主要介绍软件与软件危机、软件工程的产生与研究内容、软件开发方法及软件生存周期等,使读者对软件工程有一个初步、整体的认识。

通过对本章的学习,读者应该达到以下目标:

- 了解软件的概念、特点、分类;
- 了解软件的发展和软件危机;
- 了解软件质量的评价标准;
- 了解软件工程的概念、研究内容;
- 了解软件开发的方法;
- 了解软件生存周期。

1.1 软件工程的产生

1.1.1 计算机软件

"软件"(Software)是 20 世纪 60 年代初从国外传入我国的,它由 soft 和 ware 两个词组合而成,有人译为"软制品",也有人译为"软体",现在我国大陆地区称之为"软件"。一直以来,软件缺乏一个统一的定义,业界比较统一的认识是:软件是与硬件(Hardware)相互依存的计算机系统的组成部分,它包括程序、程序运行时所需的数据及相关文档。其中,程序是按特定功能设计的适合于计算机运行的指令序列;数据是使程序能正常处理信息的数据结构;文档是与软件开发、维护和使用有关的,方便人们阅读、修改和维护程序的图文资料。软件与传统的工业产品相比,具有以下的特性:

(1)软件具有抽象性。软件是以程序、数据和文档的集合形式出现的,看不见,摸不着,它被保存在计算机的存储介质上,只有通过计算机的执行才能实现其功能。

(2)软件具有可复制性。软件一旦被开发出来后,通过简单复制就可以产生大量的软件产品。

(3)软件具有耐用性。软件在使用过程中,不会被磨损,不会出现老化问题。但是软件在使用过程中会为了适应需求环境的变化而被修改,当修改的成本不可接受时,软件就会被淘汰。

（4）软件具有可移植性。软件在经过简单修改或不经修改后就可以运行于不同的软硬件环境,主要体现在程序代码的可移植性。但是如何提高软件的可移植性仍然是软件工程师面临的主要问题之一。

（5）软件具有复杂性。软件产品的开发不仅要用到计算机的专业知识,而且涉及各行各业的软件应用领域的专门知识,是目前为止最为复杂的工业产品之一。

（6）软件开发的效率低。不同于现代工业产品是通过对各种厂商生产的零部件进行组装而成,大多数软件需要为不同用户的不同需求专门开发,从而使软件产品的开发至今尚未完全摆脱手工作坊的方式,生产效率较低。

（7）软件开发的成本高。软件的开发工作一方面需要投入大量的、复杂的、高强度的脑力劳动,使其开发成本较高;另一方面,软件开发中重复修改造成的工作量增大、工期延长等问题也增加了软件的开发成本。

（8）软件开发和运行受到的制约因素多。其中包括体制管理、使用者的观念及心理等因素的影响。

随着软件技术的不断发展和软件应用领域不断深入,软件根据不同标准被划分为多种类型。例如,从功能上看,软件可以分为系统软件、支撑软件和应用软件;从软件服务对象上看,软件可以分为项目软件（也称定制软件）和产品软件,项目软件如铁路售票系统,产品软件如文字处理软件;从开发软件的规模,如人数、时间以及完成的源程序行数上看,软件可以分为小型软件、中型软件、大型软件和超大型软件（见表 1-1）。

表 1-1 软件按规模的分类

类　别	开发人员数	开发期限	源程序行数
小　型	1～10	1～6 月	1k～5k
中　型	10～50	1～2 年	5k～500k
大　型	50～100	3～4 年	500k～1 000k
超大型	2 000～5 000	5～10 年	1M～10M

1.1.2　软件的发展

20 世纪 40 年代,软件伴随着世界上第一台电子计算机的诞生而出现。之后,随着计算机体系结构的不断变化和应用领域的不断扩展,计算机软件的规模越来越大,软件的复杂性越来越高,其发展历程大致经历了以下 3 个阶段。

1.“个体生产”阶段（20 世纪 40 年代中期至 60 年代初期）

在计算机系统开发初期,软件几乎都是为解决某个具体应用问题而专门编写的,编写者往往是数学家或电子工程师,使用者也往往是同一个人或同一组人,软件的规模通常比较小,因此称之为"个体生产"阶段。在这个阶段，人们把软件开发看做是一种个人艺术的创造，只要程序运行能得到正确的结果，程序的写法可以不受约束，最后造成所开发的软件（"艺术品"）除了程序清单外，几乎没有其他文档资料保存下来。

2．"作坊式生产"阶段（20 世纪 60 年代初期至 70 年代初期）

随着计算机软硬件新技术的不断出现、软件应用范围的不断扩大，以及软件的复杂性和规模的不断增加，软件的开发需要多个人协同完成，从而形成了"作坊式生产"。但是，这个阶段的软件开发仅将"单干"改变为"生产队"，本质上还是沿用"个体生产"的方式，造成后期软件的维护和管理异常困难。例如，程序员要花费大量的时间和精力修改程序运行中的错误；程序员不得不修改程序以适应新的硬件或操作系统环境；程序员需要不断地增加和删除程序，以适应用户需求的不断变化等。这些难以管理和维护的工作，造成软件开发成本超出预算、软件开发工期超时、软件质量越来越得不到保证，甚至最终无法使用等问题，这就是早期的软件危机（Software Crisis）。

3．"工程式生产"阶段（20 世纪 70 年代初期至今）

为了适应软件发展的需要，克服软件危机，人们开始寻求采用工程化的方法来开发软件，使软件从人们认为的"艺术产品"转化为工业产品，这就是"工程式生产"阶段。这个阶段开始有更多的科学家着手研究软件工程学的理论、方法和工具等一系列问题，并逐渐提出了软件过程模型、软件开发过程的度量标准、面向对象的方法、软件的维护与测试方法、软件项目管理的思想、敏捷软件开发方法等。

1.1.3　软件危机

在软件发展的第二阶段，随着软件的规模越来越大，人们在实践中发现随心所欲开发的软件，程序晦涩难懂，漏洞百出，致使各种开发和维护软件的问题积累起来，形成了软件危机。软件危机曾经造成一些项目损失巨大，甚至造成了人员伤亡。例如：

1962 年 7 月 22 日美国飞往金星的火箭控制系统中的指令，"DO 5 I ＝1,3"被误写成"DO 5 I ＝1.3"，致使火箭偏离轨道，被迫炸毁，造成重大损失。

IBM 公司 1964 年推出的 OS/360 操作系统，花费了数亿美元，耗时 5 000 多个人·年，开发了 100 万条指令，结果却问题百出，这个操作系统每次发行的新版本都能从前一版本中找出上千个程序错误。

1967 年 8 月 23 日，苏联"联盟一号"载人宇宙飞船，也由于忽略了一个小数点，在进入大气层时因打不开降落伞而烧毁。

微软公司发布的 Windows，Office，IE 浏览器等多款软件产品，均存在着不同程度但数量可观的漏洞，每隔一段时间，就需要打上相应的补丁。

20 世纪 60 年代，由于软件的质量问题造成的一系列重大事故引起了科学家们的关注，到了 1968 年，北约组织的计算机科学家在德国召开的学术会议上第一次正式讨论了软件危机的问题，并正式确立了"软件工程"这个概念。软件开发和维护过程中遇到的一系列严重问题都属于软件危机的范畴。而软件工程学的目的就是以工程的原则和方法进行软件开发,以研究和解决软件危机,不仅包括处理程序中出现的错误这些典型的软件危机的问题,还包括如何控制软件的开发过程,如何对软件的质量进行度量,如何提高软件的开发效率,以及如何维护越来越多的软件等。具体地说,软件危机主要表现如下:

(1)软件产品满足不了用户的实际需求。

(2)软件开发的成本和进度常常无法准确估计,通常是开发成本超出预算,开发进度超时。

(3)软件产品的质量差,在实际使用中常常漏洞百出。

(4)软件产品的可维护性差,造成软件维护的成本常常高于重新开发一个新的软件。

(5)软件开发过程的文档资料既不准确又不合格,甚至造成开发者都无法对其进行维护。

(6)软件开发的效率低,跟不上硬件的发展和人们需求的增长。

产生软件危机的原因非常复杂,既涉及软件开发的参与者,如管理人员、开发人员、客户等,又与软件开发过程的各个环节直接相关。其具体原因有以下几种:

(1)开发人员在软件开发的初期不能明确、清楚地获取用户的需求,在开发过程中又未能及时与客户沟通;客户在开发初期未能准确、充分地描述自己的需求,在开发过程中又随时要改变自己的需求,最终造成开发出来的产品无法使用。

(2)软件开发过程中的不同阶段有不同的目标和限制,致使工作量难以估计,造成成本和工期无法估计。

(3)开发过程没有统一的、规范的理论指导,缺少必要的质量管理和评审标准,致使软件产品的质量低、可维护性差。

(4)管理人员、开发人员存在错误观念,例如轻视测试阶段的工作,忽视软件的维护与管理,轻视文档资料的记录和整理,认为程序只要能运行就算完成等观念。

为了摆脱软件危机造成的困境,软件工程师们经过不断的实践和总结,最终认识到:按照工程化的原则和方法组织软件开发工作,是摆脱软件危机的一个主要出路。

1.1.4 软件工程的定义

软件工程这个名词是在 1967 年提出来的,正式批准是在 1968 年在德国举行的北约软件工作会议上。它的初衷是希望软件能像其他工程领域的产品一样进行设计、实现和管理。例如,在土木工程的公路桥梁建设中,设计者会尽最大的努力去试验不同的条件,以避免所设计的产品不合格或者问题不断。但是,在软件工程不断发展的过程中还没有出现一个统一的定义。

20 世纪 70 年代,弗里兹·鲍尔(Fritz Bauer)曾经为软件工程下了定义:"软件工程是为了经济地获得能够在实际机器上有效运行的可靠软件,而建立和使用的一系列完善的工程化原则",其主要思路是想将系统工程的原理应用到软件的开发和维护中。

美国著名软件工程专家 B. Boehm 认为软件工程的定义是:运用现代科学技术知识来设计并构造计算机程序,以及开发、运行和维护这些程序所必需的相关文件资料。

　　1983 年 IEEE 给出的定义为："软件工程是开发、运行、维护和修复软件的系统方法"。

　　国内 2005 年出版的《计算机科学技术百科全书》中的定义是这样：软件工程是应用计算机科学、数学及管理科学等原理，开发软件的工程。软件工程借鉴传统工程的原则、方法，以提高质量、降低成本。其中，计算机科学、数学用于构建模型与算法，工程科学用于制定规范、设计范型（paradigm）、评估成本及确定权衡，管理科学用于计划、资源、质量、成本等管理。

　　从以上的定义中可以看出：软件工程提供了如何开发软件的方法，包括如何完成项目计划与估算、系统需求分析、数据结构设计、系统总体设计、算法设计、编码、测试和维护等。软件工程也是一种工具，就是帮助开发人员分析、设计、开发和维护软件的工具，如数据流程图（Data Flow Diagram）工具，数据字典（Data Dictionary）工具、模块结构图（Structured Chart）工具，以及一些辅助工具的集成（Computer Aided Software Engineering，CASE，计算机辅助软件工程）等。软件工程还可以是一种过程，就是软件开发的各个环节所需要遵守的各种规范，软件过程定义了方法和工具使用的顺序、可交付产品的要求、质量保证的要求，以及软件开发过程各个阶段完成的标志等。实际上，方法、工具和过程三者是软件工程的三要素。

1.2　软件工程的目标、研究内容及基本原理

1.2.1　软件工程的目标与软件质量评价

　　软件工程学研究的是如何应用一些科学理论和工程上的技术来指导软件系统的开发，其最终目标是：以较低的成本研制具有较高质量的软件。那么如何来评价软件质量呢？

　　早期，人们一般认为只要软件能正确运行以及运行效率高，就认为软件质量好。近年来随着软件规模的增加和复杂性的提高，评价一个软件质量的好坏往往需要从是否满足需求，是否遵循了软件工程的规范，以及是否能满足隐含的需求等方面作较全面的评价。

　　1976 年，B. Boehm 提出了软件质量模型的分层方案，在此基础上，1979 年 McCall 等人提出了三层次软件质量模型，如图 1－1 所示。该模型将评价软件质量的 11 个要素分布到软件产品运行、产品修正和产品转移过程中。

　　McCall 等人的软件质量要素定义如表 1－2 所示。

　　对以上各个质量特性直接进行度量是很困难的，在有些情况下甚至是不可能的。因此，McCall 等人定义了一组软件质量要素评价准则，这些准则通过对影响软件质量要素的属性进行分级，来估计软件质量要素的值。

　　需要注意的是：软件质量要素直接影响软件开发过程各个阶段的产品质量，而且软件质量要素不是一成不变的，可能随着对软件质量的理解而不断深化。

　　为了保证软件质量，在软件开发过程的每个阶段，都应该采取一系列的技术和质量保证措施，在软件开发过程中任一环节的疏忽，都可能造成无法弥补的缺陷。

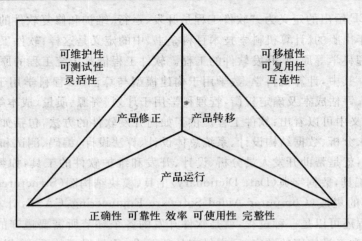

图 1-1 McCall 软件质量模型

表 1-2 McCall 的质量要素定义

质量要素	定 义
正确性	在预定环境下,软件满足设计规格说明及用户预期目标的程度
可靠性	软件按照设计要求,在规定时间内、规定条件下不出故障、持续运行的程度
效率	为了完成预定功能,软件系统所需计算机资源的多少
完整性	为了某一目的而保护数据,避免它受到偶然的或有意的破坏、改动或遗失的能力
可使用性	用户学习、使用软件及为程序准备输入和解释输出所需工作量的大小
可维护性	为满足用户新的要求,或当环境发生了变化,或运行中发现了新的错误时,对一个已投入运行的软件进行相应诊断和修改所需工作量的大小
可测试性	测试软件以确保其能够执行预定功能所需工作量的大小
灵活性	修改或改进一个已投入运行的软件所需工作量的大小
可移植性	将一个软件系统从一个计算机系统或环境移植到另一个计算机系统或环境中运行时所需工作量的大小
可复用性	一个软件(或软件的部件)能再次用于其他应用(该应用的功能与此软件或软件部件的所完成的功能有关)的程度
互连性	连接一个软件和其他系统所需工作量的大小。如果这个软件要联网或与其他系统通信,或要把其他系统纳入自己的控制之下,必须有系统间的接口,使之可以联结。互连性又称相互操作性

1.2.2　软件工程的研究内容

经过 40 多年的发展,软件工程的理论和实践有了较大的发展,并且在不断完善,归结起来软件工程研究的主要内容包括软件工程过程、软件开发技术、软件工程标准。这 3 个方面贯穿软件开发和维护的整个过程。

1. 软件工程过程

软件工程过程是软件开发者为了获得软件产品,使用软件开发技术进行的一系列的活动、方法及实践。软件工程过程通常包含四种基本的过程活动。

- P(Plan):计划。指投入、需求分析、规格说明等,定义软件的功能及其运行的机制。
- D(Do):实施。指软件设计、开发等,开发满足规格说明的软件。
- C(Check):检查。指软件验证和确认,确认软件能够完成客户提出的要求。
- A(Action):改进。为满足客户需求的变更,软件必须在使用的过程中改进。由于用户的需求和使用环境具有不可预知性,因此软件工程过程是个学习改进的过程。

事实上,软件工程过程就是为建立软件过程所必须实施的一系列工程化的活动,涉及与此相关的方法、工具和环境的研究。它应当是科学的、合理的,否则必将影响到软件产品的质量。

2. 软件开发技术

软件开发技术包括了软件开发方法、工具和环境。方法、工具和环境之间有着密切的联系。方法是主导,工具是方法的辅助,方法、工具连同硬件形成软件开发和维护的环境。

软件开发方法是根据不同的软件类型,按不同的观点和原则,对软件开发中应遵循的策略、原则、步骤和必须产生的文档资料做出规定,从而使软件的开发能够规范化和工程化。

软件开发工具(Software Development Kit,SDK)是帮助人们开发软件的软件,它从需求分析、系统设计、编程、文档生成、测试和管理各方面,对软件开发全过程提供不同程度的支持,提高了软件开发的质量和效率。与 SDK 相关的技术有计算机辅助软件工程 CASE、组件程序设计(Component Programming)等。

软件开发环境(Software Development Environment)是指为支持软件的工程化开发和维护而使用的一组软件,它由开发工具和环境集成机制构成,为软件的开发、维护及管理提供统一的支持。

3. 软件工程标准与规范

软件工程标准与规范为软件开发人员提供了在整个软件工程各个阶段所必须遵循的原则。目前,其标准主要有 5 个层次:国际标准、国家标准、行业标准、企业规范和项目规范。

如果软件开发者不遵守这些开发准则,软件质量就得不到保证。此外,软件职业道德规范的建设和教育也具有现实意义。

1.2.3 软件工程的基本原理

1983 年,美国著名的软件工程专家 B. Boehm 综合研究了其他专家学者们的意见,并总结了 TRW 公司多年开发软件的经验,提出了软件工程的 7 条基本原理。

(1)用分阶段的生存周期计划进行严格的管理。

(2)坚持进行阶段评审。

(3)实行严格的产品控制。

(4)采用现代程序设计技术。

(5)软件工程结果应能清楚地审查。

(6)开发小组的人员应该少而精。

(7)承认不断改进软件工程实践的必要性。

B. Boehm 指出,遵循前 6 条基本原理,能够实现软件的工程化生产;按照第 7 条原理,不但要积极主动地采纳新的软件技术,而且要注意不断总结经验。读者在今后的学习过程中可以对这几条理论不断地加深体会和理解,在此不再赘述。

1.3　软件开发方法

软件开发技术经过 50 多年的发展,从最初通过手动操作控制台的方式向计算机主机输入程序指令,到今天借助计算机软件开发工具开发软件,其开发方法经历了结构化方法、面向对象方法、形式化方法的演变。

1.3.1　结构化方法

结构化方法(Structured Method)是一种传统的软件开发方法,它主要强调开发方法的结构合理性和所开发软件的结构合理性。结构化方法是功能分解的方法,采用抽象和模块分解,其核心是自顶向下、逐步求精。目前已经形成一整套结构化方法,即结构化分析方法(Structure Analysis)、结构化设计方法(Structure Design)和结构化程序设计方法(Structure Programming)。

结构化分析方法为系统分析人员确定软件系统的功能规约提供了原理与技术。其手段主要有数据流图、数据字典、结构化语言以及判定树等。

结构化设计方法为软件设计人员进行系统模块的划分提供了原理与技术。在设计过程中,它从整个系统的结构出发,以数据流图为基础设计程序的模块结构,进而设计程序模块之间的关系。系统模块的划分应当遵循以下 3 条基本要求:

(1)内聚性。模块的功能在逻辑上尽可能单一化、明确化,尽可能使每个模块执行一个功能。

(2)耦合性。模块之间的联系及相互影响尽可能少,对于必需的联系都应当加以明确的说明,如参数的传递、共享文件的内容与格式等。

(3)最小化。模块的规模应当足够小,以便于编程和调试。

结构化程序设计方法为编程人员编写程序提供了三种基本结构:顺序结构、选择(分支)结构和循环结构,这三种基本结构之间可以并列、可以相互包含,但不允许交叉,这样的程序结构清晰,易于验证,易于纠错,并且方便调试。

结构化方法技术成熟,应用广泛,适合功能需求能够预先确定的系统的开发,但是这种方法难以适应客户需求的变化(用户需求的变化常常针对功能),难以解决软件复用问题,程序的运行效率不高,不适合大型软件的开发。

1.3.2　面向对象方法

面向对象方法(Object – Oriented Method)是分析问题和解决问题的新方法,其基本出发点就是尽可能让计算机按照人类认识世界的方法和思维方式来分析和解决问题,也就是说,以接近人类思维的方式在计算机上建立问题域模型和求解问题,从而使设计出的软件尽可能地描述现实世界。面向对象的基本思想可以归纳为以下四点:

(1)客观世界的任何事物都是对象(Object),从最简单的数字到极其复杂的航天飞机等都可视为对象。对象既可以是具体的实体,也可以是抽象的规则、计划或事件,它们都有一些静态属性,也都有一些操作的行为,这些属性与行为作为一个整体,对外不必说明,这称为"封装性(Encapsulation)"。

(2)所有对象可以被归为不同的类(Class),类是在对象之上的抽象,一个类所包含的方法和数据描述一组对象的共同行为和属性。例如,水果、蔬菜等都是类。相对于类,对象则是类的具体化,是类的实例(Instance)。

(3)类可以有子类和父类,从而形成层次结构。父类所具有的特性(包括数据和方法)不必加以说明和规定自然地成为它的子类的特性,这称为"继承性(Inheritance)"。

(4)对象之间可以通过传送"消息(Message)"进行联系,一个消息可以是一个参数,也可以是某个操作。

面向对象软件开发方法与结构化方法一样,在发展过程中也形成了一整套的开发方法,它由面向对象分析(Object – Oriented Analysis,OOA)、面向对象设计(Object-Oriented Design,OOD)和面向对象程序设计(Object-Oriented Programming,OOP)组成。

面向对象分析(OOA)是抽取和整理用户需求,并建立问题域模型的过程。面向对象分析的关键是识别出问题域内的对象,并分析它们相互间的关系,最终建立起问题域的简洁、精确、可理解的模型。

面向对象设计(OOD)的目标是建立可靠、可实现的系统模型,其过程就是通过细化分析、完善面向对象分析的成果,同时结合面向对象的实现技术、实现环境,完成设计的过程。OOD过程包括整体设计解决策略和局部的模型细化两个方面。

面向对象程序设计(OOP)指将面向对象设计的结果通过某种面向对象程序设计语言编写成面向对象程序,并且完成程序的测试与调试。

面向对象方法使软件的开发工作从分析、设计、编码到测试采用一致的模型表示,具有高度连续性,软件复用性好,可维护性好,并能控制软件的复杂性和降低开发维护费用。因此,本书在后面的章节中采用了大量的篇幅介绍 OOA 和 OOD。

1.3.3 形式化方法

20 世纪 60 年代后期,针对当时的"软件危机",人们提出种种解决方法,其中最主要的有两类:一是采用工程的方法来指导软件系统的开发;二是通过探讨软件开发过程的规律,建立严密的理论,以其来指导软件的开发。前者促成了"软件工程"的出现和发展,后者则推动了形式化方法的深入研究。

形式化方法(Formal Methods)是基于严格定义的数学概念和语言,语义清晰,无歧义,可以用自动化或半自动化的工具进行检查和分析。而传统的开发方法是基于自然语言的思考、设计和描述,语义含糊,依赖于参与者的经验和理解,只能通过人的交流活动进行分析。

形式化方法研究的是如何把具有严格数学基础的软件的需求、特征、技术和过程等方面的描述,引入到软件开发的各阶段。形式化方法在软件开发中的应用包括以下几个方面:

(1)规范(Specification)。采用具有严格定义的形式和语义的形式化语言,描述软件需求、分析、设计和实现。

(2)分析和推理(Reasoning and Analysis)。对形式化规范进行分析和推理,研究它的各种特征,例如是否不一致、不明确或不完整等,从而得出最终的软件产品是否满足这些规范。

(3)精化(Refinement)。通过反复精化,推导更接近实现的包含更多细节的规范,最终得到正确的可运行程序。

形式化方法的研究目的就是希望能够提供更好的理论、方法和工具,扩大形式化方法的应用范围和使用价值。形式化方法的意义在于它能帮助发现其他方法不容易发现的系统描述的不一致、不明确或不完整,有助于提高软件系统的安全性与可靠性,并增强软件开发人员对系统的理解。近年来,软件开发人员开始重视将形式化方法与结构化方法、面向对象的方法结合起来进行软件开发。

1.4 本 章 小 结

本章在介绍计算机软件的基本概念、特点、类型及其发展的基础上,分析了软件危机的表现和原因,讨论了软件工程的产生、软件工程的研究内容和目标,比较了几种软件开发方法,最后介绍了软件生存周期的 7 个阶段,使大家对软件工程有一个初步的、整体的认识。

本书作为软件工程基础教材,重点是介绍在软件开发过程中,如何利用软件工程的方法提高软件开发的效率和质量。需要大家通过实际项目和大量练习来掌握软件开发中的工具与方法。后面几章将会重点对这些内容展开进行讲解,帮助读者更好地理解和掌握。

本 章 练 习

1. 什么是软件？软件产品和传统的工业产品有什么区别？

2. 软件经历了哪几个阶段的发展？各有什么特征？

3. 你认为软件是"艺术品"吗？为什么？

4. 什么是软件危机？试述软件危机产生的原因及摆脱软件危机有什么方法。

5. 什么是软件工程？什么原因促成了软件工程的产生？

6. McCall 对软件质量的评价标准有哪些？你认为还应该有哪些评价标准？

7. 有人说：软件开发时，一个错误发现得越晚，为改正它所付出的代价就越大。这个说法是否正确？请解释原因。

8. 如何理解软件工程的研究内容？

9. 结构化开发方法和面向对象的方法有什么区别？

10. 形式化方法比传统开发方法有什么优势？

11. 软件生存周期都有哪些阶段，各个阶段的目标是什么？

12. 软件工程面临的问题是什么？

第 2 章　软件生存周期

本章目标　对于一款软件产品的研发,从问题的提出,经过开发、使用、维护、修订,直到最后终止使用而被另一款软件所取代,就像是一个生命体从孕育、出生、成长到最后消亡,软件的这种状态变化的过程称为生存周期(Life Cycle)。组织软件开发过程的规则称为软件生存周期模型,或软件过程模型。第 1 章,对软件工程的基本概念,软件的发展历史及相关术语等进行了介绍。本章主要讲述软件生存周期的定义、软件生存周期的各个阶段,以及几种常用的软件过程模型。

通过对本章的学习,读者应该达到以下目标:
- 理解并掌握软件生存周期的概念;
- 了解软件生存周期的阶段划分和各阶段的任务;
- 熟悉常见的软件过程模型,了解各模型的特点和不足;
- 能够根据实际情况选择合适的软件过程模型。

2.1　生存周期概述

软件生存周期(Software Life Cycle),也称为软件生命周期,是软件工程最基础的概念。软件工程的方法、工具和管理都是以软件生存周期为基础的活动。换句话说,软件工程强调的是使用软件生存周期方法学和使用成熟的技术和方法来开发软件。

软件产品和其他产品一样,也存在从设计、生产、使用、维护到淘汰的过程。软件生存周期就是从提出软件产品开始,直到该软件产品被淘汰的全过程。软件生存周期的基本思想:任何一款软件都是从项目的提出开始到最终被淘汰为止,有一个存在期。软件"生存周期"的概念并不是说软件同硬件一样,存在"被用坏"和"老化"问题,而是指其存在价值从有到无。

2.2　生存周期方法学

每个人的生存周期可划分为幼年、少年、青年、中年及老年。类似地,软件在其生存周期内,也可以划分为若干个阶段,每个阶段都有较明显的特征,有相对独立的任务,以及专门的方法和工具。前一个阶段任务的完成是后一个阶段的开始和基础,而后一个阶段通常是将前一个阶段的方案进一步具体化。每一个阶段的开始和结束都有严格的标准。前一个阶段结束的标准就是其直接后继阶段开始的标准。每一个阶段结束之前都要接受严格的技术和管理评审。如果不能通过评审,则须重复前一阶段的工作,直至通过上述评审后才能进入下一阶段。

大多数软件工程师认为,所有软件都存在以下的发展阶段:需求分析阶段、描述与定义阶段、设计阶段、实现阶段、测试阶段、使用维护阶段和淘汰阶段。

1.需求分析阶段

这是一个软件产品的开始阶段,软件工程师需要了解客户(或用户)需要什么样的软件产品,应具备哪些功能,完成何种任务,处理什么数据,等等。如第 1 章所述,软件工程师是软件的开发者(Developer),负责软件的设计、实现与部分测试工作和软件维护工作。客户(Client)是委托开发软件产品的人,他不一定是最终的软件产品使用者。用户(User)才是最终的软件产品使用者。客户负责向软件开发者提出软件需求,并负责软件产品的验收。但由于软件客户未必都是计算机专业人员,而计算机工程师又往往不了解客户所在领域的工作与专业知识,所以双方对所需软件的理解与认识往往会存在很大的差距。为了减少这种差异,软件工程师们需要采用尽可能准确的方法来记录客户的需求,包括软件功能、工作环境、运行条件、数据格式、界面风格、工作流程、输出格式、安全性条件,以及应急处理的要求等。这是一个不断了解、沟通、讨论和定义的过程。有时客户对软件产品的理解也仅仅停留在一个非常模糊的概念上,对具体的功能要求与实现模式还没有清晰的定位,还需要软件工程师根据自己以往的经验进行引导,这正是软件需求的难点所在。本阶段的成果是软件需求文档。

2.描述与定义阶段

根据软件需求文档的要求,软件工程师在本阶段需要使用计算机技术准确描述与定义软件产品的所有要求。因为这个阶段的工作仍是对客户需求的定义过程,所以在实际软件开发中,也往往与软件需求分析阶段合并或交叉进行。软件工程师们为了便于与客户沟通,需要采用尽可能容易理解的方式来对软件需求进行描述与定义。如软件的输入输出格式描述:以表格形式约定软件的数据输入与输出格式。工作流程、控制流程描述:通过图形与文字,对客户的软件工作模式和约束条件进行定义。软件实例描述:以文字或图形的方式,对客户需要的软件动作(Action)进行定义。界面描述:以图形化的形式,对客户的人机界面进行定义。安全性描述:以实例和约束条件,对软件安全性进行定义。

本阶段的成果是生成软件需求规格说明书。此时,已基本完成了对软件功能、性能和外部条件的要求与定义。可以对软件开发的可行性、时间、经费、风险等进行评估,并制订软件项目计划,签定合理的软件合同。

3.设计阶段

依据软件需求规格说明文档的内容,具体设计软件的结构、方法、数据、界面,以及各个软件功能模块的接口、数据、算法和界面。这个阶段也可以分为概要设计和详细设计两个子阶段。概要设计阶段主要完成对软件总体结构的设计和模块的划分工作。详细设计阶段完成各个软件模块的设计工作。软件设计将客户需求转变成了具体的计算机实现方法与步骤,此阶段的成果,是软件设计文档。它既是指导软件实现的依据,也是测试和验收软件的标准。换言之,软件设计阶段的工作,事实上已经决定了软件研发的成败、质量和效率。

4. 实现阶段

本阶段是依据软件设计文档,将各个软件模块翻译或转换成一种或几种计算机可以识别的程序来实现,也就是我们常说的编码。随着面向对象技术的不断发展,软件复用性技术得到了不断的提高。以组件软件为代表的软件设计与实现技术,正极大地改变着传统软件的设计与开发方法。以微软公司的 COM,COM+组件模式和以 SUN 公司的 EJB 组件模式为代表的成熟商业组件软件,已经成为当今软件开发的重要组成部分,也极大地提高了软件实现的效率和软件的可靠性。

从软件设计到实现,就是一个翻译和平台转换的问题。研究形式化软件需求描述方法,提高软件需求描述的准确性和正确性,进一步利用软件开发工具实现从需求描述到计算机代码的自动配置与翻译,已成为软件过程领域的重要研究方向之一。一些卓有成效的转换工具也不断地涌现出来,比如各种程序设计语言、编译程序、解释程序和编辑程序、汇编程序、逆汇编程序、逆编译程序、交叉编译程序、模拟程序、仿真程序和 CASE 工具等。

这个阶段的成果是可运行的计算机代码。

5. 测试阶段

这个阶段的任务就是测试软件是否达到了客户的要求,目的是尽可能地发现软件存在的错误,形成软件测试报告,并进行修正。许多软件工程师都认为软件测试是在编码完成后才进入的阶段,是测试人员的工作,与设计人员无关。事实上,软件测试工作涉及软件生存周期的各个阶段。各个阶段都应该进行相应的测试工作,并形成不同阶段的测试报告。需求分析阶段要测试需求规格说明是否达到了客户的要求;软件设计阶段要测试设计是否满足了需求的说明;实现阶段的测试要查找代码中所存在的错误,是否符合设计的要求;就是进入软件维护阶段,还要不断地进行回归测试和升级测试,以保证软件产品的正常工作。

此外,作为独立的软件综合测试阶段,一般在编码完成之后,需要对软件进行功能、性能、故障、压力及可用性、验收等全面的测试工作。

6. 维护阶段

维护阶段是指从软件交付客户之后,直到软件淘汰的阶段。在软件通过验收测试,交付客户之后,软件工程师对这个软件产品的工作并没有结束,而是进入了更为长期的软件维护阶段。软件维护阶段的主要工作包括:

(1)正确性维护。对软件运行中发现的错误进行更正。

(2)扩充性维护。为增加软件的功能而进行的修改。

(3)性能性维护。为提升软件的运行性能而进行的修改。

(4)适应性维护。为使软件适应不同应用环境而进行的修改和升级。

7. 产品淘汰

当一个软件最终停止使用时,该软件即被淘汰。软件的淘汰一般是由于对现有软件的支持技术已经过时(因为软件不会用坏)。当淘汰一个软件产品时,一般会用新的软件产品来代替,所以必须完整导出原有软件系统的全部有效数据之后,该软件才能被卸载并退出服务。软件产品会在以下情况面临淘汰：

(1)新技术的价格较之原有技术有优势；

(2)原软件产品维护的成本太高；

(3)新技术的使用难以在原软件上实现；

(4)新技术的培训和使用能极大提高软件的性能与可靠性。

软件产品是所有各类产品中淘汰最快的产品之一，我们很少看到同一个软件产品使用超过 5 年以上，即使是服务器软件，其升级的速度也非常快。也许有人会说，微软的 Windows 就一直在用，已经有 10 余年了。是的，Windows 个人桌面操作系统软件，作为 PC 机的主流操作系统，已经有近 20 年的产品历史了。可事实上，从 Windows 3.X 到 Windows 95，从 Windows 98 到 Windows 2000，再从 Windows 2000 到 Windows XP，每次的软件升级几乎就是对原产品的淘汰，大量新技术、新功能、新方法乃至新型软件结构的采用，实际上就是一次新软件产品的开发。它已不是传统意义上的软件维护所涉及的工作内容了。

由于软件更新的速度太快，软件工程师的大量工作是不断采用新技术实现软件的功能，而相当一部分的工作是在重复已有软件的功能。如何充分利用已有的软件资源，避免重复性的软件开发工作，提高软件开发的效率，也成为软件工程领域的重要研究内容。随着面向对象软件技术的日益成熟，可复用性技术、组件技术已成为软件开发的重要方法。

前面介绍了软件生存周期各个主要阶段的工作内容，这些阶段都是软件计划的重要组成部分。软件工程技术除了软件生存周期各个阶段的技术外，还有以下技术：

(1)程序设计语言：研究多种编程语言的定义与编译技术。

(2)过程管理。研究软件过程的管理方法与体系，最著名的是卡内基·梅隆软件工程研究所(SEI)提出的 CMM 软件成熟度模型。

(3)风险评估。研究软件开发中的技术风险、管理风险、市场风险等所有可能造成软件开发失败的因素的计算模型和方法，并提出规避风险的方法和措施。

(4)团队管理。软件越来越是集体智慧的体现，上百人、上千人的开发队伍日益成为软件开发的主要模式，如何组建和管理软件团队，是软件开发面临的重要问题，也是软件工程研究的重要内容。

(5)文档标准。研究各类软件文档的内容与标准，以保证软件开发的正确、完整与可靠。

(6)人机界面。研究计算机系统与人的交互技术，计算机界面从初始的"打孔"输入到命令行，从键盘为主到鼠标、扫描仪、摄像头、语音等多种输入模式，从黑白文本显示到彩色三维显示、多媒体输出，计算机系统与人的交互技术正不断发展和进步。在很大程度上，甚至影响着计算机和软件技术的发展。计算机与软件从专业计算迅速走向普及，人机界面技术和网络技术起到了决定性的作用。

(7)软件结构。软件的结构有哪些？从初始的顺序执行，到结构化程序的模块化结构、客户/服务器模式、分布式系统，软件的设计结构发生了极大的变化。随着软件应用的不断普及和深入，新的软件设计结构还将不断出现和发展。

表 2-1 给出了软件开发各个阶段在一般软件生存周期中所占的比例。

表 2-1　软件生存周期中各个阶段的时间比例和成本

阶段（Phase）	成本（Costs）	时间比例（Time）
需求（Requirements）	2％	2％（含描述）
描述（Specifications）	5％	包括在需求中
设计（Design）	6％	18％
编码（Module Coding）	5％	36％（含单元测试）
测试（Module Testing）	7％	包含在编码中
集成（Integration）	8％	24％
维护（Maintenance）	67％	

对软件周期进行划分，有利于简化整个问题且便于不同人员分工协作，而且其严格而科学的评审制度保证了软件的质量，提高了软件的可维护性，从而大大提高了软件开发的成功率和生产率。

2.3　软件过程模型

所谓模型就是一种策略，这种策略针对软件工程的各个阶段提供了一套范例，使工程的进展达到预期目的。所谓软件过程是指研发或维护软件的过程，在这个过程中，软件作为一个产品，经历了从概念研究、产品生产直至最终退役的历程，我们把软件产品所经历的这一系列步骤称为"软件生存周期"，而软件过程模型则是软件开发的指导思想，是软件工程思想的具体化，是一个跨越整个软件生存周期的系统开发、运行、维护所实施的全部工作和任务的结构框架，这个框架给出了软件开发活动阶段之间的关系，以及软件开发方法和步骤的高度抽象。

一个软件项目的开发，无论其规模大小，我们都需要选择一个合适的软件过程模型，选择模型要根据软件项目的规模和应用的性质、采用的方法、需要的控制，以及要交付产品的特点来决定。选择了错误的模型，会使开发者迷失方向，并可能造成软件项目开发的失败。

下面介绍一些常见的软件生存周期模型。

2.3.1　边做边改模型（Build-and-Fix Model）

边做边改模型，是指软件开发者没有经过需求分析、描述和设计，而直接一步将软件实现出来，并提交给用户。由于没有经过需求分析、设计等阶段，这样的软件产品一定会存在问题和错误，在用户提出问题和意见后，开发者就对软件直接进行修改，并再次提交用户，直到用户满意为止。

图 2-1 描述了边做边改模型的开发方法。

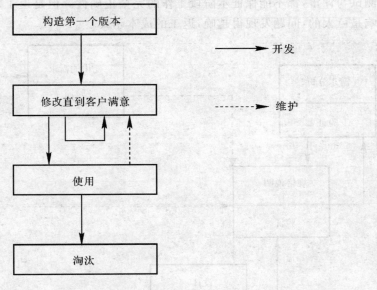

图 2-1　边做边改模型

这种软件开发模型,由于缺少必要的软件需求分析、描述和设计,其缺陷是十分明显的。

(1)由于修改(甚至是用户的需求)都是在软件完成之后才提出,造成软件修改工作量大,有时甚至会完全推翻已经实现的软件。对于有一定规模要求的软件(200 行以上),极少采用这种方法。

(2)由于缺少必要的分析与设计文档,软件的维护工作十分困难。

这种开发模型仅仅在规模极小,而且功能十分成熟的条件下会被选用。有时这样可以节约开发的时间和成本。但事实上,由于不断地返工,而又缺少准确的系统需求描述,其花费的时间和成本往往是远高于其他开发模型的。

2.3.2　瀑布模型(Waterfall Model)

直到 20 世纪 80 年代初期,瀑布模型是唯一被广泛接受的软件生存周期模型。瀑布模型包括了软件生存周期的所有阶段,从需求分析、描述、设计、实现、集成测试、维护直到淘汰。

瀑布模型将各个软件阶段按时间顺序进行排列,只有前一个阶段全部完成,才开始进入下一个阶段,因此,每一个阶段的工作都是建立在上一个阶段工作质量的基础之上的。就像多级瀑布一样,总是完成一个台阶之后,才进入下一个台阶。图 2-2 描述了瀑布模型的方法。

当然,在每一个新的阶段,都可能发现新的问题和错误,需要返回到上个阶段。在软件设计阶段,可能发现需求分析与描述的错误,此时,就需要暂停软件设计工作,重新回到需求分析阶段,通过与客户的沟通和确认,修改软件需求与描述报告,软件设计师再按照修改后的文档进行设计工作。这样的返工是不可缺少的步骤,不论在每个阶段完成时,软件质量人员如何进行严格的测试与评审,都不能保证本阶段工作的完全正确性。但是返工对软件开发的进度和成本的影响是巨大的,问题发现得越晚,返工的成本越大。

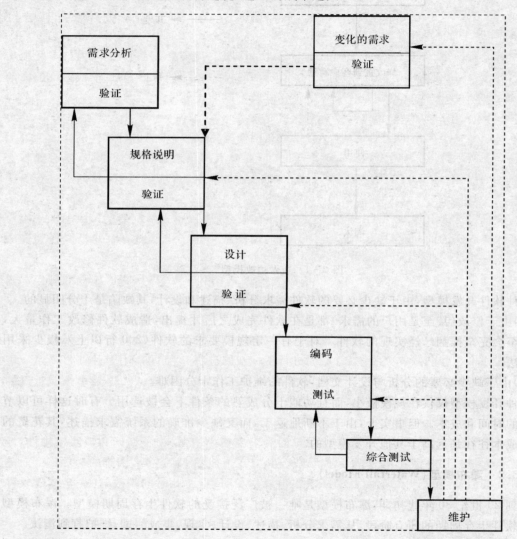

图 2-2 瀑布模型(实线表示开发过程,虚线表示维护过程)

因此,对于每个阶段的工作,软件质量师总是要求文档尽可能准确和标准,测试与验证尽可能完善和充分,以尽量降低后期发现问题的概率。

瀑布模型在早期的结构化程序软件中发挥了重要的作用,成为结构化程序开发的经典模型。

1. 瀑布模型的特点

(1)要求在初期对软件有准确的认识与了解(需求分析的正确与完善);

(2)各个阶段有严格的测试与审核;

(3)一次完成软件的全部分析与设计,再开始软件的实现工作;

(4)软件返工成本大,需求的修改难度大。

实际的瀑布模型是带"反馈环"的,如图 2-2 所示(图中实线箭头表示开发过程,虚线箭头表示维护过程)。当在后面阶段发现前面阶段的错误时,需要沿图中左侧的反馈线返回前面的阶段,修正前面阶段的产品之后再回来继续完成后面阶段的任务。

2. 瀑布模型存在的问题

瀑布模型是一个严格的文档驱动模型,只有文档修改完成了,才能进行软件的修改。

考虑一下实际情况,当需要购买一辆汽车时,厂商没有提供汽车的图片,更不能看到真实的产品,而只有一本对汽车功能与结构进行了详细描述的资料,可能数百页,并申明只有确认之后才生产,如何选择?

也许会直接选择有现货,甚至可以试驾的汽车品牌,而不再冒重新制造的风险。如果用户能够直接选择成熟的商品软件来实现自己的需求,当然最理想了。然而有时并不能找到现成的产品。

换一个例子,小张是个大个子,无法在商场直接买到合适的服装,只能依靠裁缝制作。当小张希望有一套西服时,裁缝没有图案或可比较的西服,于是提供了一份详细的面料尺寸清单和西服结构的文字说明给小张,在小张签字后开始制作。小张该怎样做呢?

裁缝告诉小张,这是裁缝做衣服的规矩,必须先签字付款,然后开始制作。小张可能根本无法了解这些尺寸与西服的关系,尽管裁缝进行了仔细的说明。为了新衣服,小张接受了。可几天后小张发现裁缝对口袋的设计不是自己想要的,希望修改。裁缝认为这是小张同意过的设计,要修改需要重新设计,增加费用。

这就是瀑布模型所面临的困境,在软件需求之时,就希望用户对软件产品有一个准确和细致的描述,往往是难以做到的。而提供给用户的需求规格说明书,为了精确和消除模糊性,专业的描述被大量使用。需要用户充分理解该文档,并在上面签字,是多么困难的一件事。而随着软件开发的启动,用户开始对自己的需求逐步清楚和明确,而此时的修改,往往会造成软件设计的返工、开发时间的延长和经费的增加。

根据用户的特点,是否应该换一个思路,不要一次实现全部的功能,而是提供给用户一个认识和修改的过程呢?

2.3.3　快速原型模型(Rapid Prototyping Model)

快速原型是在需求分析之前,首先提供给客户或用户一个最终产品的原型(具有部分主要功能的软件)。例如客户需要一个 ATM 自动存取款机软件,先设计一个仅包含用户刷卡、密码检测、数据输入和账单打印的原型软件,提供给客户。此时还不包括网络处理与数据库存取

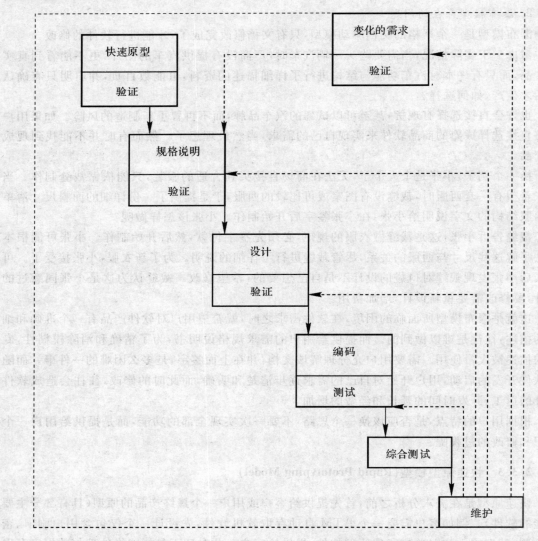

以及数据应急、故障处理等服务。由客户在这个直观的软件基础上，明确自己软件的界面和功能要求。此时的原型软件，包括了客户的部分功能，具有大部分的界面显示，可以执行主要的工作流程，但大部分功能的实现可以用规定数据或代码代替。

图 2-3 所示是快速原型模型的开发流程。与图 2-2 的瀑布模型相比较，它在需求分析时，增加了一个快速原型。这样的好处是十分明显的，很难要求客户或用户在软件需求分析之时就能够对所需软件有一个全面和准确的认识，有时客户甚至缺乏对所需软件的直观认识。快速原型可以使客户或用户对所需软件有一个直观的了解，帮助客户整理自己的需求，并明确软件工作的流程和模式。

图 2-3　快速原型模型(实线表示开发过程，虚线表示维护过程)

有了快速原型,虽然在设计和实现阶段还存在对需求的修改和反馈,但是比起瀑布模型的文字描述来说,客户可以较准确地表达自己的需求,在数据的处理模式、界面的输入输出与开发者形成一致的意见,也大大减少了设计和实现阶段的返工现象。

由于需求分析和软件合同都是在快速原型的基础上完成的,在设计阶段,软件工程师们对工作流程、数据处理和界面设计基本不会出现与客户的不一致性。而且通过在快速原型上与客户的充分讨论,也对客户所反对的工作流程有了足够的了解(尤其是与一般软件设计不同的要求),避免出现设计刚刚完成,就被客户所否定的尴尬现象。

随着图形界面(GUI)技术的发展,开发者已经可以做到在快速原型时就提供给客户所需软件的几乎全部界面,并在此基础上确定界面输入、输出和工作的模式。尽管此时界面并没有实际的数据处理与计算能力,但却使客户直观看到了所需软件的几乎所有功能要求,极大地减少了软件由于客户与开发方在软件认识上的固有差异,所造成的软件修改与返工。

快速原型法的缺点,在于对快速原型的复用性问题,因为软件的需求和设计都是基于快速原型而进行的,所以快速原型的程序还将在实现阶段被使用。而快速原型往往是在规定时间内为争取项目而开发出来的,其软件质量往往不能达到应有的水平,甚至缺少必要的文档支持。软件开发者需要在设计和实现时,重新完成快速原型软件所有的分析与设计文档,以及必要的软件代码的完善,以保证软件的质量和可靠性,而不能直接在快速原型的基础上,简单地进行功能扩充和模块完善。

2.3.4　增量模型(Incremental Model)

增量模型是指将一个软件产品分成若干次提交,每一次新软件产品的提交,都是在上次软件产品的基础上,增加新的软件功能,直到满足客户的全部需求为止。

在增量模型中,开发者每次提交的软件产品都是可以正常运行的软件,而不是简单的软件模型。因此,需要在软件需求分析时,就将软件划分成不同的功能模块,第一次提交最核心的软件功能模块,然后每次添加部分功能模块,直到全部完成。

图 2-4 描述了增量模型的开发过程。从图中我们知道,软件的需求分析和总体设计(概要设计)是一次完成的,而在详细设计和实现阶段,则是多次实现的,每次完成软件的部分功能设计、实现、集成和测试,提交用户;再增加新的功能设计、实现、集成和测试工作,再提交用户;反复这个过程,直到软件的功能全部实现。

采用增量模型的开发方法,要求软件是可以进行独立功能划分的,如果所有的软件模块都具有紧密的依赖关系,难以划分成不同的功能分组或层次,就只能采用瀑布模型或快速原型模型,一次完成全部功能的实现了。

采用增量模型开发的软件,其软件结构也是积木堆砌形式的,才能保证后续软件功能模块的扩充,不会对已经完成的软件模块造成大的影响。如果一个软件功能的增加,总是会不断修改已有的软件功能模块,采用增量模型就会变得十分困难,而其测试工作更会呈现几何爆炸式的增长。

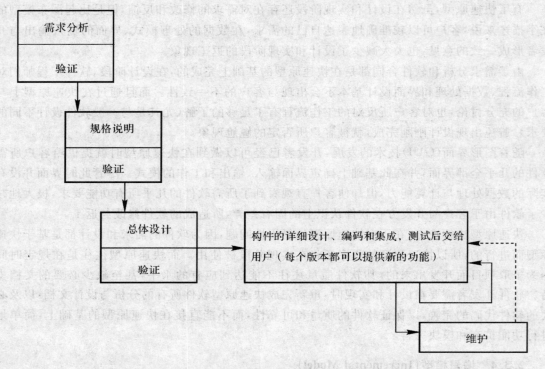

图 2-4　增量模型(实线表示开发过程,虚线表示维护过程)

　　例如,开发一个企业管理信息系统(MIS),可以首先实现其生产控制管理程序,然后增加库料分配与管理程序,再增加财务分析与管理程序,再增加办公与文件处理程序,再增加企业网站与销售服务程序……每一次功能的增加,都会使用以前软件模块的功能,但相对独立,不会造成对已有程序的反复修改,适合采用增量模型,而且保证了客户可以及早使用软件的核心功能,而不必等到软件全部完成之后才开始使用。而对客户潜在的好处还在于,随着对软件的使用,客户对自己的需求更加明确和清晰,在新功能模块的添加之前,就可以及时反馈给开发者,大大避免了软件开发的返工。甚至在必要时,可以停止软件功能的增加工作,这对客户和开发者双方来说,都是有利的。因为双方都很难在软件需求之时,就对软件的成本和开发时间有一个精确的判断。

　　而如果需要开发一个煤矿安全检测与报警系统,需要同时监测 20 点,每点有 6 路信号的变化,并根据共 120 路数据的判断条件,决定报警的处理。这样的软件是无法采用增量模型开发的,因为每一路数据的增加,都有着报警判据的相关性,而每一个软件模块的功能又都与采集的数据密切相关。我们无法先提供部分数据的采集与处理软件给用户,再不断增加软件!即使用户同意,新的监测数据的增加,也必须修改已经完成的软件模块。这样的开发是难以保证软件质量的。

增量模型可以使客户及早就开始使用软件的核心功能,并且模块的增加,并不影响已有的软件模块。但是,过多和过少的软件提交对客户都是难以接受的,如果天天给客户更新系统,会严重影响客户的正常工作;而半年或 1 年以上才更新一次软件功能,就可以采用瀑布模型或快速原型法了。一个软件产品的适当提交次数在 5～25 次;而间隔的时间以几周至 2 个月为宜。

需要说明的是,增量模型是在软件需求分析之初就明确软件的全部功能需求,并完成软件的总体设计。以后的每次软件功能增加都是在统一的总体设计之下进行,而不是每次提交软件之后,客户就进行随意的功能增加和修改。所以,增量模型如果没有得到良好的控制,将很容易蜕变成低质量的边做边改模型。而另一方面,如果各个功能模块完全独立,且需求也是十分明确的,就会出现各个功能模块并行开发,同时提交的现象,成为瀑布模型或快速原型模型。核心功能的错误会扩散到所有并行开发的模块之中,造成软件的返工甚至失败。在大型软件系统的开发时,增量模型是对客户和开发者双方而言风险最小的开发方法。

2.3.5 同步-稳定模型(Synchronize – and – Stabilize Model)

作为目前世界上最大的商业软件制造企业,微软公司的软件开发模型也一直是众多软件企业学习和研究的榜样。微软公司的软件开发采用的是一种改进的增量模型法,称为同步-稳定模型。

这种模型在需求分析阶段,搜集成千上万潜在用户的需求信息,整理生成需求描述说明书,然后将需求分成 3～4 个版本。第一个需求版本仅包含最重要的功能需求,第二个需求版本包含次重要的功能需求,以此类推,直到最后一个版本包含了全部的功能需求。

对每一个版本进行开发时,功能被划分到许多个并行工作的小组。在规定的时间内完成软件的同步开发(Synchronize),然后将所有本次完成的软件模块组织到一起进行软件的测试,并对发现的错误和问题进行修改和完善。在本次测试完成后,本版本软件被冻结(Frozen),任何进一步的修改都被禁止,称为稳定(Stabilize),并提供此版本为用户使用。

这种模型的优点在于:

(1)尽早的软件测试,而且是集成测试,降低了软件的开发风险,将错误的损失降低到了最小。

(2)定期的软件集成与测试,保证了各个软件开发小组之间交流的持续性,大大提高了软件集成的效率和成功率。

(3)设计人员可以及时获得软件实现的反馈信息,而不是在所有模块都开发完成之后。

当然,这种开发方法,由于存在多次的软件集成与测试和软件修改,各个开发小组的进度被严格限制,而在集成测试阶段,各个小组的工作处于半停滞状态,因而软件开发的成本高,小组之间的协调成本和费用也很大。所以目前除微软公司外,采用此模型的软件企业极少。

2.3.6　螺旋模型（Spiral Model）

事实上,直到今天,仍有超过半数的软件开发是以失败告终的。美国国防部对军用软件开发的成功率调查,最终可用的和可接受的(比成功的要求更低)软件,仅为 15％! 在软件开发中,可能出现因为所依赖硬件的性能不够,或无法达到要求而失败,尽管硬件厂商曾许诺过性能指标;也可能因为技术的巨大变化而使得原计划的软件开发失去意义,例如传呼系统软件;也可能在软件还未完成开发之前,同样功能的、价格更低的产品已经投放市场;也可能整个软件产品就缺少足够的用户需求支持,而变得毫无意义;等等。作为软件开发者,将软件开发的风险降到最小,是十分必要的。显然,不断地进行软件风险分析是软件开发过程中十分重要的工作。图 2-5 描述了螺旋模型的基本方法。

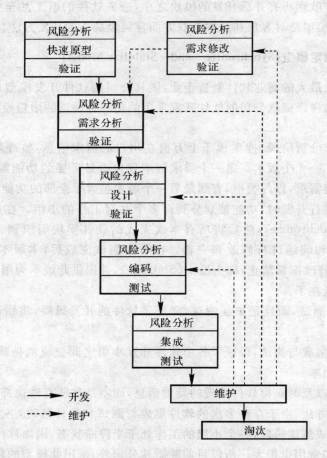

图 2-5　螺旋模型的基本方法

在图 2-5 中可以看到,它与瀑布模型和快速原型模型十分相似。但重要的是,它在每个阶段都增加了风险分析和验证这两个重要的步骤。正是每个阶段都存在的风险分析和验证，使得其成为一个不断在这两个步骤下循环的开发过程——螺旋模型。图 2-6 给出了 Boehm 在 1988 年定义的完整螺旋模型。

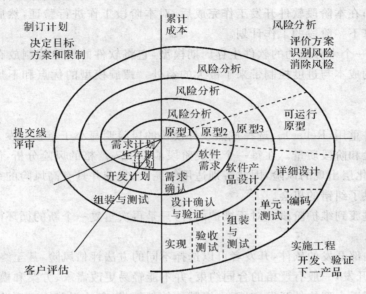

图 2-6　完整螺旋模型

　　我们知道，为了降低软件风险，快速原型可以起到十分重要的作用，这点在快速原型法中就进行了说明，可以减少用户和开发者对需求的理解差异，明确软件产品的功能、接口和工作模式。但是，因为快速原型是一个基本模型，往往无法体现软件的性能指标。而有些软件的性能指标也可能是软件开发的主要目标，如大部分的控制系统、通信系统和医疗系统软件等。换句话说，如果最终软件的性能不能达到需求的指标，软件的开发就变得没有意义。如果一个数字系统的精度和性能还不如一个模拟系统，谁会选择这样的数字系统？

　　因此，此时对核心功能的仿真设计和实验，也就成为软件风险分析的主要内容之一。在一些大型软件设计时，还会遇到计算方法的可实现性。并不是所有的数学计算都可以在计算机上实现，因为时间、存储、分析逻辑等限制，数学计算在计算机上是部分可实现的。仿真实验就是对软件的核心技术和算法或工作模式进行模拟，仿真实验应该能够较准确地反映未来软件的工作性能和精度，我们也称这种仿真和实验为关键技术研究。

　　软件的风险还来自责任、能力、协调和外部的影响。一个重要职位的缺陷或重要人员的离职，是影响软件开发的一个常见问题；团队缺少大型软件开发的经验和能力（尽管他们具有开发小型软件的丰富经验），是造成大型软件失败的重要因素；硬件支持系统的缺陷和不足，也是软件风险的一个重要因素。而这些都是仅仅依靠快速原型所无法评估的。

　　图 2-6 所示的螺旋模型中，每个阶段都开始于坐标的第二象限，决定本阶段的目标、选择

和约束。然后顺时针进入第一象限,对本阶段的工作进行风险分析,为了分析的有效性,可能需要原型或仿真系统进行实验,如果风险分析的结论是有无法克服的风险,将就此终止软件的进一步开发;如果所有风险问题都得到了解决,继续顺时针进入本阶段相关的软件开发工作,也就是第四象限;在本阶段软件开发工作完成后,对本阶段工作进行验证,然后继续顺时针进入第三象限,制订下一阶段的工作计划。

螺旋模型是一个十分成功的软件生存周期模型,它将软件的风险控制放在了极其重要的位置,也对软件的成本与进度控制带来了极大的益处。螺旋模型的优点和不足主要有以下几方面。

优点方面:

(1)支持软件重用(Reuse)。选择成熟软件模块的风险明显小于重新开发。

(2)强调风险和阶段质量。在每一个开发阶段前都引入严格的风险分析,使得开发人员和客户了解每个演化层出现的风险,因此特别适用于庞大、复杂并具有高风险的系统。而更加广泛的测试,则提供了纠错的机会。

(3)无缝地过渡到维护阶段。对于维护而言,只是再次重复一个新的循环而已。

不足方面:

(1)仅适合内部开发的软件,开发者可以选择不同的方法评估风险,甚至终止开发;而对于来自外部的软件开发,一般有严格的合同约束,并不能轻易更改需求、方案和模块功能。

(2)一般仅用于大型软件开发,对于小规模的软件开发,每个阶段的风险分析是没有必要的,而且也浪费了成本和时间。

(3)软件风险分析人员的能力和水平,是决定螺旋模型软件开发是否成功的关键因素。

2.3.7 面向对象模型(Object – Oriented Model)

面向对象的程序开发与设计技术已经成为软件开发的主流技术,它明显不同于结构化程序开发的方法,其事件驱动(Event Drive)、数据封装(Data Encapsulation)、组件重用(Component Reuse)等特点,使其开发模型具有更多的重复和循环。如图 2 - 7 所示的喷泉模型(Henderson – Sellers and Edwards,1990)就是著名的面向对象模型之一。

图 2 - 7 的模型表明,软件开发仍然由需求、分析、设计、实现、集成、维护等阶段构成。但各个阶段之间出现交叉和迭代的部分,就像需求描述与需求分析阶段的迭代。因为面向对象的软件需求是采用"对象"和事例(Event)进行描述的,而这正是面向对象分析的内容。所以两者之间的联系是密不可分的,出现迭代也就是必然的。

我们还看到,每个阶段都包括了向下的箭头,这说明每个阶段都存在阶段内的循环和迭代。

基于组件的软件开发(Component Based Design)是在面向对象技术基础上迅速发展的一种软件开发方法。

在现代软件工程的开发过程中,软件组件只是一个辅助或支撑系统构造的一个过程。软件组件开发主要是开发与维护系统构造过程中用到的组件。将软件组件作为一个单独的过程，目的是将组件作为构造软件的"零部件"。随着软件技术的不断发展及软件工程的不断完善，软件组件将会作为一种独立的软件产品出现在市场上，供应用开发人员在构造应用系统时选用。软件组件可以由第三方独立开发和提供。

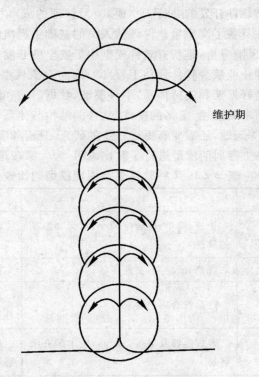

维护期

图 2-7　喷泉模型

采用组件技术进行软件开发，缩短了软件的开发时间，提高了软件的可靠性，降低了软件的开发成本，也极大地改变了软件开发的方法和流程。在基于组件的软件开发中，组件的定义、选择、测试成为软件成功与否的主要因素，因此，关于组件的描述、定义、测试等技术也成为软件工程技术的一个重要发展分支。

2.3.8　各种模型的比较

以上介绍了 7 种软件生存周期模型。这些模型基本覆盖了目前所有的软件开发模式。这 7 种软件生存周期模型各自具有特点和不足，也各自具有存在的理由和条件，我们很难说明或证明某种模型具有优于其他模型的全部优势。

边做边改模型仅适用于极小软件的开发，对软件的质量缺少必要的保证；瀑布模型是一种被广泛采用的模型，因为它具备了良好的文档管理和高质量软件的保证，但由于软件开发流程的单向性,错误的更正单价很高;快速原型在开发初期(需求阶段)就提供给用户产品的雏形,避免了需求中的颠覆性错误,但原型代码的可靠性和复用性成为主要缺陷;增量模型是在快速原型法上的改进,保证了各个版本软件的可靠与安全,但总体的软件结构和功能需求必须在最初阶段(需求阶段)确定,否则会蜕变成边做边改模型;同步-稳定模型是微软公司的软件开发模式,它提供了一种大型软件开发的并行工作模式,但管理的成本很高,并不能为其他软件企业所接受;螺旋模型是在具备了高质量软件评估人员的基础上提出的,这种模式充分对各个阶段的工作进行了评估和风险分析,是所有软件模型中最安全的开发方式,但对软件评估工程师的要求很高(大部分软件企业缺少软件评估工程师);面向对象模型是一种全新的软件开发模式,提供了软件重用的良好框架和支持体系,事件驱动、数据封装和组件技术的发展,为软件开发创造了新的模式,但需求的描述、定义的模式、软件的结构与体系、组件的测试方法与约束条件、模块一致性、移植性等问题,还需要有更进一步的研究、分析和实验。

表 2-2 对 7 种软件生存周期模型进行了对比说明,为大家在选择软件过程模型时参考。

表 2-2 7 种软件生存周期模型的比较

软件生存周期模型	特　点	不　足
边做边改模型	快速、简单,适合规模小,且无须维护的软件	软件质量无保证
瀑布模型	规范、质量高,文档齐备	错误的更正成本高
快速原型	产品符合用户要求	原型软件的可靠性与重用性差
增量模型	客户能够及早获得产品,版本的升级容易	软件的需求要明确,否则容易蜕变为边做边改模型
同步-稳定模型	适合大型、并行的软件开发	管理的成本高,在微软以外的企业极少采用
螺旋模型	不断地评估和测试,保证了软件的开发风险最小	仅限于大型软件的开发,软件风险评估师的水平是决定性的因素
面向对象模型	不断地迭代和循环,降低了软件错误发生的概率,软件重用技术的发展,提高了软件可靠性,降低了开发成本	开放的软件架构,且组件的定义和质量是关键

2.4　本章小结

软件生存周期的演化具有阶段性,依据一定的原则,可以把软件生存周期划分为若干不同阶段,相邻的阶段既相互区别又相互联系,每个阶段都以其前一阶段的工作成果作为本阶段工作的基础。软件生存周期的划分有助于软件开发和管理人员根据不同阶段的特点进行软件开发及其管理。软件开发的经验表明,软件开发越到后期,改正前期开发工作的失误越困难,因此在软件开发工作中应该对软件开发工作的阶段性给予充分认识,在前期工作不充分的前提下不应过早地进入软件开发的下一阶段。

一个定义良好的软件生存周期模型,可以很好地指导开发工作,使漫长的开发工作易于控制。事实上,我们可以任意定义自己喜欢的软件生存周期模型。但是,生存周期模型如果定义不合理,就会制约开发过程。软件开发人员在长期开发过程已经总结出了几种常用的软件生存周期模型,我们可以根据项目的特点来选择一个合适的模型,然后在此基础上再加以裁剪。

本 章 练 习

1. 什么是软件生存周期,它的基本思想是什么?
2. 软件生存周期都有哪些阶段,各个阶段的目标是什么?
3. 软件过程模型有哪些作用?
4. 列举常见的软件过程模型,并描述它们的开发方法。
5. 边做边改模型和瀑布模型的主要缺点分别是什么?
6. 描述螺旋模型和快速原型模型的异同。
7. 螺旋模型的优点和缺点是什么?
8. 采用组件技术进行软件开发有什么优点?

第3章 可行性分析

本章目标 可行性分析阶段是任何一个项目在启动之前必须经过的一个重要阶段,软件工程也不例外。事实上,有许多问题不可能在有限的人力资源、物质资源以及现有的技术条件下有解。可行性分析阶段就是用来判断一个项目是否有可行解以及是否值得去解。可行性分析的目的就是在尽可能短的时间内、用尽可能小的代价确定问题是否能够得到解决。

通过对本章的学习,读者应该达到以下目标:

- 了解可行性分析的任务;
- 理解各种可行性分析的必要性;
- 掌握可行性分析的步骤;
- 掌握可行性分析报告的写法。

3.1 可行性分析的任务

可行性分析与其他软件开发阶段不一样,这个阶段不是去开发一个软件项目,也不是解决问题,而是分析这个软件项目是否值得去开发,其中的关键技术和难点是什么,问题能否得到解决,怎样达到这个目的等。

要解决这样的问题不是主观猜想确定的,而是要依靠客观的分析。可行性分析实际上是要进行一次简化、压缩了的需求分析和设计过程,在较高层次上对软件开发再进行一次抽象。

可行性分析的主要内容是对问题的定义,要初步确定问题的规模和目标,问题定义后,要导出系统的逻辑模型。然后从系统的逻辑模型出发,选择若干供选择的主要系统方案。一般从如下几个方面分析系统方案的可行性:市场可行性分析、政策可行性分析、技术可行性分析、成本效益分析、SWOT 分析。

可行性分析的最终目的是为以后的行动方针提出建议。如果问题没有可行解,则分析员应该建议决策人员尽早终止该项目的实施,以免浪费人力、物力和财力;如果问题有可行解,则分析员应该推荐一种比较好的解决方案,并给出项目实施计划。可行性分析阶段的最后形成可行性分析报告。

可行性分析阶段所用的时间依项目的规模而定,一般来说,可行性分析的成本占预算总成本的 5%～10%。

在进行项目可行性分析时,首先要进行概要的分析,初步确定项目的规模和目标,确定项目的约束和限制。要研究目前正在使用的系统,要确保新系统一定也能完成当前系统的功能,而且新系统要解决目前系统存在的问题。现行系统的费用也是一个重要的经济指标,如果新系统相对于旧系统不能增加收入或者减少开销的话,那么新系统就不如旧系统。

可行性分析中错误的做法是花大量的时间去分析旧系统,了解旧系统做什么,而不是了解怎么做。还有一种错误做法是不认真收集资料,凭空想象。

对问题有了明确的认识后,分析员工作重点应该转移到确定问题是否有可行解。为了确定问题是否有可行解以及是否值得去解,分析员应充分考虑到现有人力、物力、技术及财力等状况。以下将阐述可行性分析的几个方面。

3.1.1　市场可行性分析

市场可行性分析首先应分析市场的发展历史与发展趋势,判断本产品处于市场的什么发展阶段。可以简单地把市场分为三个发展阶段:未成熟市场、成熟市场和将要消亡的市场。

涉足未成熟的市场要冒很大的风险,因为很难准确地估计潜在市场有多少、自己能占多少份额。如果错误地高估了市场,那么即使成为老大也会因需求不足而饿死。但是未成熟市场的吸引力很大,如果市场分析正确的话,一旦抢占先机,有可能获取高额的市场份额和高额利润。风险和利润总是结伴而行。

对于成熟的市场,客户的需求是明确的,商家都看得见,于是蜂拥而上。虽然需求风险比较低,但是竞争者多,就会打价格战,利润自然会下降。如果想在成熟的市场谋求发展,企业必须具备如下特色:

(1)有成本优势。如果成本比对手低,则对手拼不过。

(2)细分市场定位非常准确。细分市场对应客户的个性化需求,能充分挖掘顾客的个性化需求,就能立足细分市场。

对于将要消亡的市场,富有企业可能会瞧不起,但是,也许它就是穷企业的金矿。大企业和小企业各有各的活法,关键是不能走错路。

一些拥有新技术的中小型企业喜欢冒险探索新市场,而许多大型企业通常静观其变、避免风险。等开拓者头破血流地把市场基础打好后,大企业突然全线出击迅速占领市场,把开拓者一举消灭。

所以不论想进入哪种类型的市场,要尽可能准确地分析市场总额、竞争对手所占的份额,以及本产品可能占用占有的份额。同时要深入分析消费者群体的特征和消费方式,以便发掘细分市场。

3.1.2　政策可行性分析

在作可行性分析时,政府政策对产品影响的分析也不能忽视。应当重点分析:

(1)有无政府支持或者限制;

(2)有无地方政府或其他机构的扶持或干扰。

对于相关的政府支持政策,应该及时合理利用;反之,如果发现政府政策有限制,那么就要分析政策的详细内容,看项目是否违背了政府的政策,有没有别的方式能规避与政府限制的冲突。同时还需要分析系统开发过程中可能涉及的各种合同、侵权、责任及各种与法律相抵触的问题。

3.1.3 技术可行性分析

要确定使用现有的技术是否能够实现系统,那么就要对开发项目的功能、性能和限制条件进行分析。确定在现有的资源条件下,技术风险有多大,项目是否能实现,这些是技术可行性研究的内容。这里的资源条件是指已有的或可以得到的硬件、软件资源,以及现有技术人员的技术水平和已有的工作基础。

在技术可行性分析的过程中系统分析员应该采集系统性能、可靠性、可维护性等信息,分析实现系统功能和性能所需要的各种设备、技术、方法和过程,分析项目开发在技术方面可能担负的风险以及技术问题对开发成本的影响等。如有可能,应充分研究现有类似系统的功能和性能,以及它们所采用的技术、工具、设备和开发过程中的成功经验和失败教训,以供现行系统开发参考。必要时技术分析还应包括某些研究和设计活动。

技术可行性是很关键的。但是,由于系统处于最初研究阶段,因而这个时候项目的目标、性能和功能比较模糊。正因如此,许多问题常常还很难解决。技术可行性一般要考虑如下情况。

1. 技术及技术来源

通过调查了解当前最先进的技术,分析相关技术的发展是否支持这个系统。同时还应了解技术的来源。项目技术来源主要包括以下几种情况:

(1)自主研发。在产品规划、产品的概念开发、产品的系统设计、产品的详细设计、产品的测试与改进、产品试用中以自身企业为主体进行考虑,拥有完全的决策权。

(2)产学研合作开发。应明确合作方式(委托开发还是技术入股)以及技术成果的所有权与使用权。

(3)使用国内其他单位或个人技术。应明确是技术转让还是技术入股以及技术成果的所有权是否转移等。

(4)引进国外技术本企业消化创新。指产品开发、设计中所用的技术属于国外技术,本企业引进后,在此基础上消化、吸收,再创新。

2. 资源有效性

资源有效性考虑的是用于建立系统的硬件设备、软件、开发环境等资源是否具备,特别是用于开发项目的人员在技术和时间上是否存在问题。

如果系统模型很大、很复杂,那么需要对模型进行分解,将一个大模型分解成若干个小模型,一个小模型的输出作为另一个小模型的输入。必要时,还可以借助模型对系统中的某一独立要素进行单独评审。开发一个成功的模型需要客户、系统开发人员和管理人员的共同努力,需要对模型进行一系列的试验、评审和修改。

根据技术分析的结果,项目管理人员必须做出是否进行系统开发的决定。如果系统开发的技术风险很大,或模型演示表明当前采用的技术和方法不能实现系统的预期功能和性能,或系统的实现不支持各子系统的集成等,项目管理人员将不得不做出停止开发的决定。

在评估技术可行性时,需要了解应用于本项目目前最先进的技术水平。要有相当丰富的系统开发经验,不要为了获取项目而忽略不可行的因素,对问题的评估要准确。一旦估计错误,将会造成灾难性的后果。

3.1.4　成本效益分析

成本效益分析的目的是要从经济角度分析开发一个特定的新系统是否可行,从而帮助决策者正确地做出是否投资于这项开发工程的决定。成本效益分析首先要估算待开发系统的开发成本,然后与可能取得的效益(有形的和无形的)进行比较与权衡。其中有形的效益可用货币的时间价值、投资的回收期、纯收入等指标进行度量。无形的效益主要是从性质上和心理上进行衡量,很难进行量的比较。但是无形的效益有特殊的潜在价值,而且在某些情况下会转化成有形的效益。

系统的经济效益等于因使用新的系统而增加的收入,加上使用新的系统可以节省的运行费用。运行费用包括操作人员人数、工作时间和消耗的物资等。下面主要介绍有形效益的分析。

1. 成本估计

(1)成本估计模型。成本估计是软件费用管理的核心,也是软件工程管理中最困难、最易出错的环节之一。主要的成本估计方法有自顶向下估计、自底向上估计和算法模型估计三种基本类型。

1)自顶向下成本估计。这类方法基于软件的整体考虑。根据待开发项目的整体特性,首先估算出总的开发成本,然后在项目内部进行成本分配。因这类估计通常仅由少数上层(技术与管理)人员参加,所以属于专家判断的性质。这些专家依靠从前的经验,把将要开发的软件与过去开发过的软件进行类比,来估计新的开发所需要的工作量和成本。自顶向下估计的缺点是,对开发中某些局部的问题或特殊困难容易低估,甚至没有考虑到。如果所开发的软件缺乏可以借鉴的经验,在估计时就可能出现较大的误差。

2)自底向上成本估计。与自顶向下估计相反,自底向上估计不是从整体开始,而是从一个个任务单元开始。其具体做法是,将开发任务分解为许多子任务,子任务又分成子子任务,直到每一任务单元的内容足够明确为止。然后把各个任务单元的成本估计出来,汇合成项目的总成本。由于任务单元的成本可交给各项任务的开发人员去估计,因而得出的结果通常比较实际。

3)算法模型估计。算法模型就是资源模型,是成本估计的又一有效工具。由于任何资源模型都是根据历史数据导出的,因而比较客观,计算结果的重复性也好,即不论什么时候使用模型,都能得出同样的结果。模型估计的关键是要选好适用的模型。模型估计法常与自顶向下估计或自底向上估计结合使用。

(2)成本估计技术。成本估算大约开始于 20 世纪 50 年代的第一个大型程序设计,60 年代估算过于乐观,结果费用大大超支,70年代以后,费用的估算才引起人们的普遍重视。由于影响软件成本的因素太多,直到最近,软件成本估算仍是一门很不成熟的技术,国内外已有的技术仅能供我们参考,因此应该使用几种不同的估计技术以便相互校验。下面介绍几种成本估计的技术。

1)代码行技术。代码行技术是一种简单的、自底向上的成本估算方法,是通过估计源代码行数来估计项目的开发成本。首先将项目功能反复分解到足够细,直到可以对实现该功能所需要的源代码行数做出估算为止,然后根据经验和历史数据估计源代码行数。当有类似项目的数据可供参考时,这个方法非常有效。一旦估计出源代码行数,用每行代码的平均成本乘以行数就可以确定软件的成本,而每行代码的平均成本主要取决于软件的复杂程度和工资水平。

2)任务分解技术。任务分解技术是把软件开发工程分解为若干个相对独立的子任务,分别估计每个子任务的成本,最后累加起来得出软件开发的总成本。而每个子任务的成本是由完成该项子任务所需的人力(以人·月为单位),乘以每人每月的平均工资而得出的。

软件开发通常可以分为分析、设计、编码和调试阶段。因此,对软件成本进行评估时,可以先估计每个阶段的开发成本,再累加得到整个工程的开发成本。典型环境下各个开发阶段需要使用的人力百分比数据见表3-1,可供软件开发人员对成本进行估计时参考。图3-1可以更直观地反映出它们的比例。

表 3-1   典型环境下各个开发阶段需要使用的人力百分比

任　　务	人力百分比/(%)
可行性分析阶段	5
需求分析阶段	10
设计阶段	25
编码阶段	15
测试阶段	45
总计	100

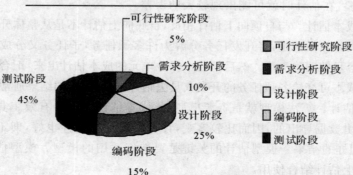

图 3-1   各阶段需要的人力图

2.成本效益分析

在进行成本效益分析之前,首先需要估计开发成本、运行费用以及系统将带来的效益。对于开发成本的估计,前面已经作了简单的阐述。系统的运行费用包括系统的操作费用(如人员数、工作时间以及消耗的物质等)和维护费用。系统将带来的经济效益指的是由于使用新系统而节省的费用。

在比较系统开发成本和将带来的效益时,应该注意:成本是现在的,而效益是将来的。因此,在对二者进行比较时应考虑到货币的时间价值。

(1)货币的时间价值。货币的时间价值主要体现在利率上。设年利率为 i,现已存入 P 元,则 n 年后可得到的钱数为:

$$F = P(1+i)^n$$

F 即为 P 元在 n 年后的价值。反之,若 n 年后能收入 F 元,那么这些钱现在的价值是:

$$P = F/(1+i)^n$$

例如,一个库房管理系统每天能产生一份订货报告。假定开发该系统共需50 000元,系统建成后能及时订货和消除物品短缺等一系列的问题,估计每年能节约25 000元,5 年共节约125 000元。假设年利率为5%,利用上面计算货币现在价值的公式,可以算出建立库房系统后,每年预计节省的费用的现在价值如表 3-2 所示。

表 3-2 将来的收入折算成现在值

年数/年	将来值/元	$(1+i)^n$	现在值/元	累计的现在值/元
1	25 000	1.05	23 809.523 81	23 809.523 81
2	25 000	1.1025	22 675.736 96	46 485.260 77
3	25 000	1.157 625	21 595.939 96	68 081.200 73
4	25 000	1.215 506 25	20 567.561 87	88 648.762 6
5	25 000	1.276 281 563	19 588.154 16	108 236.9168

(2)成本的回收周期。投资回收期是衡量一个开发项目价值的经济指标。投资回收期就是累计的经济效益等于最初的投资所需要的时间。投资回收期越短,就能越快获得利润,项目也就越值得投资。

例如,库房管理系统两年后的收入累计的现在值为 46 485 元,比投资少 3 515 元。因此,投资回收周期只需两年多一点。

(3)项目的纯收入。项目的纯收入是衡量项目价值的另一项经济指标。纯收入就是在整个生存周期之内系统的累计经济效益(折合为现在值)与投资之差。

如对上述库房管理系统,项目的纯收入预计为:

$$108\ 236.916\ 8 - 50\ 000 = 58\ 236.916\ 8\ 元$$

3.1.5 SWOT 分析

SWOT 分析法又称为态势分析法,它是由旧金山大学的管理学教授于 20 世纪 80 年代初提出来的,SWOT 四个英文字母分别代表:优势(Strength)、劣势(Weakness)、机会(Opportunity)、威胁(Threat)。SWOT 可以分为两部分:第一部分为 SW,主要用来分析内部条件;第二部分为 OT,主要用来分析外部条件。所谓 SWOT 分析,即态势分析,就是将与研究对象密切相关的各种主要内部优势、劣势、机会和威胁等,通过调查列举出来,并依照矩阵形式排列,然后用系统分析的思想,把各种因素相互匹配起来加以分析,从中得出一系列相应的结论,而结论通常带有一定的决策性。

运用这种方法,可以对研究对象所处的情境进行全面、系统、准确的研究,从而根据研究结果制定相应的发展战略、计划以及对策等。

SWOT 分析法常常用于制定集团发展战略和分析竞争对手情况,在战略分析中,它是最常用的方法之一。在确定项目可行性方面,我们也可以用 SWOT 分析法来考察项目的可实施性和需要实施的计划。

进行 SWOT 分析时,主要有以下几个方面的内容。

1. 分析环境因素

概述项目产生的背景,包括行业背景和发展前景,该项目在同类竞争者中有什么优势和目前的市场状况。

2. 构造 SWOT 矩阵

将调查得出的各种因素根据轻重缓急或影响程度等排序方式,构造 SWOT 矩阵。在此过程中,将那些对项目有直接的、重要的、大量的、迫切的、久远的影响因素优先排列出来,而将那些间接的、次要的、少许的、不急的、短暂的影响因素排列在后面,这样做是为了能够考虑问题全面,是一种系统思维,而且可以把对问题的"诊断"和"开处方"紧密结合在一起,条理清楚,便于检验。SWOT 矩阵如表 3-3 所示。

表 3-3　SWOT 矩阵

优势: 　有利的竞争态势、充足的财政来源、良好的企业形象、技术力量、规模经济、产品质量、市场份额、成本优势、广告攻势	劣势: 　设备老化、管理混乱、缺少关键技术、研究开发落后、资金短缺、经营不善、产品积压、竞争力差等
机会: 　新产品、新市场、新需求、外国市场壁垒解除、竞争对手失误等	威胁: 　新的竞争对手、替代产品增多、市场紧缩、行业政策变化、经济衰退、客户偏好改变、突发事件等

3. 制订行动计划

在完成环境因素分析和 SWOT 矩阵的构造后,便可以制订出相应的行动计划。制订计划的基本思路是:发挥优势因素,克服弱点因素,利用机会因素,化解威胁因素;考虑过去,立足当前,着眼未来。运用系统分析的综合分析方法,将排列与考虑的各种环境因素相互匹配起来加以组合,逐一写出解决方案和完成时间。

目前软件工程书籍和 CMM/CMMI 中都没有论述 SWTO 分析方法,有些项目管理书籍中也只是简单地介绍了一下,所以大部分软件人员不懂得 SWOT 分析。然而 SWTO 分析对项目的可行性分析十分重要。

3.2 可行性分析的步骤

针对不同的项目类型,如操作系统类型的软件、应用软件开发项目等,可行性分析可采取不同的步骤。一般来说,可行性分析有如图 3-2 所示的典型过程。

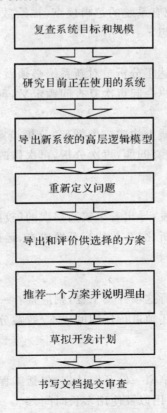

图 3-2 可行性分析基本步骤

1. 复查系统目标和规模

分析员应访问关键人员,仔细阅读和分析有关材料,以便进一步复查确认系统的目标和规模,改正含糊或不确切的叙述,清晰地描述对目标系统的一切限制和约束。这个步骤的工作,实质上是为了确保分析员正在解决的问题确实是要求他解决的问题。

2. 研究目前正在使用的系统

分析员应该仔细阅读分析现有系统的文档资料和使用手册,也要实地考察现有的系统,注意了解其运行,还要了解使用这个系统的代价以及其存在的缺点。请注意,这个步骤的目的是了解现有系统能做什么,而不是了解它怎样做这些工作,所以不必花费太多时间去了解系统实现的细节。

在这个步骤中,分析员应该画出描绘现有系统的高层系统流程图,记录现有系统和其他系统之间的接口情况,并请有关人员检验其正确与否。

3. 导出新系统的高层逻辑模型

通过前一步的工作,分析员对目标系统应具有的基本功能和约束条件已有一定的了解,能够从现有的物理系统出发,导出现有系统的逻辑模型,描绘数据在系统中流动和处理的情况,从而概括地表达出对新系统的设想。

4. 重新定义问题

新系统的逻辑模型实质上表达了分析员对新系统必须做什么的看法。那么用户是否也有同样的看法呢?分析员应该和用户一起再次复查问题定义,再次确定工程规模、目标和约束条件,并修改已发现的错误。

可行性研究的前四个步骤实质上构成一个循环,分析员定义问题、分析这个问题、导出一个试探性的解,在此基础上再次定义问题,再次分析,再次修改……继续这个过程,直到提出的逻辑模型完全符合系统目标为止。

5. 导出和评价供选择的方案

分析员从系统的逻辑模型出发,导出若干较高层次的(较抽象的)物理解法供比较和选择。从技术、经济、操作等方面进行分析比较,并估算开发成本、运行费用和纯收入。在此基础上对每个可能的系统进行成本/效益分析。

6. 推荐一个方案并说明理由

如果分析员认为值得继续进行这项开发工程,则应推荐一个最好的方案,并且说明选择这个方案的理由。对被推荐的方案还须进行仔细的成本/效益分析,才能让使用部门负责人根据此分析做出决算。

7. 草拟开发计划

分析员进一步为推荐的系统草拟一份开发计划,包括工程进度表,各种开发人员和各种资源的需要情况,并指明什么时候使用以及使用多长时间。

8. 书写文档提交审查

把上述可行性研究各步骤的结果写成清晰的文档,即可行性研究报告,请用户和使用部门的负责人仔细审查,以决定是否继续这项工程以及是否接受分析员推荐的方案。

3.3 可行性分析报告

系统分析员与客户在分析的基础上,将客户的需求按照形式化的方法表示出来。其目的就是为软件开发提供总体要求,也作为系统分析员与用户交流的基础。可行性分析介绍后要提交的文档就是可行性分析报告。一份可行性分析报告的主要内容如下:

(1)引言。说明编写文档的目的,项目的名称、背景,本文档用到的专业术语和参考资料。

(2)可行性研究的前提。说明开发项目的功能、性能和基本要求,要达到的目标,各种限制条件,可行性研究的方法和决定可行性的主要因素。

(3)对现行系统的分析。说明现行系统的处理流程和数据流程、工作负荷、各项费用支出、所需各类专业人员和数量;所需各种设备,现行系统存在的问题。

(4)所建议系统的技术可行性分析。对所建议系统的简要说明、处理流程和数据流程,与现行系统比较的优越性,采用所建议系统对用户的影响,对各种设备、现有软件、开发环境和运行环境的影响,对经费支持的影响,对技术可行性的评价。

(5)所建议系统的经济可行性分析。说明所建议系统的各种支出、各种效益、收益/投资比、投资回收周期。

(6)社会因素可行性分析。说明法律因素对合同责任、侵犯专利权和侵犯版权等问题的分析,说明用户使用可行性是否满足用户行政管理、工作制度和人员素质要求。

(7)其他可供选方案。逐一说明其他可选方案,并说明未被推荐的理由。

(8)结论意见。说明项目是否能开发,还需要什么条件才能开发,对项目目标有何变动等。

3.4 本章小结

本章首先介绍了可行性分析的任务与目标。可行性分析的主要目的是确定该项目是否能够解决以及是否值得去解决。在可行性分析阶段主要从市场可行性、政策可行性、技术可行性、成本效益可行性和 SWOT 等方面进行分析,来讨论该项目是否能解决及是否值得去解决。接着给出了进行可行性分析的基本步骤及可行性分析报告的写法,最后给出了一个完整的案例,并写出了最后的可行性分析报告。

本 章 练 习

1.在进行软件开发之前,为什么要进行可行性分析?应该从哪些方面考虑一项工程的可行性?

2.如何进行软件的成本估算?

3. 简述可行性研究的步骤。

4. 你认为在成本估算中,货币的时间价值在可行性分析中的作用是什么?

5. 某计算机系统投入使用后 5 年内每年可节省人民币 2 000 元,假设系统的投资额为 5 000元,年利率为 12%。试计算投资回收期和纯收入。

6. 银行为方便用户的储蓄,拟开发出计算机储蓄系统。银行的业务员输入用户填写的存款单或取款单,存款分定期和活期存款。如果用户是活期存款且是新用户,则系统记录存款人的姓名、住址、存款金额、存款日期、身份证号码;如果用户持活期存折存款,则系统调出用户的信息并记录存款金额以及日期;如果用户是定期存款,则系统记录存款人的姓名、住址、存款金额、存款日期、身份证号码和利率,并且打印存款凭据;如果用户取款,则系统自动计算利息并打印出利息清单给用户。试写出该系统的可行性分析报告。

第4章 需求分析与描述

本章目标 需求分析是软件生存周期中计划阶段的重要组成部分。需求分析是开发者对要开发软件项目的"理解、分析与表达"的过程。本章首先介绍需求分析阶段的任务目标、过程以及需求的获取方法，然后对实体关系模型进行比较详细的介绍。

本章读者应该达成的主要目标如下：

- 明确需求分析的目标和任务；
- 了解需求分析过程和需求获取；
- 掌握 E-R 模型的基本元素和属性分类以及联系的设计；
- 了解扩充 E-R 模型的一些表示方法。

4.1 需求分析的目标和任务

需求分析是指理解用户需求，就软件功能与客户达成一致，估计软件风险和评估项目代价，最终形成开发计划的一个复杂过程。一个项目成功的关键因素之一，就是对需求分析的把握程度。需求分析阶段的第一个任务就是确定需求。如果投入大量的人力、物力、财力、时间，开发出的软件不满足用户的要求，那么所有的投入都是徒劳。需求分析的目标是深入描述软件的功能和性能，确定软件设计的约束和软件同其他系统元素的接口细节，定义软件的其他有效性需求。

需求分析阶段研究的对象是软件项目的用户要求。一方面，必须全面理解用户的各项要求，但又不能全盘接受所有的要求，另一方面，要准确地表达被接受的用户要求。只有经过确切描述的软件需求才能成为软件设计的基础。

通常软件开发项目是要实现目标系统的物理模型。作为目标系统的参考，需求分析的任务就是借助于当前系统的逻辑模型导出目标系统的逻辑模型，解决目标系统"做什么"的问题。其实现步骤如图 4-1 所示。

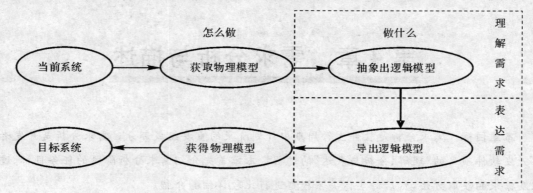

图 4-1　参考当前系统建立目标系统模型

4.2　需求分析的过程

需求分析阶段的工作,可以分成以下四个方面:

1. 问题识别

首先系统分析人员要确定目标系统的综合要求,即软件的需求,并提出这些需求实现条件,以及需求应达到的标准。这些需求包括功能需求、性能需求、环境需求、可靠性需求、安全保密要求、用户界面需求、资源使用需求、软件成本消耗与开发进度需求,并预先估计以后系统可能达到的目标。此外,还需要注意其他非功能性的需求。如针对采用某种开发模式,确定质量控制标准、里程碑和评审、验收标准、各种质量要求的优先级等,以及可维护性方面的需求。

此外,要建立分析所需要的通信途径,以保证能顺利地对问题进行分析。分析所需的通信途径如图 4-2 所示。

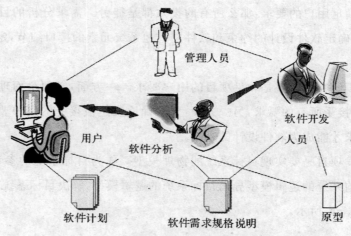

图 4-2　软件需求分析的通信途径

2.分析与综合

问题分析和方案的综合是需求分析的第二方面的工作。分析员必须从信息流和信息结构出发,逐步细化所有的软件功能,找出系统各元素之间的联系、接口特性和设计上的限制,判断是否存在因片面性或短期行为而造成的不合理的用户要求,是否有用户尚未提出的真正有价值的潜在要求。剔除其不合理的部分,增加其需要部分。最终综合成系统的解决方案,给出目标系统的详细逻辑模型。

3.编制需求分析阶段的文档

已经确定下来的需求应当得到清晰准确的描述。通常把描述需求的文档称为软件需求说明书。同时,为了确切表达用户对软件的输入输出要求,还需要制定数据要求说明书及编写初步的用户手册。

4.需求分析评审

作为需求分析阶段工作的复查手段,应该对功能的正确性,文档的一致性、完备性、准确性和清晰性,以及其他需求予以验证。为保证软件需求定义的质量,评审应以专门指定的人员负责,并按规程严格进行。评审结束应有评审负责人的结论意见及签字。除分析员之外,用户/需求者,开发部门的管理者,软件设计、实现、测试的人员都应当参加评审工作。

4.3　需　求　获　取

需求获取技术包括两方面的工作:

(1)建立获取用户需求方法的框架;

(2)支持和监控需求获取过程的机制。

获取用户需求的主要方法是调查研究,以下是需求获取的几点建议:

(1)尽量把客户所持的假设解释清楚,特别是那些发生冲突的部分。

(2)尽量使用所有可以利用的需求信息来源。

(3)在每一次座谈讨论后,记下所讨论的条目(Item),并请参与讨论的用户商讨存在的问题,同时给出一致性的建议。

(4)尽量理解用户用来描述他们需求的思维过程。充分理解用户在执行任务时做出决定的过程。

(5)避免受不成熟细节的影响。要确保需求讨论集中在适合的抽象层次上。

(6)在一个逐渐详细的过程中,重复描述用户需求,以确定用户的目标和任务,并形成用例(Usecase),进而把任务描述为功能需求和非功能需求。

4.4　结构化分析方法

结构化分析方法最初由 Douglas Ross 提出,DeMarco 推广,Ward 和 Mellor 以及后来的

Hatley 和 Pirbhai 扩充,形成了今天的结构化分析方法的框架。

结构化分析方法是一种建模技术,其建立的分析模型如图 4-3 所示。

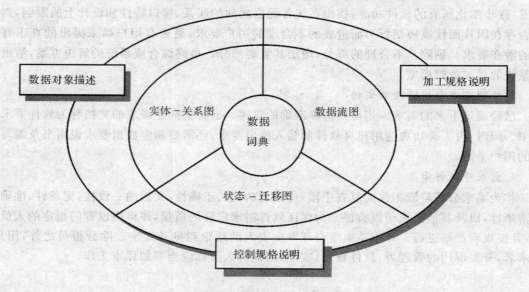

图 4-3 分析模型的结构

模型的核心是数据词典,它描述了所有的在目标系统中使用和生成的数据对象。围绕着这个核心有三种图:实体-关系图(ERD),提供了表示实体、属性和联系的方法,用来描述数据对象及数据对象之间的关系;数据流图(DFD),就是采用图形方式来表达系统的逻辑功能、数据在系统内部的逻辑流向和逻辑变换过程,是结构化系统分析方法的主要表达工具及用于表示软件模型的一种图示方法;状态-迁移图(STD),描述系统或对象的状态,以及造成系统或对象的状态改变的事件,从而描述系统的行为。

结构化的核心问题就是建立模型,建立模型往往又是从系统需求分析开始。在结构化方法中,首先建立系统的环境模型,然后确定系统的行为和功能,最后进行系统设计,并确定用户的实现模型。

结构化分析方法给出一组帮助系统分析人员产生功能规约的原理与技术。它一般利用图形表达用户需求,使用的手段主要有数据流图、数据字典、实体-关系图、结构化语言、判定表以及判定树等。下面,我们重点介绍利用实体-关系图进行建模。

4.5 创建实体关系

在需求分析的过程中,创建实体关系图(E-R 图)有利于研究实体、属性及其之间的关系。首先,实体是什么? 实体是一个实际存在的或者抽象的对象。实体关系描述了一个实体和其他的实体之间的关系,实体的关系包括一对一、一对多、多对一、多对多。

4.5.1　实体关系模型的基本元素

实体-联系图(E-R图)提供了表示实体、属性和联系的方法,用来描述现实世界的概念模型。

构成 E-R 图的基本要素是实体、联系和属性。

1. 实体(Entity)

实体是一个数据对象,用以区分客观存在的事物,如人、部门、表格、物体、项目等。同一类实体构成实体集(Entity Set)。实体的特征用实体类型(Entity Type)来表示。实体类型是对实体集合中实体的定义。由于实体、实体集、实体类型等概念的区分在转换成数据库的逻辑设计时才要考虑,因此在不引起混淆的情况下,一般将实体、实体集、实体类型等概念统称为实体,即在 E-R 模型中提到的实体往往是指实体集。

在 E-R 模型中,实体用方框表示,方框内注明实体的名称。实体名常用大写字母开头的具有意义的中文名词或英文名词表示。

2. 联系(Relationship)

现实世界中,实体不是孤立的,一些实体之间会有联系。例如"职工在某部门工作"是"职工"和"部门"之间的联系;"学生选修课程"是"学生"与"课程"之间的联系。

联系表示一些实体之间的关联关系。同一类联系构成"联系集(Relationship Set)"。联系的特征用联系类型(Relationship Type)来表示。联系类型是对联系集中联系的定义。同实体一样,一般将联系、联系集、联系类型等统称为联系。

联系是实体之间的一种行为,所以在英语国家中,一般用动名词来命名联系,我们则用汉语词条,例如"工作""参加""属于""入库"等。

在实体联系图中,联系用菱形框表示,并用线段将其与相关的实体连接起来。联系可以是一对一(1∶1)、一对多(1∶N)或多对多(M∶N)的,这一点在实体联系图中也应说明。例如在大学教务管理问题中,"学生"与"课程"就是多对多的"选课"联系。

3. 属性(Attribute)

实体一般具有若干特征,这些特征称为实体的属性。例如,实体"学生",具有学号、姓名、性别、出生日期和系别等特征,这些就是它的属性。在 E-R 图中,属性用椭圆形框表示,并用无向边将其与相应的实体连接起来,多值属性由双线连接,主属性名称下加下画线。属性也具有值域,即属性可能的取值范围。抽象地说,属性将实体集合中每个实体和该属性的值域的一个值联系起来。实体属性的一组特定值,确定了一个特定的实体,实体的属性值是数据库中存储的主要数据。图 4-4 给出了学生实体的属性表示方法。该学生实体的一个实例(具体的值):"2009201845""张三""男""25""西安市碑林区旺园公寓 A 座 10-2""计算机应用技术",表示的是学生张三的基本特征。

联系也会有属性,用于描述联系的特征,如参加工作的时间、选修课程的学期等。但联系本身没有标识符。

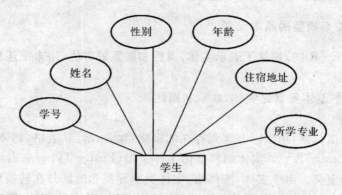

图 4-4 属性的表示方法

在实体联系图中,还有如下关于属性的几个重要概念:

(1)主键。如果实体的某一属性或某几个属性所组成的属性组的值,能唯一决定该实体其他所有属性的值,也就是能唯一标识该实体,而其任何真子集无此性质,则这个属性或属性组称为实体键。如果一个实体有多个实体键存在,则可从其中选一个最常用到的作为实体的主键。例如,实体"学生"的主键是学号,一个学生的学号确定了,那么他的姓名、性别、出生日期和系别等属性也就确定了。

(2)外键。如果实体的主键或属性(组)的取值依赖于其他实体的主键,那么将该主键或属性(组)称为外键。例如,从属实体"注册记录"的主键"学号"的取值,依赖于实体"学生"的主键"学号","选课单"的主键"学号"和"课程号"的取值依赖于实体"学生"的主键"学号"和实体"课程"的主键"课程号",这些主键和属性就是外键。

4.5.2 属性的分类

为了在 E-R 图中准确设计实体或联系的属性,需要把属性的种类、取值特点等先了解清楚。

1. 基本属性和复合属性

属性根据类别可分为基本属性和复合属性。基本属性是不可再分割的属性。例如学号、性别、年龄都是基本属性。复合属性是可再分解为其他属性的属性,即属性是嵌套的。例如,地址属性可分解为省(市)名、区名、街道三个子属性,而街道又可以分解为路名、门牌号码两个子属性。因此,复合属性可形成一个属性的层次结构。图 4-5 表示了这样的复合属性。

2. 单值属性和多值属性

属性也可根据取值特点分为单值属性和多值属性。单值属性是指同一实体的属性只能取一个值。例如,任何人只能有一个身份证号码,所以身份证号码是一个单值属性。同一个地区只能有一个邮政编码,所以邮政编码也是单值属性。多值属性指同一实体的某些属性可能取多个值。例如,一个人的学位是多值属性(学士、硕士和博士);一个人的家庭角色是多值属性(儿子、父亲、丈夫……);一种商品可能有多种销售价格(经销、代销、批发和零售)。图 4-6 表示了实体商品中的属性的表示形式,其中多值属性用双椭圆表示。

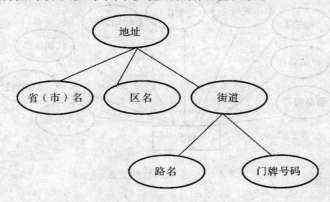

图 4-5 地址属性的层次划分

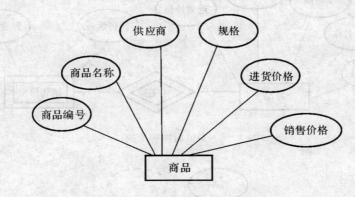

图 4-6 多值属性的表示

如果用上述方法简单地表示多值属性,在数据库的实施过程中,将会产生大量的数据冗余,造成数据库潜在数据异常、数据一致性和完整性差等缺陷。所以,应该修改原来的 E-R 模型,对多值属性进行变换。通常有两种变换方法。

方法一:增加几个新的属性;将原来的多值属性用几个新的属性来表示。图 4-6 可修改为图 4-7。

方法二:增加一个新的实体。这个新实体和原来的实体之间是 1:N 联系,且新实体依赖于原实体而存在,我们将其称为弱实体。图 4-6 可修改为图 4-8。

3. 导出属性

通过具有相互依赖的属性推导而产生的属性称为导出属性。例如,一个人的年龄可以从出生年月推导出来;某种零件的销售价格总和可以从该零件的平均销售价格乘以销售总数计算出来。导出属性的值不仅可以从其他属性导出,也可以从有关的实体导出。导出属性用虚线椭圆形与实体相连,如图 4-9 所示。

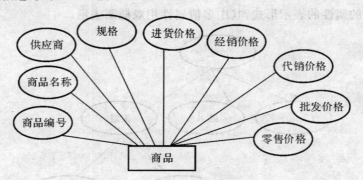

图 4-7 多值属性的变换一

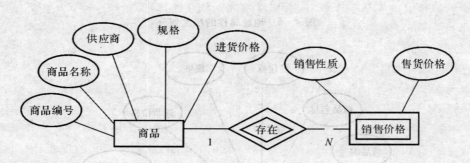

图 4-8 多值属性的变换二

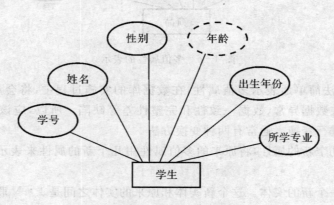

图 4-9 导出属性的表示

4. 空值

当实体的某个属性之值尚未确定时应使用空值(Null)。例如,如果某个员工尚未婚配,那么该员工的配偶属性将是 Null,表示"无意义"。Null 也可用于值未知时。未知的值可能是不知道的(不能确定该值是否真的存在)或缺失的(即值存在,但是我们没有该信息)。在数据库中,空值是很难处理的一种值。例如,如果一个员工在配偶值处填上空值(Null),则有以下的三种可能情况:

(1)占位空值:该员工尚未婚配;

(2)未知空值:该员工虽已婚配,但配偶名未知;

(3)不知道该员工是否婚配。

4.5.3　联系的设计

多个实体之间的相互关联称为联系。联系是同类联系的集合,其主要内容有联系的元数、连通词和基数三个方面。下面将对它们分别介绍:

1. 联系的元数

一个联系涉及的实体集个数,称为该联系的元数或度数(Degree)。

通常,同一个实体集内部实体之间的联系,称为一元联系,也称为递归联系;两个不同实体集实体之间的联系,称为二元联系;三个不同实体集实体之间的联系,称为三元联系……依此类推,N 个不同实体集实体之间的联系,称为 N 元联系。

2. 联系的连通词

联系所涉及的实体集之间实体对应的方式,称为联系的连通词(Connectivity)。这里的"对应的方式",是指实体集 E1 中一个实体与实体集 E2 中的一个还是多个实体有联系。二元联系的连通词有四种:$1:1,1:N,M:N,M:1$。由于 $M:1$ 是 $1:N$ 的反面,因此通常不再提及。类似的,也可以给出一元联系、三元联系的连通词定义。下面只详细讨论 $1:1,1:N$,$M:N$ 这三种二元联系连通词。

(1)一对一联系:如果实体集 E1 中每个实体至多和实体集 E2 中的一个实体有联系,反之亦然,那么实体集 E1 和 E2 的联系称为"一对一联系",记做"$1:1$"。

(2)一对多联系:如果实体集 E1 中每个实体可以与实体集 E2 中的任意个(零个或多个)实体有联系,而 E2 中每个实体至多和 E1 中一个实体有联系,那么称 E1 和 E2 的联系是"一对多联系",记做"$1:N$"。

(3)多对多联系:如果实体集 E1 中每个实体可以与实体集 E2 中的任意个(零个或多个)实体有联系,反之亦然,那么实体集 E1 和 E2 的联系称为"多对多联系",记做"$M:N$"。

下面给出上述三种二元联系连通词的具体例子。

(1)假设某学院有若干系,每个系只有一个主任,则主任和系之间是一对一的关系,如图 4 - 10(a)所示。

(2)飞机票和乘客之间是 $1:1$ 联系,如图 4 - 10(b)所示。

(3)假设在某仓库管理系统中,有两个实体集:仓库和商品。仓库用来存放商品,且规定一类商品只能存放在一个仓库中,一个仓库可以存放多件商品。仓库和商品之间是一对多的联系,如图 4-11(a)所示。

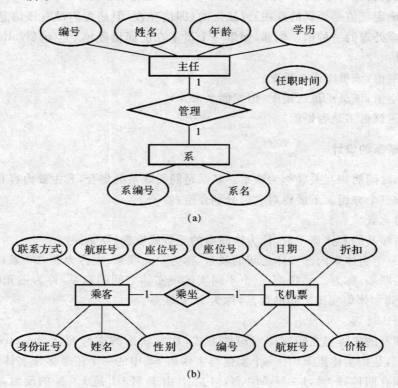

(a)

(b)

图 4-10 一对一联系的例子

(a)主任和系之间的 1:1 联系；(b)飞机票和乘客的 1:1 联系

（4）假设有两个实体：借书卡和图书。规定：每个学生都有一张借书卡，每张借书卡都能借到最多 10 本图书。那么借书卡和图书之间存在一对多的联系。如图 4-11(b)所示。

（5）假设在某教务管理系统中，一个教师可以上多门课，一门课也可以由多个老师去上。教师和课程之间是 $M:N$ 联系，如图 4-12(a)所示。

（6）工厂里产品与零件之间存在多对多的联系，如图 4-12(b)所示。

3.联系的基数

连通词和基数都是对实体之间联系方式的描述，但连通词描述比较简单，对实体之间更详细具体的描述可用基数表述。

有两个实体集 E1 和 E2，E1 中每个实体与 E2 中有联系实体数目的最小值 Min 和最大值 Max，称为 E1 的基数，用(Min,Max)的形式来表示。

例如，学校要求每个学生每学期至少选修 1 门课，最多选 7 门课程；每门课程至多 30 人选修，最少可没人选修。那么，学生的基数就是(1,7)，课程的基数就是(0,30)，如图 4-13 所示。

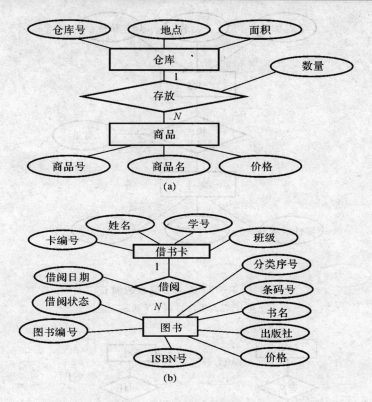

(a)

(b)

图 4-11 一对多联系的例子

(a)仓库和商品的 1：N 联系；(b)借书卡和图书的 1：N 联系

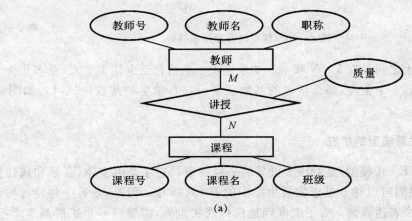

(a)

图 4-12 多对多联系的例子

(a)教师与课程的 M：N 联系

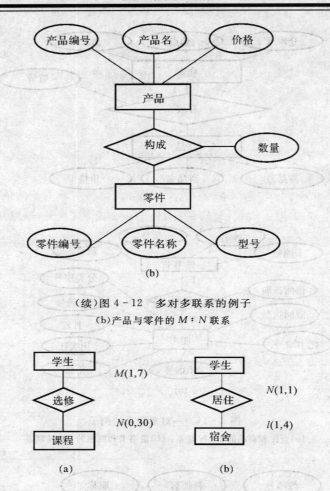

(b)

（续）图 4 - 12　多对多联系的例子

(b)产品与零件的 $M : N$ 联系

图 4 - 13　联系的连通词和基数

又如宿舍和学生之间具有 1：N 联系。如果要求一个宿舍至少住 1 个人，至多住 4 个人；而每个学生必须分到一个宿舍，那么宿舍的基数就是(1,4)，学生的基数是(1,1)，如图 4 - 13 (b)所示。

4.5.4　实体联系模型的扩充

实体联系模型（E - R 模型）是对现实世界的一种抽象。它主要由实体、联系和属性构成。利用这三种成分，我们可以建立基于实际生活中的 E - R 模型。但是，还有一些特殊的语义，单用上述概念尚无法表达清楚。为了能准确地模拟现实世界，需要进一步扩展基本 E - R 模型的概念。

1.依赖联系与弱实体

在现实世界中,有时某些实体对其他一些实体具有很强的依赖性,一个实体的存在必须以另一实体的存在为前提。比如,一个员工可能有多个家庭角色,家庭角色是多值属性,为了消除冗余,设计两个实体:员工与家庭角色。在员工与家庭角色中,家庭角色的信息是以员工信息的存在为前提的。也就是说,员工与家庭角色是一种依赖联系。

一个实体对于另外一些实体具有很强的依赖联系,而该实体主键的部分或全部从其父实体中获得,称该实体为弱实体。在 E－R 模型中,弱实体用双矩形框表示。与弱实体的联系,用双线菱形框表示。

员工与家庭角色是一种依赖联系。表4－1、表4－2给出了该例子的依赖关系与弱实体的实例分析表示,图4－14给出了依赖联系与弱实体的表示方法,其中,家庭角色为弱实体。

表 4－1　员工姓名与工号关联表格

员工号	姓名
1001	张三
1002	李四
1003	王二
...	...

表 4－2　工号和角色关联表格

员工号	角色
1001	丈夫
1001	父亲
1001	哥哥
1002	妻子
1002	母亲
1002	女儿
...	...

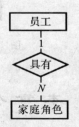

图 4－14　弱实体的表示方法

2.子类和超类

面向对象技术中最先提出了子类和超类的概念。虽然关系模型中还无须使用子类和超类的概念,但在 E－R 模型设计中却采用了子类和超类的概念。

现实世界中,实体类型之间可能存在着抽象与具体的联系。例如,学校人事系统中有人员、教师、学生、本科生和研究生等实体类型。这些概念中,"人员"是比"教师""学生"更为抽象、泛化的概念,而"教师""学生"是比"人员"更为具体、细化的概念。

下面给出一个关于超类和子类的定义。

当较低层上实体类型表达了与之联系的较高层上的实体类型的特殊情况时,就称较高层上实体类型为超类型(Supertype),较低层上实体类型为子类型(Subtype)。

子类和超类有两个性质:

子类和超类之间具有继承性特点,即子类实体继承超类实体的所有属性。但子类实体本身还可以包含比超类实体更多的属性。

这种继承性是通过子类实体和超类实体有相同的实体标识符实现的。

在 E-R 图中,超类以两端双线的矩形框表示,并用加圈的弧线与其子类相连,子类本身仍用普通矩形框表示。

对本节中所提到的人事系统,实体之间的联系如图 4-15 所示。

再举一个例子,实体"形状"是一个抽象、泛化的概念,圆形、正方形、三角形等实体,都是形状的具体表现,而三角形又可以细分为锐角三角形、钝角三角形、直角三角形三种实体,它们之间的关系如图 4-16 所示。

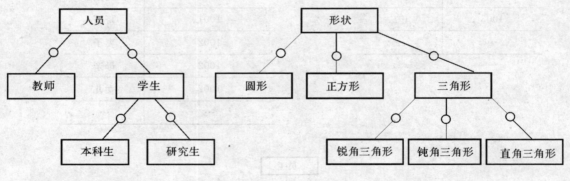

图 4-15　继承性的层次式联系　　　　图 4-16　继承性的层次式联系

4.6　本章小结

项目需求分析是一个项目的开端,也是项目建设的基石。本章介绍了需求分析阶段的主要任务目标、需求分析的过程和结构化分析方法。结构化的核心问题就是建立模型,E-R 模型是人们认识客观世界的一种方法、工具,是在客观事物或系统的基础上形成的,在某种程度上反映了客观现实,反映了用户的需求,因此 E-R 模型具有客观性。但 E-R 模型又不等同于客观事物本身,它往往反映事物的某一方面,至于选取哪个方面或哪个属性,如何表达,则取决于观察者本身的目的与状态,从这个意义上说,E-R 模型又具有主观性。

本 章 练 习

1. 结构化系统分析与设计方法(SSA&D)的基本思想是什么?

2. 结构化系统分析与设计方法(SSA&D)有哪些特点?

3. 文件整理工作有什么优点?

4. 描述结构化系统分析与设计方法(SSA&D)开发系统的一般过程。

5. 结构化系统分析的思想是什么?

6. 简述结构化系统分析与设计方法(SSA&D)的优缺点。

7. 实体关系模型的基本元素有哪些,如何表示?

8. 如何对多值属性进行变换,以消除数据冗余?

9. 什么叫联系的连通词,二元联系有哪些连通词?

10. 什么是弱实体,在 E-R 图中如何表示?

11. 什么是子类、超类,在 E-R 图中如何表示?

第5章 面向对象分析

本章目标 面向对象技术已经成为当今软件系统研发的主流技术,它从需求分析、系统设计、编码实现到测试,有着一系列与传统结构化程序设计不同的技术和方法。如果一个软件系统准备采用面向对象技术来实现的话,那么一系列具体的 OO 技术就会被运用到该系统的分析和设计之中。在本章中,将介绍面向对象分析(Object – Oriented Analysis,OOA)的各种技术和方法。它包括分析和定义用户需求(用例模型)、系统中数据的定义(静态模型),以及控制流(动态模型)分析。在 5.3 节中,将以网上书店系统的开发为例,详细介绍 UML 建模用例图、类图和对象图及状态图的方法和过程。

通过对本章的学习,读者应达到以下目标:
- 理解并掌握面向对象分析涉及的基本概念;
- 理解面向对象分析的优点和缺点;
- 熟悉面向对象分析的基本过程;
- 理解并掌握用 UML 进行建模,根据实际情况分析并画出用例图、类图、对象图、状态图等;
- 理解基于用例的需求分析方法,掌握识别主类和用例的方法,并能编写场景和用例描述;
- 了解面向对象分析的基本原理;
- 了解面向对象分析的主要原则;
- 学会使用 Rational Rose 建模工具进行建模。

5.1 面向对象分析的基本原理和概念

20 世纪 60 年代后期,面向对象的概念开始出现。到 20 世纪 80 年代中期,面向对象的设计与分析技术逐步成型,使对象、类、封装、继承、重载等特性不断完善。到 20 世纪 90 年代,面向对象的程序设计逐渐成为软件开发的重要方法,而今天,它已经成为软件开发的首选方法和必备条件。结构化分析方法是基于数据流的,主要思想是抽象和分解功能模块(只有程序和数据)。而面向对象方法则是基于问题域的,主要思想是抽象对象(现实世界的实体),自底向上定义类和自顶向下继承类。这样,面向对象方法就把客观世界的基本成分——对象——作为软件系统的基本成分。

面向对象分析(OOA)是抽取和整理用户需求,并建立问题域精确模型的过程。面向对象分析的关键是识别出问题域内的对象,并分析它们相互间的关系,最终建立起问题域的简洁、精确、可理解的正确模型。根据 Coda&Yourdon 的面向对象分析和设计技术,可将面向对象分析模型划分为如下 5 个层次:

(1)对象-类层(Class&Object Layer),表示待开发系统的基本构造块。

(2)属性层(Attribute Layer),对象所存储(或容纳)的数据。

(3)服务层(Service Layer),对象所做的"工作",加上对象实例间的通信。

(4)结构层(Structure Layer),负责捕捉特定应用论域中的结构关系。如电梯作为一个整体而言,必须由电梯马达、超载传感器、楼层到达显示面板、随机指令面板、随机召唤面板等组成。

(5)主题层(Subject Layer),可以将众多的对象归类到几个子模型或子系统,即各个主题。

OOA 的主要原则有以下 9 点:

(1)抽象。抽象是面向对象方法中使用最为广泛的原则。从许多事物中舍弃个性的、非共性和非本质的特征,抽取共性的、本质性的特征,就叫做抽象。抽象原则有两点:第一,即使问题域中的事物很复杂,但是分析员并不需要了解和描述它们的一切,只须分析研究其中与系统目标有关的部分及本质性特征;第二,舍弃个体事物在细节上的差异,抽取其共性的特征而得到该事物这个大的整体的抽象概念。抽象原则包括过程抽象和数据抽象两个方面,其中,数据抽象是 OOA 的核心原则。它强调把数据(属性)和操作(服务)结合为一个不可分的系统单位(即对象),对象的外部只需要知道它做什么,而不必知道它如何做。数据抽象是根据施加于数据之上的操作来定义数据类型,并限定数据的值只能由这些操作来修改和观察。而过程抽象是指,任何一个完成确定功能的操作序列,其使用者都可以把它看做一个单一的实体,尽管实际上它可能是由一系列更低级的操作完成的。

(2)封装。就是把对象的属性和服务结合为一个不可分的系统单位,叫做对象,并尽可能隐藏对象的内部细节。

(3)继承。特殊类的对象所拥有的其一般类的全部属性与服务,称为特殊类对一般类的继承。继承原则的运用,就是在每个由一般类和特殊类形成的"一般—特殊"结构中,把一般类的对象实例和所有特殊类的对象实例所共有的属性和服务,一次性地显式定义在一般类中。在特殊类中不再重复定义一般类中已定义的东西,但是在语义上,特殊类却自动地、隐含地拥有它的一般类(以及所有更上层的一般类)中定义的全部属性和服务。继承原则使系统模型更加简练和清晰。

(4)分类。就是把具有相同属性和服务的对象划分为一类,用"类"作为这些对象的抽象描述。分类原则实际上是抽象原则运用于对象描述时的一种表现形式。

(5)聚合。把一个复杂的事物看成若干较简单的事物的组装体,从而简化对复杂事物的描述。聚合又叫做组装。

(6)关联。比如当事物之间存在着某些联系的时候,人们则可以通过一个事物联想到另外的一个事物。

（7）消息通信。该原则要求对象之间只能通过消息进行通信，而不允许在对象之外直接地存取对象内部的属性。这是由于封装原则而引起的。在 OOA 中要用消息连接表示对象间的动态联系。

（8）粒度控制。面对复杂的问题域时，不可能在同一时刻既能纵观全局，又能探查到每一个细节。因此需要控制观察者的视野：考虑全局时，注意其大的组成部分，暂时不详查具体的细节；考虑某个细节时，则暂时撇开其余的部分。这就是粒度控制原则。

（9）行为分析。现实世界中事物的行为是复杂的。由大量的事物所构成的问题域中各种行为往往相互依赖、相互交织。

5.2　面向对象分析的过程

OOA 是一种半形式化的技术。目前，还没有发现一种"完美的方法"或者精确的纲领来执行分析方法。软件工程师必须选择合适的技术，并且进行独创性的应用。OOA 中有很多不同但相似的方法，大部分方法可以组织成下面的几个阶段。

1. 功能模型

功能模型又称为用例模型（Use Case Modeling），所需信息通过用例图和一系列的场景描述来展示。该阶段的目标是获得对问题论域的清晰、精确定义，产生描述系统功能和问题论域基本特征的综合文档。论域分析过程是抽取和整理用户需求，并建立问题论域精确模型的过程。主要任务是充分理解专业领域的业务问题和投资者及用户的需求，提出高层次的问题解决方案。应具体分析应用领域的业务范围、业务规则和业务处理过程，确定系统范围、功能、性能，完善、细化用户需求，抽象出目标系统的本质属性，建立问题论域模型。在分析过程中，则须建立详细的用例模型图。

2. 对象模型

对用例模型进行分析，把系统分解成互相协作的分析类，通过类图、对象图描述对象、对象的属性、对象间的关系，是系统的静态模型。对象是由描述其属性的数据，以及可以对这些数据施加的操作（服务），封装在一起构成的独立单元。因此，为建立完整的对象模型，既要确定类中应该定义的属性，又要确定类中应该定义的服务。这些信息体现在类模型图中，在分析过程中，由软件分析师来确定所需要的类的集合和它们的属性，以及类与类之间的关系。这一步骤完全等同于面向数据的技术。几乎解决任何一个问题，都需要从客观世界实体及实体间相互关系抽象出极有价值的对象模型。

对于复杂问题（大型系统）的对象模型一般由 Coad 方法所述的五个层次组成：主题层（也称为范畴层）、类 & 对象层、结构层、属性层、服务层。

通过划分主题，可以把一个大型、复杂的对象模型分解成几个不同的概念范畴。一个主题有一个名称和一个标识它的编号。在描绘对象模型的图中，把属于同一个主题的那些"类—&—对象"框在一个框中，并在框的四角标上这个主题的编号。

　　在建立对象模型阶段,分析师借助用例脚本和用例图来获得关于该软件后续设计阶段中所要创建的对象类的最原始信息,包括分析为创建一个用例图已经写出的用例脚本的描述性文字。其实,这也是 E-R 图(实体-联系图)的另一种形式。工作步骤:确定对象类和关联,进一步划分出若干主题,给类和关联增添属性,利用适当的继承关系进一步合并和组织类,确定类中的服务(等到建立了动态模型和功能模型之后)。

　　(1)类和关联的确定。名词抽象是类建模的第一步,在面向对象分析阶段,紧随用例建模之后。为了定义一系列候选类和对象,名词抽象是一种语言分析形式,用来分析用例细节和其他已经提取出的系统行为的书面描述。名词抽象时,每一步的输入要么是不正式的产品描述,要么是在用例建模期间被创建的详细用例情节。在这个章节里将详细说明这两个方法。下文中将介绍使用两种名词抽象方法来实现设计的修改。

　　对象类的确定是在需求陈述的基础上进行的。需求陈述阐明软件的具体功能,即"做什么",它描述用户的需求但一般不提出解决问题的方法;需求陈述可以由用例(Use Case)分析的结果直接得出;陈述的内容包括问题范围、功能需求、性能需求、应用环境及假设条件等。

　　类和对象是在问题域中客观存在的。首先,要找出所有候选的类和对象;然后,从候选的类和对象中筛选掉不正确的或不必要的。一种指导分析的方法:

　　1)以用自然语言书写的需求陈述为依据,把陈述中的名词作为类的候选者;

　　2)找出隐含类;

　　3)形容词作为确定属性的线索;

　　4)动词作为服务(操作)的候选者。

　　通常,在需求陈述中,不会一个不漏地写出问题域中所有有关的类和对象,根据领域知识或常识,可以进一步把隐含的类和对象提取出来。

　　初步选出候选类和对象之后,还必须对候选类进行筛选。筛选时主要依据下列标准,删除不正确或不必要的类和对象:

　　1)冗余。如果两个类表达了同样的信息,则应该保留在此问题域中最富有描述力的名称。

　　2)无关。仅需要把与本问题密切相关的类和对象放进目标系统中。

　　3)笼统。去掉笼统的或模糊的类。

　　4)属性。有些名词实际上描述的是其他对象的属性,应该把这些名词从候选类中去掉。当然,如果某个性质具有很强的独立性,则应把它作为类而不是作为属性。

　　5)操作。一些既可作为名词,又可作为动词的词,应该慎重考虑它们在本问题中的含义,以便正确地决定把它们作为类还是作为类中定义的操作。但是,本身具有属性且须独立存在的操作,应该作为类。

　　6)实现。去掉仅和实现有关的候选类。在设计和实现阶段,这些类可能是重要的,但在分析阶段过早地考虑它们反而会分散我们的注意力。

　　确定了类和对象之后,来确定类和对象之间的关联关系。两个或多个对象之间的相互依赖、相互作用的关系就是关联关系。分析确定关联,能促使对问题域的边缘情况进行分析,有助于发现那些尚未被发现的类和对象。大多数关联可以通过直接提取需求陈述中的动词词组而得出。进一步分析需求陈述,能发现一些在陈述中隐含的关联。分析员通过与用户及领域专家讨论问题域实体间的相互依赖、相互作用关系,根据领域知识可能再进一步补充一些关联。

经初步分析得出的关联只能作为候选的关联,还须经过进一步筛选,以去掉不正确的或不必要的关联。要删除的关联包括:

1)已删去的类之间的关联。如果在分析确定类和对象的过程中已经删掉了某个候选类,则与这个类有关的关联也应该删去,或用其他类重新表达这个关联。

2)与问题无关或应在实现阶段考虑的关联。即处在本问题域之外的关联或与实现密切相关的关联。

3)瞬时事件。关联描述问题域的静态结构,因此瞬时事件应该删除。

4)三元关联。三个或三个以上对象之间的关联,大多可以分解为二元关联或用词组描述成限定的关联。如果三元关联中涉及的某个实体仅用于描述另两个实体的关系,而且这个实体本身不包含属性,则它是二元关联上的链属性。

5)派生关联。可以用其他关联定义的关联。

经过筛选后的关联还需要进行进一步的完善,这一步的工作主要包括:

1)正名。仔细选择含义更明确的名字作为关联名。

2)分解。为了能够适用于不同的关联,必要时应该分解以前确定的类。

3)补充。及时补上遗漏的关联。

4)标明基数。初步判定各个关联的类型,并粗略地确定关联的基数。

(2)划分主题。主题是按照问题域来确定的,注意不是用功能分解方法来确定主题。不同主题内的对象间应该相互依赖和交互最少。

(3)确定属性。属性是对象的性质,借助于属性能对类和对象的结构有更深入、更具体的认识。通常,在需求陈述中用名词词组表示属性,例如,"汽车的颜色"或"光标的位置"。另外,借助于领域知识和常识,才能分析得出需求陈述中未直接给出的属性。属性的确定既与问题域有关,也和目标系统的任务有关。下面给出几点确定属性的方法:

1)仅考虑与具体应用直接相关的属性,不考虑那些超出所要解决的问题范围的属性。

2)首先找出最重要的属性,以后再逐渐把其余属性增添进去。

3)在分析阶段不考虑那些纯粹用于实现的属性。

4)认真考察经初步分析得到的属性,从中删掉不正确的或不必要的属性。要删除的属性包括:

属性对象:误把对象当作属性;

连接属性:把链属性误作为属性;

限定:把限定误当成属性;

内部状态:误把内部状态当成了属性;

过于细化需要合并的属性；

不一致的属性。

（4）识别继承和组合。一般说来，可以使用两种方式建立继承关系：

1）自底向上。抽象出现有类的共同性质，并泛化出父类，这个过程实质上模拟了人类归纳思维过程。

2）自顶向下。把现有类细化成更具体的子类，这模拟了人类的演绎思维过程。从应用域中常常能明显看出应该做的自顶向下的具体化工作。例如，带有形容词修饰的名词词组往往暗示了一些具体类。但是，在分析阶段应该避免过度细化。

组合也是一种特殊的关联关系，"购物车"和"更新"之间是组合关系。通常，购物车包含对书籍的若干次更新，这里所说的更新，指的是对所选书籍所做的一个动作（查看、购买或查询）。虽然"更新"代表一个动作，但是它有自己的属性（书籍数量、金额等），应该独立存在，因此应该把它作为类。在关联的识别过程中，大部分组合关系已被识别，在这里再次列出，以进一步发现遗漏的组合关系。

3. 动态模型（Dynamic modeling）

为描述系统的动态行为可通过时序图/协作图描述对象的交互，以揭示对象间如何协作来完成每个具体的用例，单个对象的状态变化/动态行为可以通过状态图来表达。本章仅详细描述状态图，时序图/协作图将在后续章节中详细介绍。

动态模型建模的目标是要创建一个描述软件在运行过程中，所有可能进入的不同状态的状态装换图（STD）。就此而言，状态转换图，好比是用来说明在结构分析的建模过程中，建立的一个有限状态机（FSM）。一个状态转换图可以定义成如下的公式：

$$\delta(s, e, p) = s'$$

式中：s 为当前状态；e 为事件；p 为断言；s' 为下一个状态。

然而实际上，状态转换图通常以图形的方式表现出来，以便于更清晰地表示出状态转换之间的关系。在开发交互式系统时，动态模型起着很重要的作用，动态模型的建立通常有以下几步：

编写典型交互行为的脚本。

从脚本中提取出事件，确定触发每个事件的动作对象以及接受事件的目标对象。

排列事件发生的次序，确定每个对象可能有的状态及状态间的转换关系，并用状态图描绘它们。

比较各个对象的状态图，检查它们之间的一致性，确保事件之间的匹配。

（1）编写脚本。脚本是指系统在某一执行期间内出现的一系列事件。编写脚本的过程，实质上就是分析用户对系统交互行为的要求的过程。编写脚本的目的是为了保证不遗漏重要的交互步骤，它有助于确保整个交互过程的正确性和清晰性。其内容范围既可以包括系统中发生的全部事件，也可以只包括由某些特定对象触发的事件。脚本描写的范围主要由编写脚本的具体目的决定。

脚本用来描述事件序列,每当系统中的对象与用户(或其他外部设备)交换信息时,就发生一个事件。所交换的信息值就是该事件的参数(例如,"输入密码"事件的参数是所输入的密码)。也有许多事件是无参数的,这样的事件仅传递一个信息——该事件已经发生了。对于每个事件,都应该指明:触发该事件的动作对象(例如,系统、用户或其他外部事物),接受事件的目标对象,事件的参数。编写过程中要考虑以下三种情况:

1)正常情况。

2)特殊情况,例如,输入或输出的数据为最大值(或最小值)。

3)出错情况,例如,输入的值为非法值或响应失败。

如果可能,系统应该允许用户"异常终止"或"取消"一个操作。应该提供诸如"帮助"和"状态查询"之类在基本交互行为之上的"通用"交互行为。

(2)事件提取。仔细分析每个脚本,从中提取出所有外部事件。事件包括系统与用户(或外部设备)交互的所有信号:输入、输出、中断、动作等等。对象传递信息的动作也是事件。对控制流产生相同效果的事件组合在一起应作为一类事件,并采用唯一的名字。对控制流有不同影响的事件则应区分开来,最后还应该区分出每类事件的发送对象和接收对象。

完整、正确的脚本为建立动态模型奠定了必要的基础。但是,用自然语言书写的脚本往往不够简明,而且有时在阅读时会有二义性。为了有助于建立动态模型,通常在画状态图之前先画出事件跟踪图,即时序图。

(3)绘制状态图。状态图用于描绘事件与对象状态的关系。状态图的详细作用及绘制方法参见本章 5.3.3。有以下几点需要注意:

1)状态图是一种图,用节点表示状态,节点用圆圈表示;圆圈内有状态名,用箭头连线表示状态的转换,上面标记事件名,箭头方向表示转换的方向。

2)两个事件之间的间隔就是一个状态。

3)从时序图中当前考虑的竖线射出的箭头线,是这条竖线代表的对象到达某个状态时的行为(或称为所做的动作)。

4)画出状态图之后,再把其他脚本的时序图合并到已画出的状态图中。为此须在事件跟踪图中找出以前考虑过的脚本的分支点(例如"验证用户"就是一个分支点,因为验证的结果可能是"有效用户",也可能是"无效用户"),然后把其他脚本中的事件序列并入已有的状态图中,作为一条可选的路径。

5)考虑完正常事件之后,再考虑边界情况和特殊情况,其中包括在不适当时候发生的事件;有时用户(或系统)不能做出快速响应,然而某些资源又必须及时收回,于是在一定间隔后就产生了"超时"事件;对用户出错情况往往需要花费很多精力处理,并且会使原来清晰、紧凑的程序结构变得复杂、烦琐,但是,出错处理是不能省略的。

6)当状态图覆盖了所有脚本,包含了影响某类对象状态的全部事件时,该类的状态图就构造出来了。

(4)审查动态模型。各个类的状态图通过共享事件合并起来,构成了系统的动态模型。在完成了每个具有重要交互行为的类的状态图后,来检查系统级的完整性和一致性。一般说来,每个事件都应该既有发送对象又有接收对象。对于没有前驱或没有后继的状态应该着重审查,如果这个状态既不是交互序列的起点也不是终点,则发现了一个错误。

基本系统模型由若干个数据源点/终点,及一个处理框组成,这个处理框代表了系统加工、变换数据的整体功能。由数据源点输入的数据和输出到数据终点的数据,构成了系统与外部世界之间交互事件的参数。

每个图的绘制并非按次序执行。图与图之间是相互依赖的,其中一个图的改变或者修改会引发其他图发生相应的改变。一般情况下,这三步的执行是并行的,并且会不断进行修改,直到图之间完全一致时为止。完整的图(以及有关的文档)会为产品提供详细说明书。

5.3　OOA 实例

5.3.1　基于用例的需求分析

下面以网上书店系统为例陈述需求分析:

(1)游客注册成为本店会员,要求用户提供个人真实姓名、身份证号码、电话、电子邮箱等。

(2)用户可根据对书籍的分类或者输入关键字进行书库中书籍的查找、浏览。

(3)显示最新入库的书籍,以便客户知道书库中书籍的更新。

(4)实时显示用户当前要购买的书目,用户可以对其进行增加或删除。

(5)客户提交购买订单后立即生成一个唯一的订单号,客户依此号码可以查询所购书目和物流情况。

(6)用户确认购买订单后可以使用网上银行在线支付或者其他的线下方式来支付货款,比如货到付款或者汇款。

(7)注册会员的权限包括对个人资料的修改、账户的管理和书籍收藏夹的管理,以及对于个人登录界面风格的管理。

(8)管理人员可以对用户的注册信息进行编辑分类等管理工作。

(9)管理人员可以对于用户提交的订单进行审核,并实现对订单的添加/删除/修改管理操作。

(10)书籍信息管理,包括出版社管理、类别设置和分类管理。

1)出版社管理。可以对书籍出版社的相关信息进行增加、修改或删除等操作,并确保信息的真实性。

2)类别设置。对书目类别进行相应的设置,包括增加类别、删除类别、修改类别等。

3)分类管理。将相关图书进行分类操作,该功能支持在图书入库的时候进行操作。

(11)管理人员实现对用户的分级,不同级别的用户可以享受到不同的折扣或者其他的增值服务。

(12)管理人员对用户提交的订购信息进行审核。

(13)网站数据的统计,包括会员人数统计、书籍数目统计和访问量的统计。对网站的流量进行日、周和季度的统计。

1. 识别主类

所谓主类就是形成最终系统的概念所必需的类。非主类是指那些支持类,即作为其他类的构造块来降低复杂性的类,作为容器来组织或聚集其他类的实例,或者作为实现某种服务后就删除的临时类。它们对形成最后的系统不是决定性的。支持类也可以提供某些服务,例如建立网络连接等。识别主类主要靠经验,一些启发式规则也有帮助。

在网上书店系统中,可以得到下列名词:顾客、游客、会员、书籍、系统管理员、购物车等。对于注册会员,系统需要跟踪其登录,保存其交易历史,交易状态以及购买等情况,因此会员应该是一个类,而且包含大量的信息,如姓名、地址等,所以顾客实例都要保存这样的信息。因此所有顾客的实例都有放入购物车、管理购物车、显示购物车、购买等操作。会员应该是个主类,同样数据库管理员也应该是一个主类。

2. 开发场景

所谓场景就是对实际系统行为的描述,包括行为涉及的实体及其状态变化、事件、环境。通过使用叙述性的文本把场景作为最终系统必须处理的可能时间序列进行描述,这就是场景的开发。这些事件以具体的用例为中心。场景包括可能存在于系统中的对象的实例。同样这些场景也可以有前置条件和后置条件。前置条件是场景成功发生之前就存在的条件的陈述。后置条件是描述执行完一个场景后系统状态修改的陈述。

场景是指从单个执行者的角度观察目标软件系统的功能和外部行为。这种功能通过系统与用户之间的交互来表征。因此也可以说,场景是用户与系统之间进行交互的一组具体的动作。相对于用例而言,场景是用例的实例,而用例是某类场景的共同抽象。

对于开发人员来说,确定角色和场景的关键在于理解业务领域,这需要理解用户的工作过程和系统的范围。开发人员可以通过提出以下问题来确定系统的场景:

(1)角色希望系统执行的任务是什么?

(2)角色访问什么信息?谁生成数据?

(3)角色需要通知系统的哪些外部变化?(时间和频率)

(4)系统需要通知角色什么事件?(时间)

这里给出网上书店系统的管理购物车和购买书籍两个场景。

场景 1:管理购物车(修改书籍的数量)。

前置条件:会员已经输入用户名和密码,系统验证了他的身份,有关购物车资源的数据库已经打开。

事件流:会员 ID 号是 XX001,用户名:张三。他首先查看购物车中书籍信息。购物车中显示有一本名为《家》的书,他可以打开查看本书的描述,核对该书欲购买的数量,此时该书欲购买数量显示为 1 本,他可以修改该书的购买数量为 10 本。向系统发送一个"修改"请求,把书籍购买的数量改成 10 本。

　　后置条件：购物车中《家》的购买数量修改成 10 本。

　　场景 2：购买书籍。

　　前置条件：会员已经选定了所需要的书籍，并确定了欲购买书籍的数量。

　　事件流：会员选定图书后，向系统发送"购买"请求。由系统来验证此请求，验证成功，系统提示其选择付款方式，此时会员选择邮政汇款，系统会要求其提供详细的地址，会员填写完毕后。系统会再次提示用户确认书名、数量、金额等信息。会员确认后，会员的 ID 号被记录在订单信息中，系统修改库存记录，并通知系统管理员发货。

　　后置条件：在订单库中存储会员的 ID 号，该书的库存数量减少。

　　3. 识别用例

　　一个用例是一个场景（或一套相关场景）的描述，描述了系统和用户的交互。一个用例可能不止需要一个场景来说明。它不必规定实现的细节，只须表明系统的行为。也就是说，它只说明系统需要做什么，而不必说明该怎么做，可以用用例图来表示（5.3.2 将会详细介绍）。

　　每个用例用一个事件序列集来描述其基本事件流和可选事件流，以及相应的时间。用例把系统分成相关功能类。用例作为系统构造的模块并非是独立的，它们是相互依赖的。我们可以利用一个简单的表格列出一些原始的分类，然后不断地完善这个表格。确认分类之间没有交集，并充分表示用户分类的行为、目的和要求等。

　　用例的开发紧跟在非正式的场景开发之后，或者可以把用例开发看成组织和重新构建非正式场景的过程，目的是为了形成最后的用例图。

　　用例描述了一个完整的系统事件流程，其重点在于角色与系统之间的交互，而不是内在的系统活动，并对角色产生有价值的可观测结果。实际上，从识别角色开始，发现用例的过程就开始了。对于已识别的角色，开发人员可以通过提出以下问题来确定可能的用例：

　　(1)角色需要从系统中获得什么功能？角色需要做什么？

　　(2)角色需要读取、产生、删除、修改或存储系统的某些信息吗？

　　(3)系统中发生事件需要通知角色吗？角色需要通知系统某件事情吗？

　　(4)系统需要的输入/输出信息是什么？这些信息从哪里来，到哪儿去？

　　(5)采用什么实现方法满足某些特殊要求？

　　4. 编写用例描述

　　用例图中主要描述系统应具有的功能，每个功能的含义和具体实现步骤，则必须使用用例描述。用例描述是从用户的角度，以文本形式描述系统的行为需求。描述的行为是用户可见的，不是系统隐藏的机制。

　　图形化表示的用例，其本身并不能提供该用例所具有的全部信息，因此还必须描述用例不能在图形上反映的信息，通常需要用文字来描述用例的这些信息。用例描述其实是一个关于角色与系统如何交互的规格说明，该规格说明必须清晰准确，没有二义性。描述用例时，应着重描述系统从外界看来会有什么样的行为，而不需要考虑该行为在系统内部是如何具体实现的,即只考虑外部功能,不考虑内部实现细节。

　　用例描述的内容,虽然没有硬性规定的格式,但用例描述一般需要包括简要描述(说明)、前置(前提)条件、主流、附流、后置(事后)条件等。

　　简要描述:对用例的角色、目的等进行简要的说明;

　　前置条件:执行用例之前,系统必须要处于的状态,或者需要满足的条件;

　　事件流:事件流中列出了用例中的步骤,描述该用例的基本流程,即每个流程都正常运作时所发生的事件,没有任何备选流和异常流,其主要包括以下几个方面:

　　(1)说明用例是怎样启动的,即哪些角色在什么情况下启动执行用例。

　　(2)说明角色和用例之间的信息处理过程,如哪些信息是通知对方的,怎样修改和检索信息,系统使用和修改了哪些实体等。

　　(3)说明用例在不同的条件下,可以选择执行的多种方案。

　　(4)说明用例在什么情况下才能视为完成,完成时结果应传给哪些角色。

　　通常,事件流包括基本流程和可选流程两部分。基本流程说明了角色和系统之间相互交互或对话的顺序,当这种交互结束时,角色便实现了预期目;可选流程也可促进成功地完成任务,但它们代表了任务的细节或用于完成任务的途径的变化部分。在交互过程中,基本流程可以在一些决策点上分解成可选流程,然后再重新汇成一个基本流程。

　　附流:附流的关键点在于它们常常不返回主流。这些附流是用例中的备选路径,用于捕获主流的出错、分支和中断。

　　后置条件:表示用例执行完成后,系统所处的状态。

　　具体实例如下:

用例1:会员登录。

用例:会员登录
ID:1
简单描述:此用例允许游客登录后成为会员
主角:游客
配角:无
前置条件:无
事件流: 基本流程: (1)游客选择"登录",用例开始。 (2)游客输入用户名和密码。 (3)系统验证用户名和密码。 (4)系统接受游客登录为会员。

可选流程: (1)若用户名或密码错误,系统提示重新输入或找回密码。 (2)若游客取消登陆,用例结束。
后置条件:游客登录为会员
附流: 用户名错误 密码错误
优先级别:高
使用频率:高

用例 2:管理购物车。

用例:管理购物车
ID:2
简单描述:会员更改购物车的内容(欲购买书籍数量)
主角:会员
配角:无
前置条件: 　　购物车的内容是可见的
事件流: 基本流程: (1)会员选中一本图书放入购物车时,用例开始。 (2)会员更改购物车的内容 1)会员选择了购物车内的一本图书。 2)如果会员选择"删除"。 ①系统显示提示信息:"你确认想要删除这本图书吗?" ②会员确认删除。 ③系统删除购物车中的图书。 3)如果会员修改所选图书的欲购买数量。 (3)系统更新所选书籍的欲购买数量。 可选流程: 　　会员取消修改,用例结束。
后置条件:无

附流:无
优先级别:中
使用频率:中

用例 3:购买书籍。

用例:购买书籍
ID:3
简单描述:会员通过此用例购买选定的书籍
主角:会员
配角:无
前置条件: 　　游客以会员身份登录
事件流: 基本流程: (1)会员选好所需图书,选择购买时,用例开始。 (2)系统验证购买请求。 (3)系统提示会员选择付款方式。 1)若会员选择银行汇款,系统提供银行账号。 2)若会员选择邮政汇款,系统则提供详细地址及单位名称。 3)若会员选择货到付款,系统提示会员确认收货地址。 (4)系统提示会员确认书名、金额、数量等信息。 (5)系统接受订单,修改库存信息,通知系统管理员发货。 可选流程: (1)如果所选图书库存为 0,系统提示会员暂无存货,用例结束。 (2)如果会员取消购买,用例结束。
后置条件:无
附流:无
优先级别:高
使用频率:高

5.3.2　UML 语言

1. UML(Unified Modeling Language)

UML 是一种建模语言,是用来为面向对象开发系统的产品进行说明、可视化和编制文档的手段。它是软件界第一个统一的标准建模语言。

面向对象是一种思维方式,当然需要用一种语言来表达、交流。UML 就是表达面向对象的标准化语言,只是语言,不是方法。经过多年的发展,UML 目前已经成为面向对象需求分析、设计的首选标准建模语言;要在团队中开展面向对象软件的开发,掌握 UML 语言进行可视化建模是必不可少的。

自 1997 年,OMG 采纳 UML 作为基于面向对象技术的标准建模语言,UML 已发展到 2.0 版本。但是,由于 UML 2.0 语法过于精细,有些开发商认为 UML 2.0 对开发人员的作用有限,所以 UML 2.0 还没有得到软件开发商的广泛支持,它是完全建立在 UML 1.x 基础之上,大多数的 UML 1.x 模型在 UML 2.0 中都可用。对于正在进行中的项目而言,可以继续基于 UML 早期版本建模,若使用 UML 2.0,要考虑其所带来的优势(更精确的模型)必须大于其产生的缺点(额外的工作)。在本书中,将介绍被广泛支持和使用的 UML 1.4 版本。

UML 支持面向对象的各种概念,提供了丰富的模型元素,每个模型元素都有其符号化的表示。图 5-1 给出了类、对象、状态、节点、包和组件等模型元素的符号化表示。

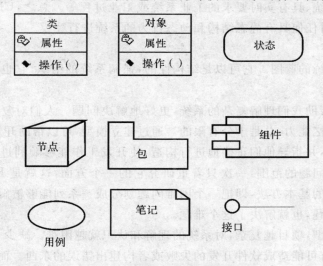

图 5-1　模型元素符号示例

模型元素与模型元素之间的连接关系也是模型元素,常见的关系有关联(Association)、泛化(Aeneralization)、依赖(Dependency)和聚合(Aggregation),其中聚合是关联的一种特殊形式。

这些关系的符号化表示如图 5-2 所示。

通过使用 UML 模型元素的符号化表示,按照规定的语法,可以建立系统模型的图形化表示。从不同的目的出发,可以为系统建立多个类型的图形化表示模型,也称为模型图。UML 主要包含以下几种模型图:用例图、类图、对象图、状态图、序列图、协作图、活动图、组件图和展开图。关于模型图的语法和含义等细节,将在后面的 5.3.3 中进行描述。

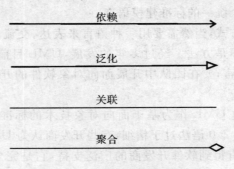

图 5-2　关系的图示符号化

UML 是一种定义良好、易于表达、功能强大的建模语言。其目标是以面向对象图的方式，来描述任何类型的系统，具有很广泛的应用领域。最常用的是使用 UML 为软件系统建立模型，但它同样可以用于描述非软件领域的系统，如机械系统、企业机构或业务过程，以及处理复杂数据的信息系统、具有实时要求的工业系统或工业过程等。总之，UML 是一个通用的标准建模语言，可以对任何具有静态结构和动态行为的系统进行建模。

2. 建模目的

模型提供了系统的蓝图。它可以是结构性的，强调系统的组织；它也可以是行为性的，强调系统的动态方面。

建立模型，能帮助我们理解复杂的系统，更好地解决问题。人们对复杂问题的理解，如果仅仅依靠大脑的记忆能力，总是十分有限的。通过建立模型，可以帮助开发组更好地对系统计划进行可视化设计，并指导他们正确地进行构造，使开发工作能够顺利进行。通过建立模型，可以缩小所要研究问题的范围，一次只着重研究它的一个方面，这就是 Edsger Dijkstra 几年前讲的"分而治之"的基本方法，即把一个困难问题划分成一系列能够被解决的小规模问题；解决了这些小规模问题，也就解决了这个难题。

如果不建立模型，项目越复杂，对系统的理解和认识就越困难。缺少了统一、有效、易于理解的系统描述，就有可能造成软件开发的失败或者构建出错误的东西。而有了系统模型，就可以通过先对模型进行测试，及早发现系统设计中可能存在的问题，以此来降低开发代价，避免出现颠覆性的错误。

作曲家会将闪现在其头脑中的优美旋律谱成乐曲，建筑师会将其头脑中构想的建筑物画成设计蓝图，这些乐曲、蓝图就是模型（Model）。而构建这些模型的过程，就称为建立模型（Modeling），以下简称建模。软件开发过程与音乐谱曲及建筑设计有相似之处，在其开发过程中，也必须将需求、分析、设计、实现、布署等各项工作流程的构想与结果，通过易于理解、交流，并符合一定格式标准的形式予以记录和呈现，这就是软件系统的建模。

软件开发者可能会在一块黑板上或草稿纸上勾画出他的想法，以便对正在开发的项目系统进行可视化表示。使用自己随手写出的模型表示方法本身并没有什么错，如果它能行得通，当然就可以使用。然而,这些非正规的模型,经常是太简单或太随意了,用于自我记忆和分析是可行的,但它没有提供一种容易让其他人理解的共同语言,对于别人而言,就像是无法理解的"天书"。建筑业、电机工程业和自动控制系统都有标准的建模语言,以便于在工程师之间进行沟通和交流。因此,在软件开发中,使用一种通用的建模语言进行软件的建模,显然就是十分必要的。

　　软件开发的难点,在于一个项目的参与人员中,既包括具有专业技术的领域专家、软件设计开发人员,也包括可能对技术一无所知的客户以及用户。他们之间交流的难题,往往成为软件开发的最大困难。专家与技术人员对系统与功能的描述,往往会选择技术性很强的专业词汇,以便尽量给予系统一个准确的描述,但客户对这些专业术语却难以理解;而客户对系统的需求和要求,又往往因为对技术的不了解而难以进行准确的描述。如何寻找一种描述方法,既能展现专家和技术人员对系统的准确设计,又能够直观地被客户所理解,就成为众多软件工程师们所关心的问题。

　　UML 定义了一些可视化的图形表示符以及它们的意义,它为上述两种不同领域的人们提供了统一的交流标准,有效地促进了客户与软件设计、开发和测试人员的相互理解。无论分析、设计还是开发人员采取何种不同的技术方法或过程,它们所提交的产品,都是使用 UML 来描述的,这就保证了描述的一致性,并有力地促进了与客户的交流和沟通。

　　3. 建模工具

　　为了提高工作效率,更好、更快地掌握 UML 语言,选择成熟的 UML 建模工具往往能起到事半功倍的效果。在本节中,将对常见的 UML 建模工具进行简单的介绍。应用最广泛的 UML 建模工具,是 IBM 的 Rational Rose,Microsoft Office Visio 2003 和 Enterprise Architect,还有其他一些 UML 建模工具如 PowerDesigner,Eclipse UML,Violet 等。

　　Rational Rose 是一种使用最广泛的基于 UML 的建模工具。在面向对象应用程序开发领域,Rational Rose 甚至是影响面向对象技术发展的一个重要因素。Rational Rose 自推出以来就受到了业界的瞩目,并一直引领着可视化建模工具的发展。越来越多的软件公司和开发团队,开始或者已经采用 Rational Rose,用于大型项目开发的分析、建模与设计等方面。从使用者的角度分析,Rational Rose 易于使用,支持使用多种构件和多种语言的复杂系统建模;利用双向工程技术可以实现迭代式开发;团队管理特性支持大型、复杂的项目,并且对队员分散在各个不同地方的分布式软件开发团队十分适用。同时,Rational Rose 与微软 Visual Studio 系列工具中 GUI 的完美结合所带来的方便性,使得它成为绝大多数开发人员首选的建模工具;Rose 还是市场上第一个提供对基于 UML 的数据建模和 Web 建模支持的工具。此外,Rose 还为其他一些领域提供了建模的技术支持,如用户定制和产品性能改进分析等方面。具体的介绍请参看 http://www.uml.org.cn/RequirementProject/200604043.htm。

　　Microsoft Visio 2003 提供的图表解决方案,可以帮助商务专业人员以可视化的方式归档和共享意见及信息。从人员管理、项目规划直至过程的可视化管理,Microsoft Visio 2003 都可以提供合适的图表。它也支持软件的 UML 模型建模。下面的两个网站提供了更多的有关

Microsoft Visio 2003 的信息,即 http://www. uml. org. cn/UMLTools/psf/Guide. doc, http://www. microsoft. com/china/office/xp/visio/default. asp。

Enterprise Architect 是一个全功能的、基于 UML 的 Visual CASE 工具,主要用于设计、编写、构建并管理以目标为导向的软件系统。它支持用户案例、商务流程模式以及动态的图表、分类、界面、协作、结构以及物理模型。此外,它还支持 C++,Java,Visual Basic,Delphi,C♯ 以及 VB. Net。具体请参看 http://www. softwarechn. com/SparxSystems/sparxsystems _ index. htm。

PowerDesigner 是常见的数据库建模工具,具体的说明与介绍请参看 http://www. uml. org. cn/UMLTools/powerDesigner/powerDesignerToolIntroduction. htm。

EA 与 Rose UML 建模工具的比较分析,请参看 http://51cmm. csai. cn/casepanel/ST/No061. htm。

在 UML 中国官方网站(http://www. uml. org. cn)中,有很多关于 UML 建模和建模工具的介绍,有兴趣的读者可以从中得到更详细的资料。本书中将采用 Rational Rose 工具进行建模。

5.3.3　用 UML 建模

前面叙述了以用例为中心的分析过程,主要创建主类列表。下一步就要创建图形,用图形来表示目的系统,以便在需求评审中展现给用户。这就是说要建立需求模型,所用的符号就是 UML 模型语言。

上一节已经介绍了建模的目的和工具,下面将详细介绍用 Rational Rose 进行可视化建模的方法和步骤。

1. 用例图(Use Case Diagram)

从用户的角度来看,他们并不想了解软件系统的内部结构和设计,他们所关心的是系统所能提供的服务(或系统所完成的功能)到底是什么,即被开发出来的系统将是如何被使用的,这就是设计 UML 用例图的基本思想。

在面向对象软件开发的需求分析阶段,需要通过用例建模,来表达系统的功能性需求或行为,才能使用户对软件功能有一个直观的了解。用例图是由角色(Actor)、用例(Use Case)、系统边界、箭头等图元组成的模型图,用于描述系统。

对于用例图中的每个用例,可以对其进行详细的说明,即通过用例描述,来表达系统的详细需求,为软件的进一步分析和设计打下基础。用例描述首先用文本形式的文档来表述。下面针对用例图和用例描述,给出了较详细的阐述。

(1)用例图。用例图是用来描述希望系统所能实现的功能,即通过用例图,可以看出系统具有哪些功能。在画用例图时,既要画出角色、用例和系统边界这三种模型元素,同时还要画出各个元素之间的多种关系,即角色和用例之间的关联、用例之间的关系以及角色的泛化关系。

　　这里,以一个网上书店系统(在线订购书籍)的原型系统为例,来理解用例图的各种模型元素以及它们之间的关系,网上书店(在线订购书籍)系统为前台客户提供了如下的功能:

　　1)用户用合法的用户名和密码登录系统。

　　2)系统为用户提供在线书籍的信息,包括每本书的书名、零售价格,书籍目录信息的描述,书籍相关图片信息的超链接以及产品的托运方式和价格等。

　　3)在用户浏览书籍信息期间,可以将自己需要的书籍放入购物车或从购物车中删除产品项,并在线显示购物车中商品清单及其详细信息。

　　4)允许用户就购物车中的商品提交订单,并显示订单价格。

　　5)允许用户查看自己订单历史的详细信息。

　　图 5-3 展示了网上书店(在线订购书籍)系统的前台客户系统的用例图。本节的内容都以该用例图为例进行阐述,并对该用例图进行必要的解释和说明。

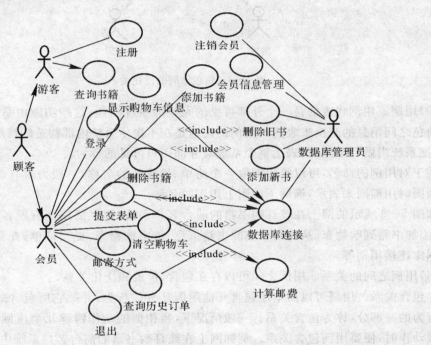

图 5-3　在线订购书籍的前台客户系统的用例图

　　(2)角色。用例图中的角色是指系统以外的,在使用系统的某个功能或与系统交互中所扮演的角色。因此只要使用用例,与系统交互(向系统发送消息或从系统中接受消息)的人或事物都是角色。它可以是人,可以是事物,也可以是时间或其他系统,等等。它们代表的是系统的使用者或使用环境。角色在画图中用简笔人物来表示,人物下面附上角色的名称。

　　例如,图 5-3 网上系统的前台客户系统有登录、提交订单、显示购物车信息等功能。启动这些功能的是购买书籍的顾客。对于提交订单和查看客户的历史订单记录等功能,则要向后台数据库服务器发送消息,将订单信息入库以及从库中取出历史订单信息。所以对于网上在线订购书籍的前台客户系统而言,购买书籍的客户和后台数据库服务器都是角色。

另外,角色之间可以有泛化关系,即把某些角色的共同行为抽取出来,将其表示成通用行为,把他们描述为超类。例如,上例中顾客可细分为两类:会员和游客,它们之间的泛化关系如图5-4所示。

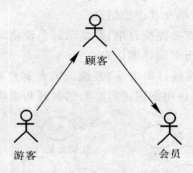

图 5-4 角色之间的泛化关系

(3)用例。用例代表的是一个外部可见的完整的系统功能,这些功能由系统所提供,并通过与角色之间消息的交换来表达。用例的用途是在不揭示系统内部构造的情况下定义行为序列,它把系统当做一个黑箱,表达整个系统对外部用户可见的行为。

关于对用例的命名,可以给用例取一个简单、描述性的名称,一般为带有动作性的词。用例在画图时用椭圆来表示,椭圆下面附上用例的名称。

如图5-3所示的网上在线订购书籍的前台客户系统,提供的用例有顾客登录、查看书籍信息、添加书籍到购物车、从购物车删除书籍信息、清空购物车、提交订单、查看的订单历史以及数据库连接用例等。

(4)用例之间的关系。用例之间可以存在包含、扩展和泛化关系。

1)包含关系。用例可以简单地包含其他用例具有的行为,并把它所包含的用例行为作为自身行为的一部分,称为包含关系。一般情况下,当相似的动作跨越几个用例,而又不想重复描述该动作时,便要用到包含关系。例如网上在线订购书籍的前台客户系统中的客户登录、查看产品目录、查看自己的订单历史等用例,它们与数据库连接用例之间的关系就是包含关系。

2)扩展关系。扩展关系是从扩展用例到基本用例的关系,它说明为扩展用例定义的行为,如何插入到为基本用例定义的行为中。在以下几种情况中,可使用扩展用例:

表明用例的某一部分是可选的系统行为(这样,就可以将模型中的可选行为和必选行为分开);

表明只在特定条件(如例外条件)下才执行的分支;

表明可能有一组行为段,其中的一个或多个段可以在基本用例中的扩展点处插入。所插入的行为段和插入的顺序,取决于在执行基本用例时与角色进行的交互。

图 5-5 给出了一个扩展关系的例子,例如在邮寄书籍的过程中,只有在邮递员遗失书籍的情况下,才会执行赔偿遗失书籍的分支。

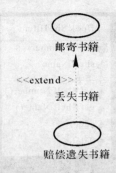

图 5-5　用例之间的扩展关系

3)泛化关系。用例可以被特别列举为一个或多个子用例,称为用例泛化。当父用例能够被使用时,任何子用例也可以被使用。例如书籍支付方式是银行汇款、邮政汇款和货到付款的抽象。图 5-6 给出了这三个用例之间的泛化关系。

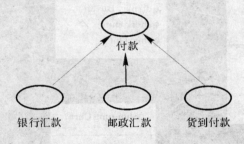

图 5-6　用例之间的泛化关系

（5）用例和角色之间的关系。用例和角色之间有连接关系,用例和角色之间的关系属于关联（Association）,又称为通信关联（Communication Association）。这种关联表明哪种角色能与该用例通信。关联关系是双向的一对一关系,即角色可以与用例通信,用例也可以与角色通信。

（6）边界。系统边界是用来表示正在建模系统的边界。边界内表示系统的组成部分,边界外表示系统外部。系统边界在图中用方框来表示,同时附上系统的名称,角色画在边界的外面,用例画在边界里面。

2. 类图和对象图（Class Diagram and Object Diagram）

（1）类图。类图主要用在面向对象软件开发的分析和设计阶段,它用来描述系统的静态结构。类图显示了所构建系统的所有实体、实体的内部结构以及实体之间的关系。也就是,我们从用户的客观世界模型中抽象出来的类、类的内部结构和类与类之间的关系。它是构建其他模型图的基础，没有类图，就没有状态图、协作图等其他 UML 模型图，也就无法表示系统的动态行为。

图 5－7 给出了一个简单网上书店系统的静态类图的建模方案。

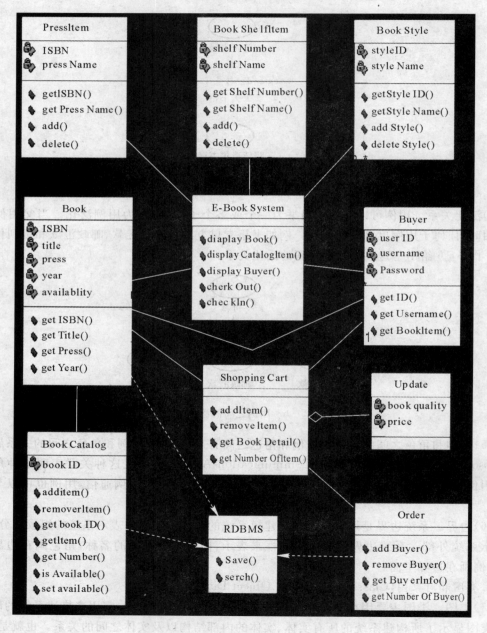

图 5－7　网上书店系统的静态类图

　　1)类。在类图中,类用长方形表示。长方形分成上、中、下三个区域,上面的区域内标示类的名字,中间区域内标示类的属性列表,最下面的区域标示类的方法列表。在图 5－7 中,给出了类 E－BookSystem,PressItem,BookShelfItem,BookStyle,Buyer,ShoppingCart,BookCatalog,Order,RDBMS 的说明。在具体程序实现时,类可以用面向对象语言中的类结构描述。

　　2)类与类之间的关系。

　　①继承关系。继承是面向对象设计中很重要的一个概念。由于现实世界中很多实体都有继承的含义,所以在软件建模中,将含有继承含义的两个实体,建模为有继承关系的两个类。

　　如果两个类有继承关系,一个类自动继承另一个类的所有数据和操作。被继承的类称为父类或超类,继承了父类或超类的所有数据和操作的类称为子类。子类可以在继承的基础上进行扩展,即添加自己新的操作,子类也可以覆写父类中的操作,使得其新的操作行为有别于父类中的同名操作。

　　父类中公有的成员,在被继承的子类中仍然是公有的,而且可以在子类中随意使用;父类中的私有成员,在子类中也是私有的,子类的对象不能存取父类中的私有成员。一个类中的私有成员,都不允许外界对其作任何操作,这就达到了保护数据的目的。

　　如果需要保护父类的成员(相当于私有的),又需要让其子类也能存取父类的成员,那么父类成员的可见性应设为保护的。拥有保护可见性的成员,只能被具有继承关系的类存取和操作。

　　②关联关系。当为一个软件系统建模时,特定的对象之间可能彼此关联,这些关联关系需要在类图中表示清楚。这里主要讨论常用的双向关联和单向关联。

　　a. 单向关联关系。类 A 与类 B 是单向关联关系,是指类 A 包含类 B 对象的引用,但是类 B 并不包含类 A 对象的引用。在类图中通过带箭头的单向矢线来表示,箭头的方向指向类 B。

　　在类图中,还应该进一步表示出类与类之间关联的数量,即与类 B 的一个实例关联的类 A 对象的数量。同时在关联数量的旁边,需要写出关联对象的属性名。

　　例如顾客登录后拥有一个购物车,购物车并不拥有客户的信息。那么顾客和购物车就是单向关联关系,如图 5－8 所示。

图 5－8　单向关联关系

　　类与类之间常用的关联数量表示及其含义有以下几种:

* 或 0..*	0 到任意多个
0..1	0 个或 1 个
1..*	1 到任意多个

　　例如,图书馆系统的类图中,类 Book 和类 BookCatalog 的关系是一对多的单向关联关系,即和一个类 Book 实例关联的类 BookCatalog 对象的数量是 0 到任意多个,关联的属性为 Bookcatalog。

　　b. 双向关联。两个类之间如果有双向关联关系,那么在编码实现时,它们彼此会包含对方的一个引用。例如,在一个需求描述中,一个购买者(Buyer)可以选 5 本书,一本书可以被任意多个顾客选择。在面向对象的软件建模中,将需求中的购买者和书分别建模为类,并通过类图表明购买者和书这两个类之间有双向关联关系,它们彼此包含对方的引用。在类图中,用一条直线连接两个类,来表示它们之间的双向关联关系,并在类图中表示出书类和购买者类的关联的数量及关联的属性,如图 5-9 所示。

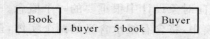

图 5-9　双向关联关系

该类图表示,和类 Book 的一个实例关联的类 Buyer 的对象的数量为 0 到任意多个,用"＊"来表示;和类 Buyer 的一个实例关联的类 Book 的对象的数量为 5。

在面向对象软件开发的分析和设计阶段,通过对用户需求的分析,建立类图来描述软件系统的对象类型以及它们之间的关系,为进一步软件的编码实现提供足够的信息。同时,开发人员通过类图,也可以查看编码的详细信息,即软件系统的实现由哪些类构成,每个类有哪些属性和方法,以及类之间的源码依赖关系。

(2)对象图。对象图显示某时刻一组对象、对象之间的关系以及该时刻对象的属性值。对象图是类图的实例,几乎使用与类图完全相同的标识。它们的不同点在于:对象图显示类的多个对象实例,而不是实际的类,即对象的属性是有值的。为了帮助理解一个比较复杂的类图,对象图也可用于显示类图中的对象在某一时间点的连接关系。

对象的图示方式与类的图示方式几乎是一样的,主要差别在于对象的名字下面要加下画线。对象图具有下列三种表示格式:

第一种格式形如:对象名:类名

第二种格式形如::类名

第三种格式形如:对象名

图 5-10 给出了类图的对象图示例。对象图与类图的关系就是对象与类的关系。

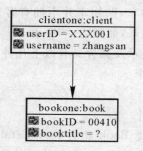

图 5-10　类图的对象图

3. 状态图(State Diagram)

状态图可用来描述一个类或整个应用系统的外部可见行为。在给定的时间点,可以说对象或系统处于某种状态,它将保持这种状态直到响应另一个事件(Event)发生,并使它改变状态。

并不是所有的类都有按事件顺序排列的明显行为,状态转换图只适用于那些有可标记的状态和复杂行为的类。状态图可看做是对类的一种补充描述,它展示了此类对象所具有的可能的状态,以及某些事件发生时状态的转移情况。通过状态图,可以了解到对象所能到达的所有状态,以及事件对对象状态产生的影响等。

我们还可以将整个应用系统按事件顺序排列的行为作为一个整体的状态转换图,以便在分析时指出系统的动态行为。

状态图可以有一个起点(起始状态)和多个终点(终止状态)。起点用一个黑圆点表示,终点用黑圆点外加一个圆圈表示,如图 5 - 11 所示。

图 5 - 11　状态图中的起点和终点

(1)状态。状态图中的状态用一个圆角矩形表示。一个状态一般包含两个部分,如图 5 - 12 所示。

第一部分为状态的名称,一个最简单的状态也可以只有这一部分。第二部分为可选的状态内部的活动列表。一个活动代表由系统完成的功能或操作,其语法格式如下:

label / activity expression

label 表示活动何时执行的标签。entry,exit 和 do 是 UML 保留的标准活动标签。

entry/activity expression:进入某一状态时启动的活动;

exit/activity expression:离开某一状态时执行的操作;

do/activity expression:当处于该状态中时执行的一个活动;

activity expression 是可选的。它用来指定应该做何种动作(如操作调用、增加数性值等)。activity expression 可以用伪代码描述,也可以用自然语言描述。

由图 5 - 12 可以看出,用户也可以定义自己所需要的活动标签及相应的活动表达式。

```
┌─────────────────────────┐
│          State          │
├─────────────────────────┤
│ entry/ entryActivity     │
│ exit/ exitActivity       │
│ do/ doActivity           │
│ event mylabel/ myactivity│
└─────────────────────────┘
```

图 5 - 12　状态表示

在任何一个时间点上,对象的状态由该对象的属性(该类中定义的属性)值和与其他对象的关联属性(该类中包含的其他类对象)的值来确定。例如,建模的类 BookCatalog。Book-Catalog 对象的状态图如图 5-13 所示。仓库中还有书时,它是有效的(Available),如果仓库中没有该书(该书脱销),那么它的状态就是无效的(Unavailable)。由于类 BookCatalog 对象没有包含其他类对象,因而它的状态仅由它自身的属性 availability 确定。

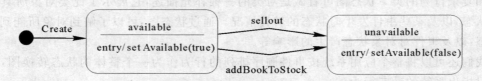

图 5-13 BookCatalog 对象的状态图

(2)状态转换。状态的改变称为状态转换,状态转换用一条带箭头的线表示,箭头旁可以标出转换发生的条件。状态转换可以伴随有某个动作,它表明当转换发生时,系统要做什么。状态转换的语法表示如下:

trigger [guard]/effect

(3)触发器(Trigger)。表示引起转换发生的条件。通常其语法表示为:事件名{可选的参数列表},其中参数列表的格式为:参数名 1:类型表达式,参数名 2:类型表达式,…

(4)守卫条件(Guard)。守卫条件是状态转移中的一个布尔表达式。当触发器事件发生的时候,只有当守卫条件为真时,状态转移才发生。

(5)操作(Effect)。操作是指转换发生时执行的动作。它可以是由对象的操作和属性组成的动作表达式,也可以是由事件说明中的参数组成的动作表达式。

(6)范例。图 5-14 显示了一个书籍购买系统的状态转换情况。在事件名称对应于动作操作的地方,只显示了操作。初态设为 NoBuy 的状态,当进入这个状态时,执行 Reset()操作。

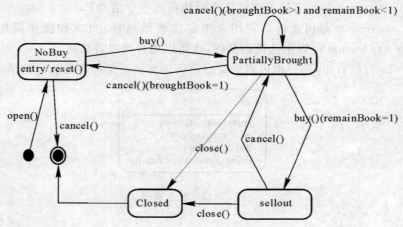

图 5-14 购买书籍状态图

如果购买网上书店中的书籍,对象状态变为状态 PartiallyBrought。Buy 事件与同形的 Buy 动作(作为一个操作的实现)相关联。在这个操作中,发生了真实的购买行为并更新了库存记录。在这个动作结束后,我们会在 PartiallyBrought 状态中发现这个对象。

每个额外的购买都会触发同样的动作。只要库存中还有书籍,此对象保留在 Partially-Brought 状态中。如果只剩下一本书了,它改变为 sellout 状态。若要取消购买的书籍,则执行同样的操作。因此,状态图描述了由什么事件触发了什么动作,且在哪些条件下允许这样的行为(与调用对应的操作一起)。

状态图对于编写软件是个非常有用的工具,它还可以用来描述用例、协作和方法的动态行为,如果想要描述跨越多个用例的单个对象的行为,应当使用状态图。

虽然状态图的应用很广泛,但并不是所有的建模过程都需要画出状态转化图。只有当行为的改变和状态有关时,才需要创建状态图。如果一个实体,比如一个类或组件,表示的行为顺序和当前的状态无关,那么画一个 UML 状态图可能是没有多少用处的。根据敏捷建模原则,建议只有当模型能够提供正面价值的时候,才创建模型。

5.4　本 章 小 结

面向对象的分析 OOA(Object－Oriented Analysis)是面向对象方法从编程领域向分析领域延伸的产物,充分体现了面向对象的概念与原则。面向对象的分析方法,强调从问题域中的实际事物及与系统责任有关的概念出发,来构造系统模型、与问题域具有一致的概念和术语,同时尽可能使用符合人类的思维方式来认识和描述问题域,有利于对问题及系统责任的理解以及人员之间的交流。再加上面向对象本身的封装、继承和多态等特征,OOA 对需求变化有较强的适应性,并且很好地支持了软件复用。

在本章中,介绍了 OOA 的分析原则及详细分析过程,并以网上书店系统的开发为例,详细说明了 OOA 分析中用例图、类图和对象图及状态图的建模过程。

本 章 练 习

1. 什么是面向对象分析?

2. OOA 的基本任务、主要原则是什么?

3. 试比较 OOA 方法与传统软件分析方法的优缺点。

4. 下面是音响商店租赁软件系统的简单需求:

通过各个商店将契约磁盘销售或出租给用户。一个用户从商店租借契约磁盘,前提是必须成为他的会员。成为会员只需要几分钟的时间。

任何人购买磁盘是不需要成为会员的。会员可以在其所要租借的磁盘的所有备份都已出借时,留下需求。当其中有备份返回时,商店会及时电话通知该会员,并为其保留最多 3 天的时间,超过 3 天时间其需求将被自动取消,除非有再次声明。

只有有限的契约磁盘是用来销售的,但是会员可以通过订购来购买。一个商店可以从上线公司订购和获得契约磁盘的备份。上线公司提供契约磁盘的目录和价格,这对所有的商店都是统一的。

每个商店保留目录的一个子集用于出租和销售,而且可以设置自己的本地出租价格。

(1)请给出该系统恰当的角色;

(2)请列出任何你觉得对系统的预期用户来说是值得探究的用例,并给出每个用例的描述;

(3)最终给出描述该简单系统需求的用例图。

5.用建模软件工具画出练习题 4 中静态建模的一个类图。

第6章 面向对象设计

本章目标 本章主要介绍面向对象设计（Object – Oriented Design，OOD）的基本概念与原理，说明它与面向对象分析的区别以及它的任务和目标，详细分析 OOD 的设计原则，讨论面向对象设计方法与传统设计方法的区别，并且比较几种相关方法的优缺点。

通过对本章的学习，读者应达到以下目标：
- 了解面向对象设计的基本概念与原理；
- 理解面向对象设计的原则；
- 熟悉面向对象设计的方法；
- 掌握交互图、类图以及活动图的建立方法。

6.1 面向对象设计的基本概念与原理

6.1.1 面向对象设计的基本概念

在软件生存周期中，面向对象设计发生于 OOA 的后期或者之后。OOA 与 OOD 的不可分割性说明了面向对象思想的强大，即软件过程阶段的无缝连接，在交流与沟通中不会产生鸿沟，这是相对结构化思想的好处，因为从功能模块到模块详细控制逻辑设计两者之间的联系不是十分紧密，需要分析人员与设计人员的再沟通。

在面向对象软件工程中，OOD 是软件生存周期的一个大的阶段，目标是建立可靠的可实现的系统模型。OOD 过程就是完善 OOA 的成果，细化分析，结合实现技术、实现环境考虑的过程，包括全局性设计解决策略和局部的模型细化两个方面；OOD 过程的重点是避免回归到非 OOA 的思想中，引入诸如"模块""单元"等概念；在类方法设计中，要考虑结构化方法，要进行程序流图的设计，总之两者不能相互混淆。

扩展 OOA 模型就得到了 OOD 模型，这样做有利于将分析转化成设计（有时这种转化工作是很繁重的）。面向对象分析阶段所产生的原始类模型和动态模型，是面向对象设计（OOD）的输入。在 OOD 阶段，原始类模型在详细类图中得到精确化，而且精确的系统动态行为也在一系列的交互图中被指定。在结构设计中，系统行为被分成一些模块（对象和方法），而在细化设计中，对各个对象和方法的细节进行详细说明。设计过程的最后必须进行设计回顾，用来检验设计是否内部一致，以及是否反映了分析规格说明书中的全部系统需求。面向对象设计可再细分为系统设计和对象设计。系统设计确定实现系统的策略和目标系统的高层结构。对象设计确定解空间中的类、关联、接口形式及实现服务的算法。在 OOD 中,创建的抽象不依赖于任何细节,而细节则高度依赖于上面的抽象,这正是 OOD 和传统技术之间根本的差异,也正是 OOD 思想的精华所在。

面向对象的设计一般包括两类设计模型,第一类是静态模型,静态模型通过系统对象类及其之间的关系来描述系统的静态结构;第二类是动态模型,动态模型描述系统的动态结构和系统对象之间的交互。而在设计阶段除了静态模型及动态模型以外,还包括域类模型和包模型(见第 5 章 UML)。

OOD 模型和 OOA 模型一样,包含五个层次,但同时它又引进了四个"部件"。这些部件分别是:

(1)主体部件,指那些执行基本应用功能的对象。

(2)人机交互部件,指用于系统的某个特定实现的界面技术。

(3)任务管理部件,指定了那些创建系统时必须建立的操作系统部分。

(4)数据管理部件,定义了与所用数据库接口的对象。

如图 6-1 所示,这四部分构成了 OOD 设计的详细框架。

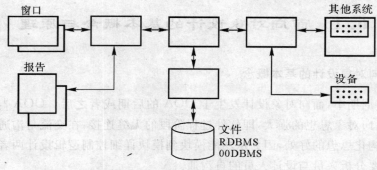

图 6-1 OOD 模型部件图

1. 主体部件

主体部件,即问题域部件。OOD 在很大程度上受具体实现环境的约束。通常进行问题域部件设计只须从实现的角度,对通过分析所建立的问题域模型做一些修改和补充,例如对类、对象、结构、属性及服务进行增加、修改或完善。主体部件是构造应用软件的总体模型(结构),是标识和定义模块的过程。模块可以是一个单个的类,也可以是由一些类组合成的子系统。主体部件在设计阶段,标识了在计算机环境中进行问题解决时所需要的概念,并增加了一批需要的类。主要是提供应用软件与系统外部世界交互的类,此阶段的输出是适合应用要求的类、类间的关系、应用的子系统视图、规格说明等。

2. 任务管理部件

此部件用于确定各种类型的任务,并把任务分配到硬件或软件上去执行。为了划分任务,首先要分析并发性。由 OOA 所建立的动态模型,是分析并发性的主要依据。通常把多个任务的并发执行称为多任务。常见的任务有事件驱动型任务、时钟驱动型任务、优先任务、关键任务和协调任务等(对任务的介绍,详见第 8 章 8.2.2)。

3. 用户界面部件

用户界面部件的好坏,对用户情绪和工作效率将产生重要影响。设计得好,则会使系统对用户产生吸引力,用户在使用系统的过程中能够激发用户的兴趣和创造力,提高工作效率;设计得不好,用户在使用过程中就会感到不方便、不习惯,甚至会产生厌烦和恼怒的情绪。在 OOA 阶段给出了所需的属性和操作,在设计阶段则必须根据需求把交互细节加入到用户界面设计中,包括人机交互所必需的实际显示和输入。

4. 数据管理部件

数据管理包括两个不同的关注区域:对应用本身关注的数据管理,创建用于对象存储和检索的基础设施。数据管理部件提供了在数据管理系统中存储和检索对象的基本结构,包括对永久性数据的访问和管理。它分离了数据管理机构所关心的事项,包括文件、关系型 DBMS 或面向对象 DBMS 等。

6.1.2　OOD 与 OOA 的区别

面向对象分析的各个层次(如对象、结构、主题、属性和服务)是对"问题空间"进行了模型化,而面向对象的设计则需要对一个特定的"实现空间"进行模型化,通过抽象、封装、继承性、消息通信、通用的组织法则、粒度和行为分类等途径控制设计的复杂性。

面向对象分析的主要目的是收集和确定用户的真实需求,其结果是得到一系列由系统分析员和用户共同确认的需求分析模型来描述系统必须实现"做什么",同时这一需求分析模型为下一阶段的面向对象设计提供了坚实的基础。面向对象设计的主要目的则是将分析阶段所得到的需求分析模型转换为"怎么做"的设计模型,从而为下一阶段的编码阶段提供坚实的设计指南。分析模型到设计模型的转换过程如图 6-2 所示。

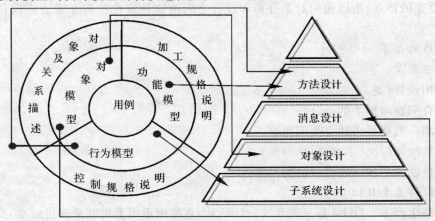

图 6-2　分析模型到设计模型的转换过程

（1）对象设计。子系统设计对应于传统设计中的数据设计，其主要任务是从分析阶段得到的模型中识别和发现类中的属性。

（2）子系统设计。子系统设计对应于传统设计中的结构设计，其主要任务是根据实际系统的需要，按照系统共享共同特征的实际情况，将整个系统划分为若干个子系统。实际上，传统的软件结构设计中将整个系统划分为若干个模块，也就得到了若干个子系统。一般说来，若干个关系密切的模块可看做一个子系统。

（3）消息设计。消息设计对应于传统设计中的接口设计，其主要任务是描述系统内部系统与系统之间以及系统与用户之间如何通信。接口包含了数据流和控制流等信息。

（4）方法设计。方法设计对应于传统设计中的过程设计，其主要任务是从系统的功能模型和行为模型出发，得到各个类的方法（也称服务）及其实现细节的描述。

分析主要是研究问题域，目的是针对问题域和系统责任，产生一个与实现条件无关的 OOA 模型，模型是同领域可复用的。设计目的是根据具体的实现条件对 OOA 模型进行调整并增加与此有关的类以及对象，产生一个针对具体实现的 OOD 模型。这样看来，过分严格区分 OOA 和 OOD 是不现实的。OOA 和 OOD 的参与人员最好具有连贯性，即人员的变动比率不要太大。而 OOA 和 OOD 的阶段成果必须独立地保存，因为在复用级别上 OOA 与 OOD 的产出复用是不同层次的。

6.1.3 OOD 的任务和目标

面向对象分析模型到设计模型的转换是一个演化过程，两种模型不论概念还是表示符号都是相同的，或是后者对前者有所扩充。实际上，面向对象分析与设计之间的界限不是非常清楚，两者往往在某些方面交织在一起。另外，即便是已经进入面向对象设计阶段，很有可能由于设计的深入而必须对分析模型进行适当的修正。这一修正过程很容易，如果采用一些自动化工具甚至有可能自动地反映到需求模型中去。因为现在的大多数软件的开发都具有需求随时间不断改变的特点，所以面向对象分析和设计之间的这种演化过程非常适应现代软件开发的要求。

1. OOD 的任务

（1）调整需求。

（2）重用设计（类）。

（3）组合问题域相关的类。

（4）增添一般化类来建立类间协议。

（5）调整继承层次（多继承、单继承）。

（6）改进性能与加入较低层的构件等。

2. OOD 的主要目标

（1）提高生产率。OOD 是一种系统设计活动，它使用重用类机制来改进效率，类库是这种结构的主要组成部分。使用 OOD 最多能使整个软件生产率提高 20% 左右。

（2）提高质量。OOA 和 OOD 过程能够减少开发后期发现的错误，并大大提高系统的质量。

（3）提高可维护性。OOD 方法开发的系统中，最稳定的是类，系统可变的是服务，服务的复杂程度也是变化的，外部接口也是最可能变化的部分。为提高可维护性，就要把系统中稳定的部分和易变的部分分离开来。

OOD 的目标是管理程序内部各部分的相互依赖。为了达到这个目标，OOD 要求将程序分成块，每个块的规模应该小到可以管理的程度，然后分别将各个块隐藏在接口的后面，让它们只通过接口相互交流。例如，如果用 OOD 的方法来设计一个服务器-客户端应用，那么服务器和客户端之间不应该有直接的依赖，而是应该让服务器的接口和客户端的接口相互依赖。

这种依赖关系的转换使得系统的各部分具有了可复用性。还是拿上面那个例子来说，客户端就不必依赖于特定的服务器，所以就可以复用到其他的环境下。如果要复用某一个程序块，只要实现必须的接口就行了。

OOD 是一种解决软件问题的设计范式，一种抽象的范式。使用 OOD 这种设计范式，可以用对象来表现问题领域的实体，每个对象都有相应的状态和行为。OOD 对事务的抽象可以分成很多层次，从非常概括的到非常特殊的都有，而对象可能处于任何一个抽象层次上。另外，彼此不同但又互有关联的对象可以共同构成抽象：只要这些对象之间有相似性，就可以把它们当成同一类的对象来处理。

6.1.4　OOD 的设计原则

所谓优秀的设计，就是在权衡各种因素的基础上，使得系统在其整个生存周期中的总开销最小的设计。对大多数软件系统而言，60％以上的软件费用都用于软件维护，因此，优秀的软件设计的一个主要特点就是易于维护。

通常，设计的质量越高，设计结果保持不变的时间也越长。即使出现必须修改设计的情况，也应该使修改的范围尽可能小。面向对象设计的准则包括模块化、抽象、信息隐藏、耦合、内聚、可重用。

软件设计的一个主要的动作，就是在需求规格说明书和分析阶段将功能分为具体的软件模块。在传统的结构化设计中，一个软件模块会关系到一个具体的功能或者一个具体语言中的程序设计。然而，在面向对象程序设计中，一个模块往往关系到一个对象，或者一个方法与一个具体的对象结合。尽管有很多不同方法可以将一个具体的系统划分为个体模块，软件工程师已找到一种设计方法可以使系统模块的两个重要特性（内聚和耦合）最佳化。

1. 模块化

模块是软件工程中一个基本的概念，是软件系统的基石。在结构设计方法中，模块是按系统功能的划分而组织的执行实体。而在面向对象方法中，对象就是模块，它是把数据和处理数据的方法（服务）结合在一起而构成的概念实体。

模块化方法带来了许多好处。一方面，模块化设计降低了系统的复杂性，使得系统容易修改;另一方面,推动了系统各个部分的并行开发,从而提高了软件的生产效率。

软件系统的层次结构正是模块化的具体体现。就是说,整个软件被划分成若干单独命名和可编址的部分,称为模块。这些模块可以被组装起来以满足整个问题的需求。

模块的基本元素是对象,它把数据结构和操作这些数据的方法紧密地结合在一起。

在早期的设计中,大多数程序是由多个部分所构成的单一代码块组成的,程序控制在 go-to 语句的作用下或随着程序的连续执行,从一个部分跳转到另一个部分,如同连续的程序执行。这些早期的系统很难被理解和维护,在现代设计,尤其是面向对象的设计中,将一个软件系统分成单独的模块有以下几个重要的优点:

(1)更易懂。如果一个系统中的可执行代码语句是根据功能被分组并且单独存储,那么系统各个部分所实现的功能就很易懂了。

(2)更易测。当软件被分成多个模块时,每个模块可以在模块级或系统级进行测试,这样很容易分离引起系统故障的代码。

(3)更易维护。如果软件被分成多个模块,它们将很容易被移去、替代或者重写,如果对系统功能的某一特定部分功能修改,这些改变对系统其他部分造成影响很小。

实际上,如果模块是相互独立的,当模块变得越小时,每个模块花费的工作量越低;但当模块数增加时,模块间的联系也随之增加,把这些模块连接起来的工作量也随之增加,如图 6-3 所示。因此,存在一个模块个数 M,它使得总的开发成本达到最小。

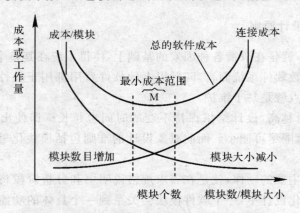

图 6-3 模块大小、模块数目与费用的关系

2.抽象

当不同级别进行抽象时,总是在进行数据和功能的抽象。功能的抽象即过程抽象,它把一系列隐含的过程性步骤用一个命令的指令序列来代替,具有特定的有限的功能。数据抽象是命名的数据集合,它描述一个数据对象,这就是 ERD(实体联系图)里的数据对象。而控制抽象是软件设计的第三种抽象形式。它代表了程序内部的控制机制,而忽略内部的控制细节。类实际上是一种抽象数据类型。对外开放的公共接口构成了类的规格说明,这种接口规定了

外界可以使用的合法操作符,利用这些操作符可以对类实例中包含的数据进行操作。所谓参数化抽象,是指在描述类的规格说明时,并不具体指定所要操作的数据类型,而是把数据类型作为参数。

3. 信息隐藏

信息隐藏是指在设计和确定模块时,对于能够隐藏在模块内部的信息(数据和过程),应尽量在模块内部存储和定义,不让别的模块访问它,就是尽可能把信息局部化,而不是全局化。所定义的一组独立模块,它们相互之间只进行实现软件功能所必须的通信,这样可以减少因局部数据结构变动带来的对整个软件的影响。信息隐藏通过对象的封装性实现。类结构分离了接口与实现,从而支持了信息隐藏。对于使用类的用户来说,属性的表示方法和操作的实现算法都应该是隐藏的。通常有效的模块化可以通过定义一组独立的模块来实现,这些模块相互间的通信仅使用对于实现软件功能来说是必要的信息。所以抽象帮助定义组成软件过程的实体,而信息隐藏则约束实现模块内部过程细节和数据结构的访问。

由于一个软件系统在整个软件生存期内要经过多次修改,所以在划分模块时要采取措施,使得大多数过程和数据对软件的其他部分是隐蔽的。这样,在将来修改软件时偶然引入错误所造成的影响就可以局限在一个或几个模块内部,不致波及软件的其他部分。

4. 耦合性

耦合性指的是两个模块之间交互的程度。在早期的程序设计中,用一个模块去修改另一个模块的数据,或者是更改其他模块内部的声明是非常普遍的。这相当于 Java 在运行时,用一个类中的方法去修改了另一个类方法的代码。一般模块之间可能的连接方式有 7 种,构成耦合性的 7 种类型如图 6-4 所示。

图 6-4　耦合性

(1)内容耦合。如果一个模块直接访问另一个模块的内部数据,或者一个模块不通过正常入口转到另一模块内部,或者两个模块有一部分程序代码重叠,或者一个模块有多个入口,则两个模块之间就发生了内容耦合。

(2)公共耦合。若一组模块都访问同一个公共数据环境,则它们之间的耦合就称为公共耦合。公共的数据环境可以是全局数据结构、共享的通信区、内存的公共覆盖区等。

(3)外部耦合。一组模块都访问同一全局简单变量而不是同一全局数据结构,而且不是通过参数表传递该全局变量的信息,则称为外部耦合。

(4)控制耦合。如果一个模块通过传送开关、标志、名字等控制信息,明显地控制选择另一模块的功能,就是控制耦合。

(5)标记耦合。如果一组模块通过参数表传递记录信息,就是标记耦合。事实上,这组模块共享了某一数据结构的子结构,而不是简单变量。这要求这些模块都必须清楚该记录的结构,并按结构要求对记录进行操作。

(6)数据耦合。如果一个模块访问另一个模块时,彼此之间是通过数据参数(不是控制参数、公共数据结构或外部变量)来交换输入、输出信息的,则称这种耦合为数据耦合。

(7)非直接耦合。如果两个模块之间没有直接关系,它们之间的联系完全是通过主模块的控制和调用来实现的,这就是非直接耦合。这种耦合的模块独立性最强。

如果两个模型之间根本没有耦合或者只有数据耦合,那么它们的耦合度很弱。数据耦合可以被认为是两个模型之间共享数据的最简单的方法,这种方法很容易理解、调试和修改。从某种程度上讲,所有其他类型的耦合都不是所需要的。外部耦合的模块很难调试,因为它很难确定全局数据结构中错误的原因;控制耦合的模块很难调试或者扩展,因为一个模块中的变化可能会引起其他模块的不可预测的结果。另外,具有标记耦合的模块难以理解,因为不是所有模块都共享数据结构的子结构。

5. 内聚性

内聚性是指被一个特定模块所执行的各个步骤之间的相似度或者交互的程度。一个具有高内聚性的模块,提供了一系列逻辑上可以归为一组的操作,在低内聚的模块中,完全独立的功能将被随意地放在一起。并且,高内聚性模块中的操作是在一组类似的数据中,而低内聚性模块中的操作则是在不同种类的数据元素中。一般模块的内聚性分为 7 种类型,如图 6-5 所示。

图 6-5 内聚性

下面仅介绍两种最重要的内聚性类型:信息内聚和功能内聚。

(1)信息内聚。一个模块如果它执行每个动作都有自己的入口点,每个动作都包含独立代码,所有的动作都作用于相同的数据结构,那么这个模块具有信息内聚性。

信息内聚模块可以看成是多个功能内聚模块的组合,并能达到信息的隐蔽,即把某个数据结构、资源或设备隐蔽在一个模块内,不为别的模块所知晓。当把程序某些方面细节隐藏在一个模块中时,就增加了模块的独立性。

(2)功能内聚。一个模块中各个部分都是为完成一项具体功能而协同工作、紧密联系、不可分割的,则称该模块为功能内聚模块。功能内聚模块是内聚性最强的模块。

功能内聚也是模块化非常重要的一个特征,因为它描述了紧密内聚的模块,这些模块可以在任何地方重用。

6.可重用

重用是指同一事物不作修改或稍加改动就能多次重复使用。应尽量使用已有的类,包括开发环境提供的类库及以往开发类似系统时创建的类。如果确实需要创建新类,则在设计这些新类的协议时,应该考虑将来的可重用性。软件成分的重用有如下级别:

(1)代码重用:源代码剪贴,源代码包含,继承;

(2)设计结果重用;

(3)分析结果重用。

为实现软件重用须付出的额外代价包括:用于创建可重用的软构件(即软件成分)的投资和用于完成更高级的质量保证的投资。为充分保证可重用的软构件的质量,通常需要比普遍软件多花 2~4 倍的时间去测试可重用的软构件。因此,通常需要投资建立并维护一些可重用软构件库,还要为这些库提供管理和浏览等机制,以方便软件工程师使用。实际上,重用率越高,生产率并不一定就越高,因此,在考虑可重用性的同时要兼顾系统的生产率。

6.1.5 软件设计方法

贯穿本书,我们关注软件系统中两个重要的部分:软件表现出的动作和所操作的数据,软件设计的两个传统的方法可以归类于面向操作的设计和面向数据的设计。

1.面向操作的设计

面向操作的设计方法的重点是分析处理步骤,并将它们分成一系列具有高内聚性和弱耦合性动作(模块)。对于使用系统中的数据流来观察软件操作的情况,面向数据的设计方法是最适当的(如数据库)。而基于规则的和事务分析的系统就不是这种例子,它们不使用系统中数据流作为观察软件操作,而关心的主要是操作方法。

面向操作的设计有下面两个主要的技术:

(1)数据流分析。这是一项得到具有高内聚模块的传统设计技术。它可以和多数规格说明技术一同使用,该技术的输入是一个数据流图。应用结构化分析技术,设计师可以创建一个数据流图来给出所有加上输入输出的过程步骤,然后设计师鉴别提取输入输出的最高点——外部和内部数据的边界——绘制两个垂线分开输入、处理和输出阶段。在处理阶段根据所绘制的边界又可以被分为输入模块、转换模块和输出模块。整个过程持续到模型表现为一个单独的功能或者是一组具有很强耦合性的功能。

(2)事务分析。在事务处理系统中,必须将很多非常相似的请求处理为只有细节不同的内容。数据流分析对于事务处理类产品是不合适的,因为事务处理类产品必须完成大量相关的操作,总体相似但是细节不同。例如,自动检票机就是一个典型的事务处理系统的例子。不只是注重定义输入模块、处理模块和输出模块,事务分析更加注重识别模块的分析和分配。分析模块决定引入事务的类型并且将此信息传递给分配模块,这个模块执行适当的事务。

2.面向数据设计

面向数据设计的基本原则是根据对其运行的数据结构设计产品。首先确定数据结构,然后赋予每个过程与它所操作的数据相同的结构。在面向数据设计中,系统的模块结构基于它所拥有的数据结构,面向数据设计中流传久远的技术是 Jackson Method。历史上,面向操作设计比面向数据的设计的应用面更广,目前来说,这两种设计的应用面有很大缩小。

3.OOD

在 OOD 中,系统中的动作和数据的重要性相当,尤其是面向 OOA 中用来识别类的一系列对象定义的设计。如果使用像 Java 这种支持高内聚性和弱耦合性的语言中的对象定义,那么在模块设计中使用面向对象方法,就会得到对所需要特性的支持。OOD 方法由下面四个步骤组成:

(1)构造交互表。设计师创建一系列图表或者在分析阶段为每一个用例定义创建一个协作表。

(2)构造一个详细的类图。在分析阶段创建的预备类图包括一个完整的方法列表和数据成员,在必要时可增加类及其之间的关系。

(3)构造客户端——对象关系图表。设计师在图表中排列类来强调它们的等级关系,这和结构分析中的控制流图 CFD(Control Flow Diagrams)的概念相关。

(4)完成详细设计。设计师指定为实现方法的算法,包括每一个方法内部的变量和数据结构。

关于完成类图,需要确定属性的格式,给相关的类分配方法。通常情况下,从分析可以直接推导出属性的格式。在分析流期间可以得到确定格式的信息,因此这些格式当然可以在此时加入到类图中。然而,面向对象范型是迭代的,每次迭代都给已经完成的部分带来一些修改。从实际角度出发,应尽可能晚地将信息加入到 UML 模型中。

OOD 第二步骤的其他主要部分是给类分配方法(操作的实现)。对产品所有操作的确定将通过检查每个场景的交互图来完成。

6.2　面向对象设计的方法

从 20 世纪 80 年代末到现在,面向对象开发方法的研究已日趋成熟。国际上有一定影响的面向对象开发方法有 50 多种。其中比较流行的有十几种,如 Peter Coad 和 Ed Yourdon 的面向对象分析和设计,James Rumbaugh 的 OMT,Sally Shlaer 和 Stephen Mellor 的方法,Grady Booch 的方法,Donald Firesmith 的方法,David W. Embley 等的 OSA,I. Jacobson 等的 OOSE,R. Wirfs - Brock 等的 RDD 方法和 IBM 公司的 VMT 等,这些是其中比较优秀的。本节仅对传统的设计过程以及 Booch 方法、Coad 方法、OMT 方法和 VMT 方法作一简单介绍。

6.2.1　传统的设计方法

结构化设计方法的基本思想:使系统模块化,即把一个系统自上而下逐步分解为若干个彼此独立而又有一定联系的组成部分。对于任何一个系统都可以按功能逐步由上而下,由抽象到具体,逐层将其分解为一个多层次的,具有相对独立功能的模块所组成的系统。传统的设计阶段由三个活动组成:概要设计、详细设计和设计测试。设计过程的输入是规格说明文档,它描述了产品将要做"什么"。输出是设计文档,它描述了产品"如何"做才能达到这一点。

1.概要设计

概要设计也称为结构设计或总体设计,主要任务是把系统的功能需求分配给软件结构,形成软件的模块结构图。概要设计的基本任务:设计软件系统结构,划分功能模块,确定模块间调用关系;数据结构及数据库设计,实现需求定义和规格说明过程中提出的数据对象的逻辑表示;编写概要设计文档包括概要设计说明书、数据库设计说明书、集成测试计划等;概要设计文档评审,对设计方案是否完整实现需求分析中规定的功能、性能的要求,设计方案的可行性等进行评审。

2.详细设计

在详细设计阶段,设计师考虑结构设计中每一个模块的设计并提出下列规范:

(1)模块接口。所有模块的名字、参数和参数类型被详细说明。在一个面向对象系统中,包括详细类图中每一个对象的说明,以及所有对象方法构造函数的标明。

(2)模块算法。实现每一个模块中要用到的算法被明确规定。算法可在文章中描述,但是这样描述不准确,用半形式的语言或者伪代码来描述更好,在一个面向对象系统中,包括规定系统中每一个对象和对象方法的算法,以及对象构造函数。

(3)模型数据结构。如果一个模型需要临时空间或者其他类型的内部数据结构,这些必须被正确规定。其中包括每一个内部变量或者数据结构的名字、类型和初始化的定义,在一个面向对象系统中,包括一个特定对象中所有类的变量的定义,以及每一个方法内部变量和数据结构的定义。

在详细设计完成后,所有程序员需要的信息必须被定义。对于面向对象的 Java 程序详细设计而言,一个常用的方法是写下每一个对象的核心类文件,包括每一个类变量的声明、构造函数和方法标记,并且要把算法规范放置在每一个方法体中。

在一个极好的详细设计完成后,实现阶段就会很快完成,集成和测试阶段也有了很直接的方式并且只需要少量人员。

3.设计测试

设计测试有两个主要目标:

(1)验证设计是否满足需求分析阶段所有的功能描述要求;

(2)确保设计的正确性。

把每个在分析阶段确定的处理步骤(如数据流图)与在结构设计中详细描述的模块连接是

可行的。在面向对象设计中,所有确定的用例必须与系统中模块提供的某个动作顺序相一致。如果可能,使用的设计原理要和与之对应的需求分析互相参照。在面向对象设计实例中,这种映射是很有效的。这种利用初始类和详细类图之间关系来优化设计的方法是很好的。类图的任何改动必须记录在文档中,并且必须校验在分析阶段所定义的含有详细类图和设计支持的用例方案。一些计算机辅助软件工程(CASE)工具能支持规范和设计之间的直接映射关系。

6.2.2 Booch 方法

就面向对象方法而言,Grady Booch 是最早的倡导者之一。他指出面向对象开发是一种根本不同于传统功能分解方法的设计方法。面向对象的软件分解,更接近人们对客观事务的理解,而功能分解只通过问题空间的转换来获得。

Booch 方法是对一个系统用许多视图来分析,每一个视图采用许多模型图来描述。Booch 方法的符号非常多,包括类图(类结构-静态视图)、对象图(对象结构-静态视图)、状态转移图(类结构-动态视图)、时态图(对象结构-动态视图)、模块图(模块体系结构)和进程图(进程体系结构)。该方法也包含一个过程,通过该过程,可以从宏观开发视图和微观开发视图两个方面来分析系统,并且这是一个基于高度增量和迭代的过程。

Booch 方法的过程包括以下步骤:

(1)在给定的抽象层次上识别类和对象;

(2)识别这些类和对象的语义;

(3)识别这些类和对象之间的关系;

(4)实现类和对象。

这四种活动不仅仅是一个简单的步骤序列,而是对系统的逻辑和物理视图不断细化的迭代开发过程。

类和对象的识别,包括找出问题空间中事物的抽象模型和产生动态行为的重要机制。开发人员可以通过研究问题域的术语,发现事物的抽象模型。语义的识别主要是建立在上一阶段识别出来的类和对象的含义基础上。开发人员确定类的行为(即方法)、类与对象之间的互相作用(即行为的规范描述)。该阶段利用状态转移图描述对象的状态模型,利用时态图(系统中的时态约束)和对象图(对象之间的互相作用)描述行为模型。

在关系识别阶段描述静态和动态关系模型。这些关系包括使用、实例化、继承、关联和聚集等。类和对象之间的可见性也在此时确定。

在类和对象的实现阶段,要考虑如何用选定的编程语言实现,如何将类和对象组织成模块。

6.2.3 Coad 方法

Coad 方法是 1989 年 Peter Coad 和 Ed Yourdon 提出的面向对象开发方法。它是较早出现的面向对象的开发方法。它把系统的开发分为分析和设计两个阶段。其中分析阶段的面向

对象分析模型由五个层次构成,即

(1)发现类及对象。描述如何发现类及对象。从应用领域开始识别类及对象,形成整个应用的基础,然后据此分析系统的责任。

(2)识别结构。该阶段分为两个步骤。第一,识别"一般—特殊"结构,该结构捕获了识别出的类的层次结构;第二,识别"整体—部分"结构,该结构用来表示一个对象如何成为另一个对象的一部分,以及多个对象如何组装成更大的对象。

(3)定义服务。其中包括定义对象之间的消息连接。

(4)识别主题。主题由一组类及对象组成,用于将类及对象模型划分为更大的单位,便于理解。

(5)定义属性。其中包括定义类的实例(对象)之间的实例连接。

设计阶段则针对与实现有关的因素,继续运用面向对象分析的五个活动,它包括问题域部分、人机交互部分、任务管理部分和数据管理部分等四个部分的设计。在次序上,面向对象分析和面向对象设计既可以顺序进行,也可以交叉地进行。因此,无论是瀑布式、螺旋式还是渐进式的开发模型,都能适应。这种方法,概念简单,易于掌握,但是对每个对象的功能和行为的描述不很全面,对象模型的语义表达能力不是太强。

6.2.4　OMT 方法

OMT 方法是一种新兴的面向对象的开发方法,开发工作的基础是对真实世界的对象建模,然后围绕这些对象使用分析模型来进行独立于语言的设计,面向对象的建模和设计促进了对需求的理解,有利于开发出更清晰、更容易维护的软件系统。该方法为大多数应用领域的软件开发提供了一种实际的、高效的保证,努力寻求一种问题求解的实际方法。

OMT 方法从三个视角描述系统,相应地提供了三种模型:对象模型、动态模型和功能模型。对象模型描述对象的静态结构和它们之间的关系。主要的概念包括类、属性、操作、继承、关联(即关系)、聚集。

动态模型描述系统那些随时间变化的方面,其主要概念有状态、子状态和超状态、事件、行为、活动。

功能模型描述系统内部数据值的转换,其主要概念有加工、数据存储、数据流、控制流、角色。

OMT 方法将开发过程分为四个阶段。

1. 分析

基于问题和用户需求的描述,建立现实世界的模型。分析阶段的产物有:

(1)问题描述。

(2)对象模型=对象图+数据词典。

(3)动态模型=状态图+全局事件流图。

(4)功能模型=数据流图+约束。

2. 系统设计

结合问题域的知识和目标系统的体系结构（求解域），将目标系统分解为子系统。

3. 对象设计

基于分析模型和求解域中的体系结构等添加的实现细节，完成系统设计。主要产物包括细化的对象模型、细化的动态模型、细化的功能模型。

4. 实现

将设计转换为特定的编程语言或硬件，同时保持可追踪性、灵活性和可扩展性。

6.2.5　VMT 方法

IBM 公司的 VMT 是 1996 年提出的，被称为第三代的面向对象开发方法。VMT 可以说是 OMT，OOSE，RDD 等方法相融合后的一个产物。VMT 选择 OMT 作为整个方法的框架，并且采用 OMT 的表示方法，但不再使用 OMT 中用数据流图描述的功能模型，而代之以 RDD 方法中的 CRC(Class Responsibility Collaboration)卡片，用它来描述对象的操作和对象间的关系。VMT 还引入了 OOSE 中的使用事例概念，用来描述用户对系统的需求，从而获得更准确的用户需求模型。VMT 方法的开发过程包括分析、设计和实现三个阶段。分析阶段的主要工作是建立模型，包括使用事例概念模型、分析阶段原型、对象模型、动态模型和 CRC 卡片。设计阶段包括系统设计、对象设计和永久对象设计。系统设计的主要工作是划分子系统和设计系统的体系结构；对象设计的主要工作是细化分析阶段获得的模型；永久对象设计主要是考虑和数据库有关的设计。实现阶段主要是考虑系统的编程。IBM 公司在提出 VMT 的同时，推出了支持 VMT 的可视化编程工具 VisualAge，用它可以很容易地实现设计阶段建立的模型。

6.2.6　5 种设计方法的比较

传统的设计方法主要是结构化的设计方法，它和结构化的分析方法一起成为经典的系统分析方法。它通过一种模型化的程序开发标准和自顶向下分解求精的方法，将数据流转换为功能设计的定义，因此它不适合面向对象的设计。

Booch 方法认为面向对象的开发是一个部分生存周期的方法，只涉及面向对象的设计和实现，不涉及面向对象分析。所以它的主要工作集中在设计阶段，而且偏向于系统的静态描述，对动态描述支持较少，也不能有效地找出每个对象和类的操作。

对于 Coad 方法，在次序上，面向对象分析和面向对象设计既可以顺序进行，也可以交叉地进行。因此，无论是瀑布式、螺旋式还是渐进式的开发模型，Coad 方法都能适应。而且这种方法概念简单，易于掌握。但是对每个对象的功能和行为的描述不很全面，对象模型的语义表达能力不是太强。

OMT 方法覆盖了应用开发的全过程，是一种比较成熟的方法，用几种不同的观念来适应不同的建模场合，它在许多重要观念上受到关系数据库设计的影响，适合于数据密集型的信息系统的开发,是一种比较完善和有效的分析与设计方法,但在功能模型中使用数据流图与其他两个模型有些脱节。

VMT 方法基于现有面向对象方法中的成熟技术,采用这些方法中最好的思想、特色、观点以及技术,并把它们融合成一个完整的开发过程。因此 VMT 是一种扬长避短的方法,它提供了一种实用的能够处理复杂问题的建模方法和技术。

6.3　实　　例

生存周期方法学把设计划分为总体设计和详细设计两个阶段,类似地,也可以把面向对象设计分为系统设计和对象设计。系统设计确定实现系统的策略和目标系统的高层结构。对象设计确定解空间中的类、关联、接口形式及实现服务的算法,在此不对它们加以区分。

本节采用基于 UML 的面向对象设计方法将分析模型转换为设计模型。如第 5 章所述,面向对象的分析模型主要由用例图、类图和对象图及状态图构成。设计模型则包含以包图表示的软件体系结构图、以交互图表示的用例实现图、完整精确的类图、针对复杂对象的状态图和用以描述流程化处理过程的活动图等。

6.3.1　UML 时序图

交互图是用例设计的关键部分,因为在顺序图上展现大量信息会更加容易。OOD 的第一个阶段是为每一个用例关系建立交互图。统一建模语言(UML)支持两种类型的交互图:时序图和协作图。两种类型的图都是描述系统的对象和它们之间消息的传递。时序图和协作图都是描述对象之间交互的关系,但前一个侧重描述交互的时间顺序,对于理解软件系统中可靠事件发生的顺序是非常重要的;而后一个强调的是各个对象之间的交互关系。它们可以相互交换,两个图之间的选择依赖于设计者的意图。

时序图允许直观地表示出对象的生存期。在生存期内,对象可以对输入消息做出响应,并且可以发送消息。正是对象生存期的引入,时序图具备了时间顺序的概念,从而可以清晰地表示出对象在其生存期的某一个时刻的动态行为。这种时间概念的精确性使时序图在描述对象动态行为的时间特性方面具备了卓越的能力。

典型的时序图如图 6-6 所示。

时序图描述了对象之间动态的交互关系,主要体现了对象之间消息传递的时间顺序。下面根据网上书店系统中购买图书用例的正常用例脚本,作出系统的时序图。购买图书用例的正常情况脚本如下:

(1)会员浏览图书目录,选择所需的图书;

(2)在已选的图书列表中,输入所需的数量;

(3)订单管理者在数据库中查找图书,并确认数量是否满足;

(4)若需求满足,则创建订单并保存到数据库中;

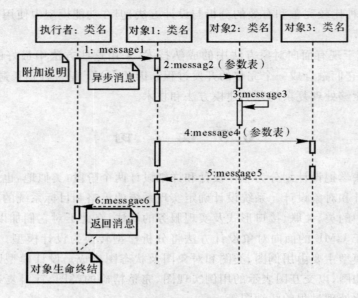

图 6-6　典型时序图

（5）会员输入联系方式；

（6）将联系方式添加到订单中，然后存储到数据库中；

（7）返回成功信息给会员。

购买图书用例正常情况下的时序图如图 6-7 所示。

会员首先选中要购买的 BookItem，调用 BookItem 的 setQuantity（）方法输入数量，然后调用 OrderManager 的 placeOrder 方法，参数为 BookItem，OrderManager 在数据库中查找 BookItem，找到后确认数量是否满足需要，接下来创建 Order 实例，并存入数据库，同时返回信息，要求获取 DeliverDetails，会员输入 DeliverDetail（）方法，创建 DeliverDetail 实例，创建成功，保存至数据库，同时返回成功消息。

时序图由一组协作的对象构成，对象的图示与对象图中的表示一样。其 UML 绘图符号包括下面几个元素。

1. 对象

每个对象分别带有一条垂线，称为对象的生命线，它代表时间轴。时间沿垂线向下延伸，表示一个对象在一个特定时间内的存在。时序图描述了这些对象随着时间的推移，相互之间交换消息的过程。例如图 6-7 中涉及的交互对象有 OrderForm 对象、selectedBookItem 对象、OrderManager 对象、Order 对象等。

2. 消息

每个消息显示为从一个发送消息的代理或对象的生命线到接收消息的对象的生命线的水平箭头。在箭头的相对空白处给出消息的说明，内容包括消息名和参数，也包括返回值，返回值表示一个操作调用的结果。消息的返回也可以由一个带虚线的箭头显示,指明消息返回值的类型和数值等。例如图 6-7 中消息:placeOrder(BookItem)。

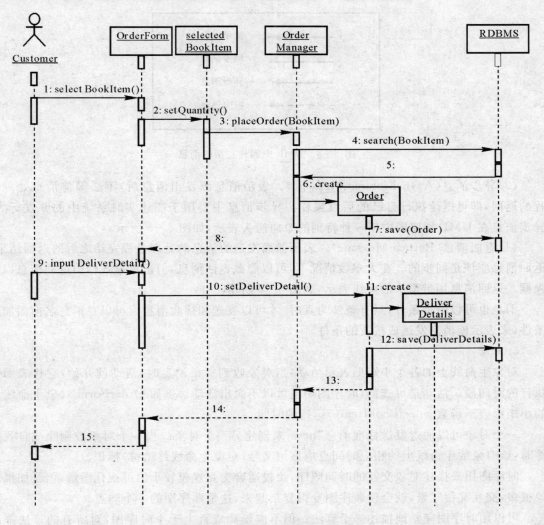

图 6-7　购买图书用例的时序图

UML 有 4 种类型的消息:

(1)简单消息(Simple Message)。以一种简单、抽象的函数表示对象之间的信息传递,不考虑通信过程的内部细节。简单消息在 UML 顺序图中用普通的有向箭头表示,如图 6-8 所示。

(2)同步消息(Synchronous Message)。消息源发出消息后,必须等待消息处理过程完毕并返回处理结果后,消息源才可继续执行后续操作。前面所述的自调用消息应该是同步的。

同步消息的表示图元与简单消息相同,这表明 UML 在缺省情形下认为简单消息即为同步消息,如图 6-8 所示。

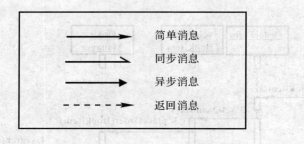

图 6-8　UML 中四种类型的消息

（3）异步消息（Asynchronous Message）。表示消息源发出消息后,不必等待消息处理过程的返回,即可继续执行自己的后续操作。异步消息主要用于描述实时系统中的并发行为。异步消息在 UML 顺序图中用一种特别的单向箭头表示,如图 6-8 所示。

（4）返回消息（Return Message）。表示前面发送的消息的处理过程完结之后的返回结果。返回消息应该是同步的。在大多数情况下,可以隐藏返回消息,但也可显式标出返回消息以示强调。返回消息用带箭头的虚线表示,如图 6-8 所示。

消息也可以附带条件,只有条件为真时,才可以发送和接收消息。可以在消息名前面加上条件,来表示该消息发送或接收的条件。

3.活动

对象生命线上的各个小矩形表示活动,当对象收到一条消息时,活动就开始,它代表函数执行的时间段。活动是可选的,时序图中也可以不画出活动。例如 OrderForm 对象生命线上的小矩形表示函数 selectBookItem() 运行的时间。

一个对象可以通过发送标准消息"new"来创建另一个对象。当一个对象被删除或自我删除时,该对象的生命线上的相应时间点应该用叉号（对象生命线终结符）标识。

时序图用来描述对象交互的时间顺序,比较适合交互规模较小的可视化图解,但是如果对象很多,交互又很频繁,就会使顺序图变得复杂起来,这是顺序图的一个弱点。

可以用时序图完整地描述一个算法。但不应该画成百上千个时序图,对所有的算法都面面俱到,因为那样可读性太差,也没有人愿意去读,只会浪费的时间。相反我们可以画一个相对较小的时序图,只要该时序图能够捕获所要表达的核心思想即可。

6.3.2　UML 协作图

协作图是发送和接收消息的对象之间的组织结构。一个协作图显示了一系列的对象和这些对象之间的联系,以及对象间发送和接收的消息。对象通常是命名或匿名的类的实例,也可以代表其他事物的实例,例如协作、组件和节点。协作图不仅显示了某组对象由一个用例描述的系统事件而与另一组对象进行协作的交互,还显示了对象之间如何进行交互以执行特定用例或用例中特定部分的行为。

协作图用于显示组件及其交互关系的空间组织结构,它并不侧重于交互的顺序。另一方面,协作图没有将时间作为一个单独的维度,因此序列号就决定了消息及并发线程的顺序。协作图是一个介于符号图和序列图之间的交叉产物,它用带有编号的箭头来描述特定的脚本,以显示在整个脚本过程中消息的移动情况。

由于顺序图能够非常直观地表达事件(消息)的时序,所以它比协作图更多地用于描述用例的实现方案。但是,当需要强调类之间的联系或连接时,就需要绘制协作图。

协作图主要用于对象之间的交互和链接关系(一条链接就是类图中一个关联的实例化)的建模。对于可视化若干对象之间进行协作完成一个功能,协作图是非常有用的。协作图包括对象、对象之间的链接以及链接对象间发送的消息。对象的图示与对象图中的表示一样。对象之间的链接用一条直线来表示。在一条链接之上,可以给出两个对象之间发送消息的消息标签。消息标签包括消息名、消息的序列号以及其他的守卫条件和循环条件。

从外观看,协作图并不采用单独的维度来表示时间推移,因此,协作图中的对象可以在二维平面中自由占位。对象之间的链接用于表示消息传递通道,消息标示于链接之上,消息的箭头指明消息的传递方向。在协作图中,消息的描述内容包含名称、参数、返回值以及序列号,其中返回值和序列号是可选的。

虽然协作图不强调消息传递的时间顺序,但借助于序列号可以表达时间顺序,序列号较大的消息发生较晚。消息序列号可以采用线性编号,但采用适当的多级编号会使消息之间的结构关系更清晰。

如果一个对象在消息的交互过程中被创建,则可在对象名称之后标以{new}。类似地,如果一个对象在交互期间被删除,则可在对象名称之后标以{destroy}。

1. 协作图的布局规则

UML 协作图的布局规则包括 4 种:

(1)控制类位于中心;

(2)主动执行者和作为用户界面的边界类位于左上方;

(3)作为外部接口和环境隔离层的边界类位于右上方;

(4)辅助类和实体类分别位于控制类的左下、右下方。

2. UML 中协作图的概念

UML 中关于协作图的概念包括下面几个元素:

(1)代理用粗线标记;

(2)对象用矩形标记;

(3)两个对象之间的耦合用无向的实线来连接,以表示两个对象;

(4)单独的消息用有向线来标记,箭头指向被调用的对象,这种消息标记包括表示消息顺序的顺序数字。

3. 协作图的用途

协作图具有以下用途:

(1)通过描述对象之间消息的移动情况来反映具体的脚本;

(2)显示对象及其交互关系的空间组织结构,而非交互的顺序。

协作图的格式决定了它们更适合在分析活动中使用(请参见活动:用例分析),特别适合用来描述少量对象之间的简单交互。随着对象和消息数量的增多,理解协作图将越来越困难。此外,协作图很难显示补充的说明性信息,例如时间、判定点或其他非结构化的信息,而在序列图中这些信息可以方便地添加到注释中。典型的协作图如图 6-9 所示,与图 6-7 相对应的协作图如图 6-10 所示。

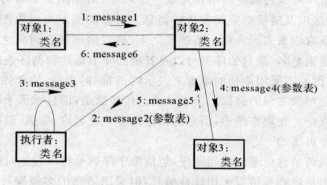

图 6-9 典型协作图

6.3.3 UML 详细类图

在 UML 交互图中,对每个类的对象都规定了它必须响应的消息以及类的对象之间的消息传递通道。前者对应于类的操作,后者则对应于类之间的连接关系。因此,可以利用交互图精化分析模型中的类图,将交互图中出现的新类添加到原有类图中,并且对相关的类进行精化,定义其属性和操作。

原则上,每个类都应该有一个操作来响应交互图中指向其对象的那条消息。但是,这并不意味着消息与操作一定会一一对应,因为类的一个操作可能具有响应多条消息的能力。同理,两个类之间的一条链接关系也可以为多条消息提供传递通道。为了简化设计模型,也为了提高重用程度,设计人员应该尽量使用已有的操作来响应新消息,并尽量使用已存在的连接路径作为消息传递的通道。如果两个类之间存在明确、自然的聚合或组合关系,则可以在类图中直接用相应的 UML 图元符号表示类间的聚合和组成关系,这两个关系均可提供消息传递通道。

在面向对象设计阶段建立交互图后,就要创建一个详细的类图来定义系统所需的类。虽然面向对象分析阶段产生了一个预定义类图来说明类、属性和相互关系,但是没有给出关于类方法的细节。

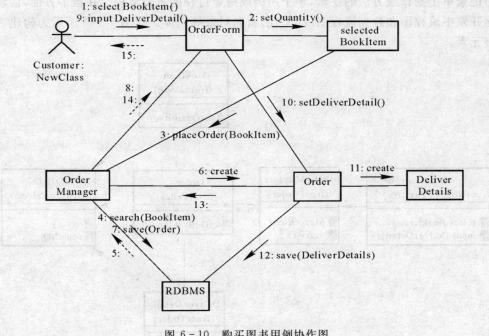

图 6－10　购买图书用例协作图

　　创建一个详细类图的主要任务就是将有具体类的交互图中的消息规范相内聚。一个行为或消息可以与任何一个类或给类中对象发送消息的客户端相结合。下面介绍几个将类与消息相关联的技术：

　　(1)消息隐藏。因为类中的变量应该被定义为 private 或者 protected,变量声明中的动作必须属于声明它的类。

　　(2)减少冗余。如果一个动作被一个类的多个方法调用,它只会标出一个这样的动作,这样可以减少冗员。

　　(3)职责驱动设计。根据信息耦合原则,模块将所有的动作分成一系列具有强耦合性的数据元素,首选提高信息耦合性的设计。给出这个原理后,动作通常通过与一个消息关联来实现接收消息的对象的方法,因为它的职责是操作包含在动作中的数据对象。

　　购买图书用例的详细类图如图 6－11 所示。

6.3.4　活动图

　　活动图描述系统中各种活动的执行顺序,通常用于描述一个操作中所要进行的各项活动的执行流程。同时,它也常被用来描述一个用例的处理流程,或者某种交互流程。

　　UML 活动图是由节点和有向边连接而成的,有向边用来连接活动图中各个节点,有向边尾部连接的节点称为有向边的源节点,有向边头部连接的节点称为有向边的目标节点。UML

活动图记录单个操作或方法的逻辑、单个用例或商业过程的逻辑流程。在很多方面,活动图是结构化开发中流程图和数据流程图(DFD)的面向对象等同体。如图 6-12 所示为构建活动图的模型元素。

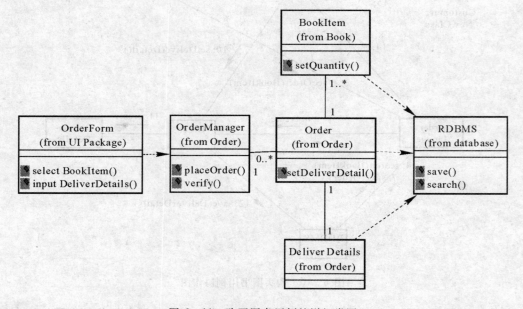

图 6-11　购买图书用例的详细类图

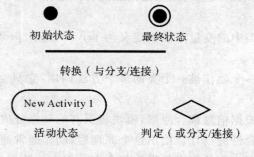

图 6-12　活动图模型元素

其中,实心圆表示活动图的起点;带边框的实心圆表示终点;条状节点表示转换,如果有一条有向边输入,多条有向边输出,条状节点则表示分支节点,如果有多条有向边输入,有且仅有一条有向边输出,条状节点则表示分支连接节点;圆角矩形表示执行的过程或活动;菱形表示判定点,如果有一条有向边输入,有多条有向边输出,则菱形节点表示分支节点,如果有多条有向边输入,有且仅有一条有向边输出,则菱形节点表示连接节点;带标示的有向边表示活动之间的转换,各种活动之间的流动次序,为了更好地描述工作流模型,有向边用 e[g]表示,e 为事件表达式,[g]为布尔数据,表示守卫条件(guard - condition),e 和[g]都是可选的,没有表达式时,表示 e 是空事件,g 的布尔值为真。

基于上述模型元素,活动图的基本结构有顺序结构、并发结构、选择结构、循环结构,如图 6-13 所示。

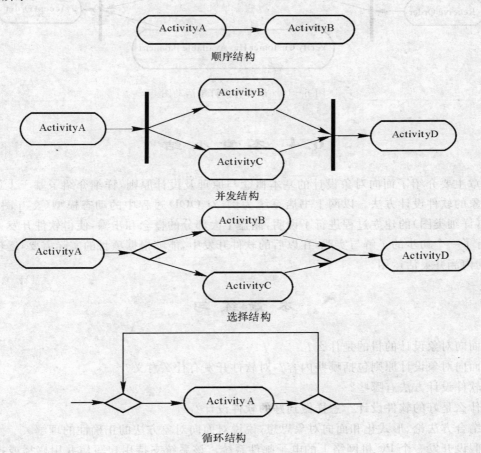

图 6-13 活动图中的基本结构

下面给出购买图书过程中确认订单的活动图,如图 6-14 所示。可以看到,收到用户订单(Receive Order)的活动完成之后,核实数据库中是否有客户所选择的的产品(Verify Selected Products Are In Database)以及验证客户的付款是否有效(Verify Customer Has Available Payment),这两个活动是并发的过程。只有当这两个并发的活动执行完毕后,才可以接收顾客订单。

活动图最适合支持描述并行行为,这使之成为支持工作流建模的最好工具。在建模过程中,如果想要描述跨越多个用例或多个线程的多个对象的复杂行为,则须考虑使用活动图。但活动图很难清楚地描述动作与对象之间的关系。

图 6-14　认可客户订单活动图

6.4　本章小结

　　本章主要介绍了面向对象设计的基本概念与原理及设计原则,详细介绍了基于 UML 的面向对象的软件设计方法。以网上书店系统为例,对 OOD 过程中的动态模型(交互图)及静态模型(详细类图)的建立过程进行了说明,涵盖了大部分的概念和步骤,使得软件开发人员对 OOD 有了一个初步的了解与实践,在以后的软件开发中,能够根据项目的实际需要,逐步掌握 OOD 的内涵并灵活运用。

本 章 练 习

　　1.面向对象设计的目的是什么?

　　2.面向对象设计原则包括哪些内容?对软件开发有什么意义?

　　3.软件设计方法有哪些?

　　4.什么是好的软件设计?怎样做到好的软件设计?

　　5.结合方法论、形式化和面向对象思想,说说对面向对象方法的正确性的理解。

　　6.假设开发一个 PC 机网络上的电子邮件系统。该系统支持用户写信并用广播或投递到某一地址的方式邮寄给另外的用户,邮件可读、可拷贝、可存储。假设该系统利用某个现成的处理软件写信。请根据上述描述整理需求,并用 OOD 技术进行该系统的设计。

　　7.面向对象设计方法和传统的设计方法有什么区别?

　　8.描述一个可视游戏,并用 OOD 方法进行设计。

　　9.采用 OOD 技术,开发"家庭保安系统"软件。

第7章 面向对象系统实现

本章目标 面向对象实现主要包括两项工作:把面向对象设计结果翻译成用某种程序语言书写的面向对象程序;测试并调试面向对象的程序。面向对象程序的质量基本上由面向对象设计的质量决定,但是,所采用的程序语言的特点和程序设计风格也将对程序的生成、重用性及可维护性产生深远的影响。本章从详细设计和编码两个方面对软件系统实现进行讲解。

通过对本章的学习,读者应达到以下目标:

- 掌握实现阶段工作任务;
- 掌握详细设计任务内容;
- 理解编码阶段需要考虑的因素。

7.1 详 细 设 计

第6章已讨论了系统的总体设计,它的主要任务是对系统的总体结构进行设计,对系统各组成部分的规格、形式做出决定,但不涉及具体的细节。详细设计是对概要设计的具体化描述。

7.1.1 详细设计的任务和原则

1. 详细设计的任务

详细设计的任务是在系统总体设计的指导下,对系统各个模块进行具体的物理设计和精确描述,在编码阶段可以使用具体编码语言直接对这个描述进行翻译,生成程序代码。详细设计的具体任务描述如下:

(1)确定程序系统结构。用一系列图表列出本程序系统内的每个程序(包括每个模块和子程序)的名称、标识符和它们之间的关系。

(2)确定程序选用的算法,包括给出具体计算公式和步骤。

(3)确定程序接口。

(4)确定每个模块具体功能、性能要求以及输入输出项等。

2. 详细设计的原则

在详细设计过程中,需要参照以下原则:

(1)模块的逻辑描述要清晰易读、正确可靠。

（2）采用结构化设计方法，改善控制结构，降低程序的复杂程度，从而提高程序的可读性、可测试性以及可维护性。

（3）选择恰当描述工具来描述各模块算法。

7.1.2 详细设计内容

详细设计内容一般包括程序结构设计、异常处理设计、人机界面设计、数据库设计等内容。详细设计结束后应该得出对目标系统的精确描述，从而在编码阶段开发人员可以把这个描述直接翻译为程序代码。下面对详细设计的几个主要方面作进一步介绍。

1. 程序结构设计

程序结构主要包括"顺序结构""选择结构"和"循环结构"三种类型。

（1）顺序结构。顺序结构是最基本最简单的一种结构，从第一条语句开始，逐句向后执行，没有分支或转折，其流程图如图 7 - 1 所示。

（2）选择结构。程序进入后首先对判断条件进行计算，根据条件判断结果选择执行路径。比如 If…Else 语句，Switch…Case 语句等。选择结构流程图如图 7 - 2 所示，当条件为 True 时，执行 A，当条件结果为 False 时，执行 B。

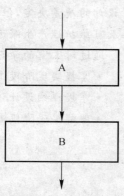

图 7 - 1 顺序结构流程图

（3）循环结构。循环结构是在给定条件成立时，反复执行某程序段，直到条件不成立为止。常见循环语句有 For 循环、While 循环。循环结构基本流程图如图 7 - 3 所示。

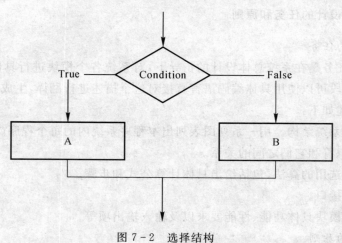

图 7 - 2 选择结构

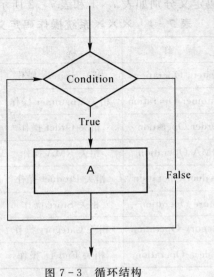

图 7 - 3　循环结构

2.异常处理设计

异常处理是程序设计中很重要的一个部分,有过代码编写经验的都知道,代码编写中,用于处理异常的代码量远远多与实现程序正常功能的代码量,因为对于一个功能,正常的情况一般只有一种,而异常的情况却有无数种。因此,异常处理设计就显得尤为重要。合理的异常处理设计,不但可以有效减少代码量,而且可以提高代码质量和程序安全性、健壮性。

内部异常处理一般使用通用构造函数创建自定义异常,如:

```
Public class XxxxExecption：ApplicationException
{
    public XxxException(){…}
    public XxxException(string msg){…}
    public XxxException(string msg,Exception inner){…}
    public XxxException(SerialiationInfo info，StreamingContext ontext){…}
}
```

(1)异常处理设计中需要注意事项:

1)对于正常或者预期的错误,或者正常的控制流,不要使用异常;

2)不要在析构函数中抛出异常;

3)针对开发人员,为异常创建有意义的提示消息;

4)从 ApplicationException 派生自定义的异常;

5)在引发异常时,清理所有可能的副作用。

(2)异常提示信息设计案例。

我们来看看某系统中针对系统各种操作及错误提示信息的设计和处理。

1)系统操作码和错误码定义分别如表7-1和表7-2所示。

表7-1 ×××系统操作码定义

操作码范围 String	操 作	说 明	
0~9999	System Operation	相关 System 操作	
10000~19999	Customer Operation	相关 Customer 操作	创建、修改、删除、查询
20000~29999	Order Operation	相关 Order 操作	创建、查询、撤销
30000~39999	RMA Operation	相关 RMA 操作	查询、申请
40000~49999	Product Operation	相关 Product 操作	查询
50000~59999	Store Operation	相关 Store 操作	查询
60000~69999	Category Operation	相关 Category 操作	查询
70000~79999	Endeca Operation	相关 Endeca 操作	查询、排序

表7-2 ×××系统错误码定义

错误码范围 String	错 误	说 明	
00~99999	System Operation	相关 System 错误	
100000~199999	Customer Operation	相关 Customer 错误	创建、修改、删除、查询
200000~299999	Order Operation	相关 Order 错误	创建、查询、撤销
300000~399999	RMA Operation	相关 RMA 错误	查询、申请
400000~499999	Product Operation	相关 Product 错误	查询
500000~599999	Store Operation	相关 Store 错误	查询
600000~699999	Category Operation	相关 Category 错误	查询
700000~799999	Endeca Operation	相关 Endeca 错误	查询、排序

说明:

① 操作码根据各个不同操作在对应操作码范围内依次递增;

② 对应操作所可能出现异常,每个操作对应预留10个异常码,依次递增。

例如:

操作码 20008

错误码范围 200080~200089

③ 提供操作码和错误码时需要提供对应描述,并创建资源文件建立 code 与 Description

的对应关系文件。

2）操作码和错误码通信传递，采用如下方式（操作结果返回实体对象）：

① 利用 V10 Class 继承的 DefaultDataContract 结构：

```
public class DefaultDataContract
    {
    public DefaultDataContract();
    [DataMember]
    public MessageEventCollection Events { get; set; }
    [DataMember]
    public MessageFaultCollection Faults { get; set; }
    [DataMember]
    public MessageHeader Header { get; set; }
    }


public class MessageFault
    {
    public MessageFault();

    [DataMember]
    public string ErrorCode { get; set; }
    [DataMember]
    public string ErrorDescription { get; set; }
    [DataMember]
    public string ErrorDetail { get; set; }
}
```

② 使用 Faults 对象，填写其中的 ErrorCode 属性。例如：系统后台增加 error code 方式如下：

```
CustomerInfoV10 CustomerInfo= new CustomerInfoV10()
try
    {
        If(….)
        {
            ……
        }
        Else
        {
```

```
                    MessageFault Fault = new MessageFault();
                    Fault. ErrorCode = "20001";
                    CustomerInfo. Faults. Add(Fault);
                    CustomerInfo. TotalRecord =0;.
                    returnCustomerInfo;
                }
            }
```

③ 前台获取到对象后判读 TotalRecord ＝0 ,然后获取错误码：

```
    If(! CustomerInfo. TotalRecord == 0)
    {
    …
    }
    Else
    {
    if (CustomerInfo. Faults. Count > 0)
                    {
    MessageFault Fault = new MessageFault();
                        Fault =CustomerInfo. Faults[0];
                        //return Fault. ErrorCode；
                    }
    }
```

3. 人机界面（Human Computer Interface,HCI）

人机界面设计,是详细设计中一项重要工作任务,设计效果和质量直接影响着用户对产品的评价,决定着产品的竞争力,因此,应该对人机界面设计予以充分的重视。

人机界面设计包括 UI 界面设计、提示信息设计、系统响应时间、用户帮助设施等内容。

（1）UI 界面设计。除了从美学观点考虑界面颜色、布局等之外,还需要考虑用户身份、年龄、使用环境等因素。

（2）系统响应时间。系统响应时间指从用户完成某个操作（例如,按回车键或点击鼠标）,到软件给出响应（输出信息或做动作）之间的这段时间。

系统响应时间有两个重要属性,分别是长度和易变性。如果系统响应时间过长,用户就会感到紧张和沮丧。系统响应时间过短也不好,这会迫使用户加快操作节奏,从而可能会犯错误。易变性指系统响应时间相对于平均响应时间的偏差。即使系统响应时间较长,响应时间易变性低也有助于用户建立起稳定的工作节奏。

（3）用户帮助设施。常见的帮助设施可分为集成的和附加的两类。集成帮助设施从一开始就设计在软件里面,通常,它对用户工作内容是敏感的,因此用户可以从与刚刚完成的操作有关的主题中选择一个请求帮助。显然,这可以缩短用户获得帮助的时间,增加界面的友好性;附加帮助设施是在系统建成后再添加到软件中的,在多数情况下它实际上是一种查询能力有限的联机用户手册。

(4)提示信息。提示信息包括用户使用过程中出现的向导信息以及系统出错时给出的出错信息或警告信息。提示信息设计中需要考虑以下因素:

1)信息应该以用户可以理解的术语进行描述;

2)信息应该辅以适当的视觉或听觉上的提示;

3)信息应该能够明确说明此操作可能引起的结果;

4)出错信息应该提供有助于从错误中恢复的建设性意见;

5)信息不能带有指责色彩。

4. 数据库设计

详细设计阶段需要进行数据库设计,应用数据库设计范式及相关理论,结合实际业务进行所需要数据库、表等对象的设计。数据库设计主要是表的设计,设计中需要注意以下一些问题:

(1)命名。在数据库设计时,需要预先对服务、数据库、表、存储等制定明确的命名规则。

(2)库表关系。在实际的使用中,当系统所涉及的服务、数据库、表等较多时,新建数据库对象须遵从一定原则。这些原则都是通过具体的项目内容的需要以及开发工作规范的要求来制定的,例如某开发团队在对一个企业项目制定的库表建立原则描述如下:

原则 1 如果可以根据业务意义,找到确定的 Database,则建立在该 Database 下。

原则 2 对于 Stored Procedure,View 和 Function,如果根据原则 1 无法确定,可以建立在所依赖表中最主要的表所在的 Database。

原则 3 如果是 Table,根据原则 1 和 2 都无法确定,则询问 DIO。对于其他对象,可以放在 imk 下。

原则 4 如果是 Table,在通过原则 1 或 2 确定 Database 之后,必须通过至少 2 名开发人员商量同意,然后将结果向项目负责人确认。

(3)避免冗余。

(4)创建必要的索引。

(5)DB 字典。数据字典存储有关数据的来源、说明,与其他数据的关系、用途和格式等信息。它本身就是一个数据库,存储"关于数据项的数据"。

7.1.3 详细设计规格说明书

详细设计产生软件详细设计说明书,是对概要设计的进一步细化,一般由各模块负责人员依据概要设计分别完成,然后再集成,这是具体的实现细节。理论上要求可以照此编码。

图 7-4 所示为某公司一份详细设计说明书的目录,显示了详细设计说明文档所需要包括的内容。

图 7-4　详细设计说明书目录

以下对部分主要内容作进一步说明:

(1)描述。给出对该程序的简要描述,主要说明安排设计本程序的目的意义,说明本程序的特点(如是常驻内存还是非常驻? 是否子程序? 是可复用的还是不可复用的? 有无覆盖要求? 是顺序处理还是并发处理等)。

(2)功能。说明该程序应具有的功能,可采用 IPO 图(即输入-处理-输出图)的形式。

(3)性能。说明对该程序的全部性能要求,包括对精度、灵活性和时间的要求。

(4)输入项。给出对每一个输入项的特征,包括名称、标识、数据的类型和格式、数据值的有效范围、输入的方式、数量和频度、输入媒体、输入数据的来源和安全保密条件等。

(5)输出项。给出对每一个输出项的特征,包括名称标识、数据类型和格式,数据值的有效范围、输出的形式、数量和频度、输出媒体、对输出图形及符号的说明、安全保密条件等。

(6)算法设计。详细说明本程序所选用的算法,具体的计算公式和计算步骤。

(7)流程逻辑。用图表(如流程图、判定表等)辅以必要的说明来表示本程序逻辑流程。

(8)确定模块接口。用图表的形式说明本程序所隶属的上一层模块及隶属于本程序的下一层模块、子程序,说明参数赋值和调用方式,说明本程序相直接关联的数据结构。

(9)注释设计。说明准备在本程序中安排的注释,可包括加在模块部首的注释;加在各分支点处的注释;对个变量的功能、范围、确省条件等所加的注释;对使用的逻辑所加的注释等。

(10)限制条件。说明本程序运行中所受到的限制条件。

(11)角色权限。

(12)尚未解决问题。说明在本程序的设计过程中尚未解决而设计者认为在软件完成之前必须解决的问题。

7.2　编　　码

7.2.1　语言的选择

1.各种计算机语言及特点

语言是人们描述现实世界、表达自己思想观念的工具。而计算机语言是人与计算机交流的工具。一方面人类使用各种计算机语言将所关心的现实世界映射到计算机世界;另一方面,人类又可以通过计算机语言创造现实世界中并不存在的虚拟世界。

计算机语言的发展经历了从机器语言、汇编语言到高级语言的历程。

(1)机器语言。机器语言即 01 代码,是第一代计算机语言,也是计算机可以直接执行的语言。所有的程序最终都被翻译或编译成机器语言,才能在计算机上执行。

优点:与汇编语言或高级语言相比,其执行效率高。

缺点:可读性差,不易记忆;编写程序复杂,容易出错;程序调试和修改难度巨大,不容易掌握和使用;可移植性差。

(2)汇编语言。汇编语言是第二代计算机语言,将机器指令用简单的助记符表示,但仍然是面向计算机硬件的直接操作,如寄存器、内存、栈、端口、中断等所有的低级操作,它与机器语言一一对应。所有数据必须放在寄存器中,才能运算。

汇编语言与机器语言性质上是一样的,只是表示方式作了改进,执行效率仍接近于机器语言,因此,汇编语言至今仍是一种常用的软件开发工具。

(3)高级语言。高级语言是 20 世纪六七十年代产生,更贴近自然的语言,具有规范的结构控制形式和丰富的支持库函数,成为软件编程的主流语言。

目前,计算机领域主流编程语言主要有两大阵营:

Microsoft 在 2003 年开发的.NET 语言,在实现 Web 系统、数据库系统开发上有着明显的优势。.NET 包含了 ASP.NET,C♯.NET,VB.NET,C++.NET 等开发语言。此框架的主要特点是多语言在统一框架下运行,公司有更多的选择来实现不同系统间的衔接。

SUN 公司的 Java 属于开源的语言,企业可以根据自己的需求,开发出一些框架系统,提供给其他公司使用。例如:针对 Java 语言 J2EE 企业级系统框架,J2ME 框架适用于 Java 移动系统设计,Hibernate,Structs,Spring 等框架都是第三方公司开发的开源框架。

2.面向对象编程(OOP)

通过前面章节的学习,我们对面向对象的分析和设计有了清晰的认识。如何把这些概念转化为代码,这就是 OOP 所要解决的。

在开始编码之前,重新温习下面向对象语言的 4 个特点,并进一步学习如何在代码中体现这些特性。

(1)抽象。抽象就是忽略一个主题中与当前目标无关的那些方面,以便更充分地注意与当前目标有关的方面。抽象并不打算了解全部问题,而只是选择其中的一部分,暂时不用部分细节。例如,要设计一个学生成绩管理系统,考察学生这个对象时,只关心他的班级、学号、成绩等,而不用去关心他的身高、体重这些信息。抽象包括两个方面,一是过程抽象,二是数据抽象。过程抽象是指任何一个明确定义功能的操作都可被使用者看做单个的实体,尽管这个操作实际上可能由一系列更低级的操作来完成。数据抽象定义了数据类型和施加于该类型对象上的操作,并限定了对象的值只能通过使用这些操作修改和观察。

(2)继承。继承是面向对象编程的一个主要功能,是一种联结类的层次模型,允许和鼓励类的重用,它提供了一种明确表述共性的方法。对象的一个新类可以从现有的类中派生,这个过程称为类继承。新类继承了原始类的特性,新类被称为原始类的子类,而原始类称为新类的父类。子类可以从父类那里继承方法和实例变量,也可以修改或增加新的方法使之更适合特殊的需要。继承性很好地解决了软件的可重用性问题。例如,所有的 Windows 应用程序都有一个窗口,它们可以看做都是从一个窗口类派生出来的。但是有的应用程序用于文字处理,有的应用程序用于绘图,这是由于派生出了不同的子类,各个子类添加了不同的特性。

(3)封装。封装是面向对象的特征之一,是对象和类概念的主要特性。封装是把过程和数据包围起来,对数据的访问只能通过已定义的界面。面向对象计算始于这个基本概念,即现实世界可以被描绘成一系列完全自治、封装的对象,这些对象通过一个受保护的接口访问其他对象。一旦定义了一个对象的特性,则有必要决定这些特性的可见性,即哪些特性对外部世界是可见的,哪些特性用于表示内部状态。在这个阶段定义对象的接口。通常,应禁止直接访问一个对象的实际表示,而应通过操作接口访问对象,这称为信息隐藏。事实上,信息隐藏是用户对封装性的认识,封装则为信息隐藏提供支持。封装保证了模块具有较好的独立性,使得程序维护修改较为容易。对应用程序的修改仅限于类的内部,因而可以将应用程序修改带来的影响减少到最低限度。

(4)多态性。多态性是指允许不同类的对象对同一消息做出响应。例如,同样的选择编辑-粘贴操作,在字处理程序和绘图程序中有不同的效果。多态性包括参数化多态性和包含多态性。多态性语言具有灵活、抽象、行为共享、代码共享的优势,很好的解决了应用程序函数同名问题。

下面的代码简单介绍面向对象的特性：

下面是一个学生的类，对于一个学生，关注与这个学生的姓名、年龄、班级、学号等信息，这就是一个抽象，把现实世界中的一个事物，根据系统的需求，抽象成一个类。

```
public class Student
{
        private string studentName;
        public string StudentName
        {
            get { return studentName; }
            set { studentName = value; }
        }
        private int studentID;
        public int StudentID
        {
            get { return studentID; }
            set { studentID = value; }
        }
        private string studentClass;
        public string StudentClass
        {
            get { return studentClass; }
            set { studentClass = value; }
        }
        public float AverageScore()
        {
            return 80; //this is an example
        }
}
```

大学生，有作为学生的共性，但也有作为大学生的特性，那如何来实现这种关系呢？

```
public class   ColleageStudent   Extends   Student
    {
        private string majorCourse;
        /// <summary>
        ///专业
        /// </summary>
        public string MajorCourse
        {
```

```
        get { return majorCourse; }
        set { majorCourse = value; }
      }
   }
```

以上代码说明，Colleage Student 具有专业（MajorCouse）特性，其他属性 StudentName，StudentID，StudentClass 从 Student 继承而来。

如果要获取一个学生一学期的平均成绩，只能通过 Student 对象来实现，Student 对象封装了获取平均成绩的方式，外界不知道也不必知道这个成绩是如何计算出来的。

再举一个例子，可以把交通工具抽象为一个类，Airplane 和 Bus 分别继承 Vehicle 类，并实现了各自的 Start()方法。

```
public   abstract class   Vehicle
   {
       public abstract void Start();
   }
public class Airplane：Vehicle
   {
       public override void Start()
       {
           //飞机的起飞方式
       }
   }
public class Bus：Vehicle
   {
       public override void Start()
       {
           //公共汽车的运行方式
       }
   }
```

在系统运行时，系统会判断当前对象是一架飞机还是一辆公共汽车，并且根据不同的对象调用不同的 Start 方法，这就是面向对象的多态实现。

3.面向对象语言选择考虑因素

针对面向对象的特点，在选择面向对象编程语言时应该着重考虑以下技术特点：支持类与对象概念的机制、实现整体—部分结构的机制、实现一般—特殊结构的机制、实现属性和服务的机制、类型检查、效率、持久保存对象、参数化类、开发环境。

7.2.2 重用性

1.重用的概念

人们在开发一件新的产品时,极少会将所有的部件都重新设计制造,往往会直接使用大量的成熟部件,仅在核心技术上进行重新设计和制造。在软件开发中,面临一个新的软件需求时,也可以充分利用已有的软件模块和程序,而不需要全部进行重新设计和实现,被重新使用的软件模块和程序,称为组件(Component)。而在新的软件开发中选用原有组件的方法,就是软件重用。平均而言,软件产品中只有 15％左右是服务于原始目标的,而 85％的软件在理论上都是可以标准化,并在将来被重新使用的。

软件重用有两种类型,第一种是意外(Accidental)重用,软件开发者在开发新软件时,才意识到以前的软件模块能够被使用;另一种是预备(Deliberate)重用,软件开发者在研制软件时,就考虑到了以后可以被重用。显然后一种重用比前一种更有效,为了今后重用而设计的模块,在通用性、接口一致性设计及文档完整性方面都有充分的考虑。

软件重用并不像想象的那么简单,软件模块的重用往往因为应用对象和环境的不同,在实现语言、硬件环境甚至程序结构上都会存在很大的差别。为了能够重用以前的软件模块,有时花费在软件移植上的精力甚至超过了重新开发!

API(Application Programming Interface)已经成为操作系统与外设调用的主要方式。API 可以看成是一个子例程库。而 GUI(Graphical User Interface)技术,更是将所有界面元素以控件的形式进行了标准化。

随着组件技术的不断发展,软件重用成为软件开发的主要指标之一,COTS(Commercial-off-the Shelf)商用组件的出现,更为软件开发带来了新的模式,而基于组件的软件工程(Component Based Software Engineering, CBSE)也成为软件工程技术研究的热门领域。

2.对象与重用

什么样的软件可以重用,什么样的软件模块可以设计成组件? 自从软件模块化的概念出现以来,将一个软件划分成独立命名和可独立访问的模块化结构,已经成为软件开发的基本原则。无法想象一个软件的所有功能和代码全部在一个文件中实现,这样的软件是难以维护和更新的。

关于模块的划分原则与方法,在软件设计阶段已经进行了详细的介绍。原则上讲,如果一个模块仅完成一个动作,当然是可以重用的。更广泛的、具有功能和数据独立性的模块,是可以重用的。换言之,低内聚度的模块是可以重用的,而高内聚度的模块是很难重用的。

面向对象的程序设计,将数据结构及其之上的操作封装起来,对外具有统一的接口定义和数据传递关系。这样一种模式,为软件重用技术的应用带来了极大的便利。面向对象中类的概念及其实现,已成为软件重用的最好范例。因此,当面向对象的软件开发成为主流趋势时,软件重用性便得到了极大的发展和迅速的普及。

3. 软件实现阶段的重用

当提到软件重用,往往想到的是一段软件程序(模块)的重用,是某个数据结构、某个算法或功能的重用。事实上,软件重用在软件开发的多个阶段都有重要的意义,而软件实现阶段的重用是软件重用的重点所在,基于组件的软件开发已经成为现代软件开发的重要模式。选择合适的组件、继承和集成现有的软件模块,已经是软件实现阶段的重要任务。

当设计和实现全新的软件模块时,是否也在考虑按组件的要求进行实现呢?统一的接口设计、开放的结构、可移植性设计、完善的测试,已经成为软件组件化实现的基本要求。

如果说一个软件产品成本的 33% 用于开发,而开发中 30% 的软件是直接使用的组件,那么软件重用节约的成本约 10%;而在 67% 用于软件维护的成本中,如果仍有 30% 的软件维护是以组件方式完成(事实上往往高于这个比例),那么节约的成本约 20%。而整个项目因为使用软件重用技术节约的成本将达到 30% 以上。

7.2.3　编码规范

在确定了编程语言后,下一步工作就是编码,即把详细设计变成程序代码。受传统观念的影响,程序员在编码过程中,往往比较关注程序功能的实现和代码量,而忽略代码编写规范和可读性。事实上,代码的可阅读性和易于理解性应该是编码工作的首要任务。因为软件成本的 2/3 以上时间和资源是用于软件维护阶段的,如果编写的程序代码虽然功能正确,但却难以阅读和理解,这样的代码将是后期系统维护的噩梦。

养成良好的编程风格是每一个程序员的基本素质要求,在比较正规或有一定规模的软件企业,程序员招聘面试中,都会有专门针对编码习惯、编码规范意识等内容的考核。下面介绍一些通用的编码规范。

1. 代码命名规范

命名是编码规范中很重要的一条,成熟的开发团队一般会在软件编程之前,就对命名规则进行专门的约定。不规范或不能表示实际意义的单词命名,过了一段时间之后就是编码人员自己估计也忘记每个变量代表什么意义了,更不用说其他人员进行代码 review 或后期维护了。

(1)命名方式。通常使用的命名方式有两种:

Pascal:每个单词首字母均大写;

Camel:第一个单词首字母小写,其余单词首字母大写。

一般情况下,类和方法命名使用 Pascal 大小写形式,变量和方法参数使用 Camel 大小写形式,如:

```
public class HelloWorld
{
    void PrintHelloWord (string name)
    {
```

```
        string fullMessage = "Hello " + name;
        ...
    }
}
```

(2)使用有意义的、描述性的词语来命名。

1)尽量不用缩写。例如用 userName, passWord 代替 un, pw 。

2)不使用单个字母的变量。除了用于循环迭代的变量外,尽量不使用如 i,j,a,b,c 这样的变量命名。

3)文件名应和类名匹配。例如对于类 HelloWorld,相应的文件名应为 HelloWorld.java 等。

2. 注释语句

为了增加程序的可读性,方便合作者读懂程序,或者程序作者在一段时间之后还能看懂程序,需要在程序中写注释。

3. 避免使用大文件、长方法

对于一个类文件,一般应不超过 300～400 行代码;对于一个方法,代码量一般应该保持在 25 行之内。

4. 一个方法只完成一个任务

不要把多个任务组合到一个方法中,即使那些任务非常小。例如某一功能描述如下:

(1)更新用户密码;

(2)密码更新成功后发邮件通知用户。

实现此功能,推荐的编码方式如下:

```
//更新密码操作
UpdatePassWord (passWord );

// 发送邮件通知用户密码已更新
SendEmail (passWord, emailAddress );

voidUpdatePassWord ( string address )
{
//更新密码
...
}
void SendEmail ( stringpassWord, string emailAddress)
{
// 发送邮件通知用户密码已更新
...
}
```

使用以下代码也可以实现该功能,但这种方式将"更新密码"和"发邮件"两个功能写在一个方法之中,不是推荐的编码方式。

```
//保存地址并发邮件通知用户地址已更新
SaveAddress ( address, email );
void SaveAddress ( string address, string email )
{
//operation 1. //更新密码
…
// operation 2. //发送邮件通知用户密码已更新
…
}
```

5. 使用算法应清晰、明确

程序员总是愿意把自己完成的软件模块当做自己成就的表现,一个具有与众不同算法和高效执行速度的模块,往往成为程序员的骄傲。但是,这样的骄傲,也许带来却是恰恰相反的结果,因为程序的难以阅读和理解,不得不重写。例如如下的语句:

```
If   ((X>>4) & 0x01)
{
    operation;
}
```

这是因为变量 X 的第 4 位表示了一种开关量的状态值,例如锅炉的进风口是打开状态,还是关闭状态。而一个 16 位的变量 X,可以表示 16 个开关量的状态。即使状态确实来自某个传感器变量的第 4 位,为了方便程序的阅读和理解,也应该将它赋值到一个有明确变量名的变量中,如 WindChannelState。而上面的程序改写为

```
If   (WindChannelState = = OPEN)
{operation;
}
```

所有的程序员要记住,编写程序的目标,一是易于理解,二是正确。如果程序难以阅读,即使效率再高,也需要重写。

6. 使用常量

在程序中,有些变量的值在整个程序的运行中是不会改变的。例如数学中的圆周率 $\pi=3.141\,592\,6$,物理中的重力加速度 $g=9.81$,以及程序的一些约束条件如 MAXNUMBER $=1\,000$ 等。那么,使用常量定义就更准确地表达了它们的含义,例如:

```
Const float PI = 3.141 592 6;
```

7. 学会代码的版面设计

在编写代码时,合理地安排代码的版面,一个模块(不论是函数还是方法)不易太长,就如同阅读文章时也不希望一个自然段太长一样。一篇文章中,5~10 行的文字为一段,是适宜阅

读的,而超过 20 行一段的文字总是会令人吃力的。而程序代码也是一样,不要在一行代码语句中出现太多的变量和运算(超过 5 个运算符),而一个模块最好轻易不超过 50 行。

采用缩进格式、适当增加代码间的空格,都会使程序更易于阅读。

8. 嵌套的 if 语句

if 语句是软件代码中最常使用的分支控制语句,如果是单独的 if 语句,是不难理解的。但当出现 if 语句的嵌套使用时,良好的书写风格就是十分重要的。

例如:学生成绩计算程序

学生成绩计算代码 1	学生成绩计算代码 2
| ```
public string GetStudentScoreLevel(int score)
    {
        if(score>0 && score<60)
        {
            return "not pass";
        }
        else if(score>60 && score < 75)
        {
            return "Pass";
        }
        else if(score> = 75 && score<90)
        {
            return "Average";
        }
        else if(score<100)
        {
            return "Excellent";
        }
    }
``` | ```
public string GetStudentScoreLevel(int score)
    {
        if(score>0 && score<100)
        {
            If(score>0 && score<90)
            {
                If(score>0 && score<75)
                {
                    If(score>0 && score<60)
                    {
                        return "not pass";
                    }
                    else
                    {
                        return "Pass";
                    }
                else
                {
                    return " Average ";
                }
            }
            else
            {
                return "Excellent";
            }
``` |

左、右两种格式,哪个更易于阅读呢,也许不同的程序员有不同的看法。毕竟分数计算是大家都熟悉的内容,如果换成相对陌生的条件判断,左边的代码会更易于大家得出分支结构。

除了以上这些通用的编码规范,一些成熟的软件企业,会有一套正对自己公司项目特征等制定的专门编码规范。这些规范大都是在通用编码规范基础上做进一步的补充和细化。

下面以某大型软件企业为内部项目开发所制定的编码规范的主要要求为例,足以看出编码规范在软件项目开发中的重要性:

命名规范和样式的主要要求有:

①大小写样式规范;

②内容区分大小写;

③缩写规范;

④命名空间命名规范;

⑤类命名样式;

⑥接口命名规范;

⑦属性(Attribute)命名规范;

⑧枚举类型相关命名样式;

⑨参数命名规范;

⑩方法命名规范;

⑪属性(Porperty)命名规范;

⑫事件命名规范;

⑬C♯预定义类型使用规范样式;

⑭避免在命名空间内部使用 using namespace;

⑮将所有的框架命名空间分组,将用户和第三方命名空间放置在其下;

⑯程序注释相关规范;

⑰文件名称应反映出其包含的类;

⑱非强制性的命名规则。

编码惯例主要要求有:

①不要修改 VS. NET 自动生成的代码;

②总是使用 0 开始的数组;

③不要硬编码数值;

④避免将方法返回值作为错误代码,而尽量使用 exception;

⑤除非需要使用互操作,不要使用 unsafe 代码;

⑥在一个 Assembly 中不要声明多个 Main 方法;

⑦引用类型变量,不使用显示类型转换,使用 as 操作符进行类型转换;

⑧不用提供 public 或 protected 成员变量,而是使用属性;

⑨使用 StringBuilder 而非 string 来处理长字符串的多次追加;

⑩即使 if 语句后的语句块只有 1 句,也用{}将其括起来;

①在 switch 中总应有 default 块,如果 default 无意义,就在其中进行断言;

⑫当有较多的 static 成员变量时,提供 static 构造函数;

⑬不要给枚举类型指定数值;

⑭避免在条件判断的时候直接调用函数;

⑮使用 for 循环实例化应用类型的数组;

⑯建议的一些编程规范。

项目结构及属性设置主要要求有:

①项目的警告级别改为 4;

②项目 Release 配置的时候,请把"Treat Warnings as Errors"改为 true,不要抑制任何错误警告信息;

③不在 AssemblyInfo. cs 中添加任何代码逻辑,填写默认 AssemblyInfo. cs 中的所有空白属性;

④所有应用程序级别的设置放到一个文件中,通过 openlink 实现;

⑤推荐的一些设置要求。

面向对象编码规范主要要求有:

①类的所有成员变量的访问修饰符应该是 Private 级别;

②如果类中所有的方法都是静态方法,请考虑添加一个默认的 private 构造函数;

③所有重载的方法应该具有相当的目的和行为,如果要将一个重载的方法设置为可以 override,请选择唯一一个最完整的被调用方法;

④不要使用运算符重载;

⑤如果对象是值类型,请考虑使用结构;

⑥类的所有属性的设置应该是跟顺序无关;

⑦如果返回的类型是一个本地的成员,请考虑用属性而不是方法;

⑧考虑使用方法而不是属性的场合。

异常处理规范主要要求有:

①对于正常或者预期的错误,或者对于正常的控制流,不要使用异常;

②不要在析构函数中抛出异常;

③针对开发人员,为异常创建有意义的消息文本;

④从 ApplicationException 派生自定义的异常;

⑤使用通用构造函数创建自定义异常;

⑥在引发异常时清理任何副作用;

⑦不要在异常的构造函数中抛出异常。

代码编写的风格不是一天形成的,也需要软件技术和软件管理者的不断鼓励、监督和检查,才能形成良好的代码风格。所谓"文风如人",希望软件工程师都能写出清晰、易懂、正确和漂亮的代码。

7.3 本章小结

本章主要阐述了面向对象系统实现阶段的主要任务,即详细设计和编码。详细设计的任务是在系统总体设计的指导下,对系统各组成部分进行具体的物理设计。经过这个阶段的设计工作,应该得出对目标系统的精确描述。编码是软件系统的具体实现,需要考虑3个因素,即语言选择、重用性以及编码规范。

本 章 练 习

1.面向对象系统实现阶段主要任务有哪些?

2.详细设计的任务和原则有哪些?

3.详细设计规格说明书主要涉及哪些内容?

4.编码阶段需要考虑的因素有哪些?

第8章 软件测试

本章目标 软件系统编码完成之后,接下来的工作就是测试了。本章首先对软件测试的基本概念和测试类型进行阐述,让读者对测试基础理论有一定的认识;其次引入了自动测试的概念,通过实际案例对当前主流测试工具的使用进行讲解和说明,包括 Junit,QTP 以及 Load-Runner。

通过对本章的学习,读者应达到以下目标:
- 理解并掌握软件测试的基本概念和理论;
- 理解各种测试类型;
- 了解自动测试原理以及 Junit,QTP,LoadRunner 的使用。

8.1 软件测试的基本概念

随着信息化网络社会的发展,计算机系统在各种领域中都发挥着重要的作用,它的存在形态也变得越来越复杂。在这样的背景下,就出现了一个重要的问题,即如何保证计算机系统质量的可控性。尤其是作为计算机系统灵魂的软件系统,是依靠大量技术人员的思维活动所共同开发出来的技术产品,集中了人类的智慧,同时也不可避免地存在由于个体思维局限性所导致的失误或者错误。因此如何提高软件质量便成了软件工程领域的一大课题。

软件测试作为软件工程的主要研究领域之一,其技术的发展和进步,对软件质量和软件过程一直起到至关重要的作用。下面对软件测试中一些基本概念和理论进行介绍。

1. 什么是软件测试

从软件测试名词的出现至今,关于软件测试的各种定义不尽相同,20 世纪 50 年代以前,测试基本等同与调试;70 年代,以 Dr. Bill Hetzel 为代表的测试领域先驱们认为测试是验证程序是正确的;而 Glenford J. Myers 则认为软件测试是为了发现程序错误而执行程序的过程,在《The art of software testing》一书中还给出了关于软件测试的三个重要观点:

(1)软件测试是为了证明程序有错,而不是证明程序无错。

(2)一个好的测试用例是在于它能发现至今未发现的错误。

(3)一个成功的测试是发现了至今未发现的错误的测试。

2. Bug 定义

对于 Bug 的定义,测试领域及工业界普遍认为,当软件系统出现以下任意一种或多种情况时,便可认为是程序 Bug:

（1）软件没有实现需求中明确要求应该实现的内容。

（2）软件实现了需求中明确要求不应该具有的行为。

（3）软件实现了需求中没有提到的功能或行为。

（4）软件没有实现需求中虽然没有提到，但应该实现的内容。

（5）软件难以理解和使用，不符合用户使用习惯，或者速度过慢。

研究统计表明，软件生存周期中各个阶段的缺陷分布率如图 8-1 所示。

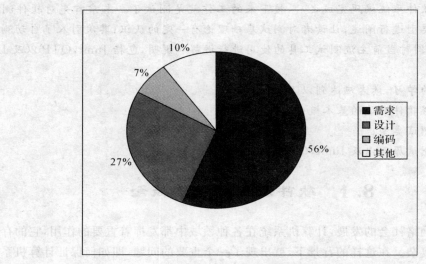

图 8-1　各阶段缺陷分布率

缺陷是有成本的，在软件生存周期中，缺陷越早被发现，改正缺陷所需要的成本就越低。

3. 缺陷的必然性

软件是人为设计和开发的，由于个体思维局限性，不论采用什么技术和方法，软件中总会存在各种缺陷。采用新的语言、规范的开发流程、先进的技术等可以减少缺陷的引入，但是不可能完全杜绝软件缺陷。另外，由于缺陷的关联性，并不是所有的软件缺陷都能够得以修复，某些软件缺陷修复过程中，难以避免会引入新的软件缺陷。例如数据库系统，为了提高性能，可以创建索引，但是这样就需要占用更多的空间来存储索引。因此，在评估和修复软件缺陷时，需要从软件缺陷的重要度、影响范围等方面综合评估，选择一个折中的方案来衡量和解决软件缺陷。

4. 80-20 原则

80％的软件缺陷常常生存在软件 20％的空间里。这个原则告诉我们，如果想使软件测试有效的话，应记住常常光临其高危多发"地段"。在那里发现软件缺陷的可能性会大得多。这一原则对于软件测试人员提高测试效率及缺陷发现率有着重大的意义。

80-20 原则的另外一种情况是，在系统分析、系统设计、系统实现阶段的复审、测试工作中,能够发现和避免 80％的软件缺陷,此后的系统测试能够帮助找出剩余缺陷中的 80％ ,最后的 5％ 的软件缺陷可能只有在系统交付使用后用户经过大范围、长时间使用后才会暴露出来。因为软件测试只能够保证尽可能多地发现软件缺陷,却无法保证能够发现所有的软件缺陷。

80－20 原则还能反映到软件测试的自动化方面上来。实践证明,80％ 的软件缺陷可以借助人工测试而发现,20％ 的软件缺陷可以借助自动化测试发现。由于这二者间具有交叉的部分,因此尚有 5％ 左右的软件缺陷需要通过其他方式进行发现和修正。

测试是列举,不是枚举,设计案例的时候,100％ 的测试覆盖是不可能的,所以需要充分了解产品特点,灵活运用 80－20 原则,使得工作具有针对性,测试重点清楚,容易控制。

5.软件测试的基本方法

软件测试的方法和技术是多种多样的。对于软件测试技术,可以从不同的角度加以分类:从是否需要执行被测软件的角度,可分为静态测试和动态测试;从测试是否针对系统的内部结构和具体实现算法的角度来看,可分为白盒测试和黑盒测试。

(1)白盒测试。白盒测试也称结构测试,此方法是把测试对象看做一个透明的盒子,如图8－2 所示,它允许测试人员利用程序内部的逻辑结构及有关信息,设计或选择测试用例,对程序所有逻辑路径进行测试。

图 8－2　白盒测试原理

(2)黑盒测试。黑盒测试也叫功能测试,是以软件需求为依据,检查软件是否满足需求和设计的要求。这时,可以不去关心软件代码的具体实现,而只要关心软件的输入、输出和需要执行的任务是否达到了预期要求。也就是说,可以将软件代码看做是一个“黑盒子”,如图8－3 所示,我们不用去关心“黑盒子”的内部实现,而只是通过输入输出,对它的外部特性进行检测。

黑盒测试方法主要有等价类划分、边值分析、因果图、错误推测等,主要用于软件确认测试、系统测试阶段。

白盒测试与黑盒测试是两种不同的测试方法,并不能断言哪种方法更好。白盒测试是针对过程的测试,黑盒测试是针对结果的测试。两种测试方法相辅相成,缺一不可。比如对于类似系统功能遗漏的问题,通过白盒测试,不管采用哪种覆盖准则都是无法发现的,只能通过黑盒测试,依据系统需求来发现;而对于类似代码中写入病毒,或者在某固定时间发送不该发送的邮件等潜在问题,黑盒测试是无法知道的,只能通过白盒测试来发现。

图 8-3　黑盒测试原理

6. 面向对象软件测试

面向对象软件具有封装、继承、多态性的特征,使程序达到最大可重用性。在面向对象软件测试中,需要考虑测试的层次、测试单元划分,以及继承测试策略等问题。依据面向对象软件特点,可以将面向对象软件测试划分为类测试、面向对象继承测试、GUI 测试、面向对象系统测试几个方面。

8.2　软件测试的类型

软件测试是一项复杂的系统工程,从不同的角度考虑可以有不同的划分方法;例如按阶段划分,有单元测试、集成测试、系统测试、验收测试和回归测试,其中系统测试又包括功能测试、强度测试、性能测试、安全性测试等;按测试方法划分,有白盒测试、黑盒测试、灰盒测试等。对测试进行种类划分,是为了更好地明确测试的过程,了解测试究竟要完成哪些工作,尽量做到全面测试。下面对项目中常用的测试类型进行更加具体的说明。

8.2.1　单元测试(Unit Test)

单元测试是针对程序模块,进行正确性检验的测试。其目的在于发现各模块内部可能存在的各种差错。单元测试需要从程序的内部结构出发设计测试用例。多个模块可以平行、独立地进行单元测试。

1. 单元测试主要内容

(1)模块接口测试。对通过被测模块的数据流进行测试。为此,对模块接口、包括参数表、调用子模块的参数、全程数据、文件输入/输出操作都必须检查。

(2)局部数据结构测试。设计测试用例检查数据类型说明、初始化、缺省值等方面的问题,还要查清全程数据对模块的影响。

(3)路径测试。选择适当的测试用例,对模块中重要的执行路径进行测试。对基本执行路径和循环进行测试可以发现大量的路径错误。

(4)错误处理测试。检查模块的错误处理功能是否包含有错误或缺陷。例如,是否拒绝不合理的输入;出错的描述是否难以理解,是否对错误定位有误,是否出错原因报告有误,是否对错误条件的处理不正确;在对错误处理之前,错误条件是否已经引起系统的干预等。

（5）边界测试。要特别注意数据流、控制流中刚好等于、大于或小于确定的比较值时出错的可能性。对这些地方要仔细地选择测试用例，认真加以测试。

此外，如果对模块运行时间有要求的话，还要专门进行关键路径测试，以确定最坏情况下和平均意义下影响模块运行时间的因素。这类信息对进行性能评价是十分有用的。

2. 断言（Assertion）

单元测试是测试过程中的最小粒度。执行单元测试，是为了证明某段代码的行为确实和开发者所预期的结果是一致的。为了验证代码的行为是否和期望结果一致，就需要使用一些断言（Assertion），它是一个简单的方法调用，用于判断某个语句是否为真。例如：

```
Public void IsTrue(bool condition)
{
    If( ! condition)
    {
        Abort();
    }
}
```

方法 IsTrue 将会检查给定的条件是否为真，如果条件非真，则该断言将会失败。事实上，可以使用断言来检查所有的这类事物，譬如以下为检查两个数字是否相等：

```
public void AreEqual(int x, int y)
{
    IsTrue(x == y);
}
```

如果调用 IsTrue() 的时候 x 并不等于 y，那么上面的程序就会终止。

3. 单元测试案例

有了以上两个断言，就可以编写具体测试脚本了。下面给出一个寻找最大数的函数，并对它进行测试。

```
public static int Largest(int[] list)
{
    int i_index, i_max = Int32. MaxValue;
    for(i_index =0; i_index <list. Length - 1; i_index ++)
    {
        If(list[i_index] > i_max)
        {
            i_max = list[i_index];
        }
    return i_max;
    }
}
```

这是一个静态函数,用于查找 list 中最大值。这里传递一个比较简单的没有重复元素的数组,数组中有 3 个元素,以下是对其进行测试的代码:

```
[Test]
public void LargestOfList()
{
    Int [] i_Arr = new [3];
    i_Arr[0] = 6;
    i_Arr[1] = 7;
    i_Arr[2] = 5;
    Assert. AreEqual(7,Largest(i_Arr));
}
```

运行这个测试,其结果是会通过的,这就是一个简单的单元测试 Case。

8.2.2 集成测试(Integration Test)

软件产品总是由许多具有不同功能的模块组成的,在完成模块编码和单元测试工作后,就需要进行软件的集成测试了。尽管在软件实际开发工作中,并不主张在完成全部软件模块的实现与测试之后,才开始软件集成测试工作;而是主张尽可能地将集成测试与单元测试工作并行进行。但是作为旨在测试不同模块间工作协调与正确性测试的集成测试,与单元测试相比,从测试目标、测试方法上都有着明显的不同。

1. 集成测试需要考虑的问题

(1)当把各个模块连接起来时,穿越模块接口的数据是否会丢失;

(2)一个模块的功能是否会对另一个模块的功能产生不利的影响;

(3)各个子功能组合起来,能否达到预期要求的父功能;

(4)全局数据结构是否有问题;

(5)单个模块的误差累积起来,是否会放大,是否会大到不能接受的程度。

集成测试有基于分解的集成、基于调用图的集成以及基于路径的集成,而使用最广泛的就是基于分解的集成测试,主要是基于功能的分解,要么采用树表示,要么采用文字形式表示。基于功能分解的集成测试方式主要有自顶向下、自底向上以及三明治测试。

下面通过具体例子主要对自顶向下和自底向上两种集成方法进行说明。

图 8-4 为典型的模块连接图,对它的测试,一种方法:首先完成独立模块的单元测试,即对 13 个模块各自进行测试,然后将 13 个模块连接起来,作为一个产品进行测试。

这里有两个问题需要考虑:

(1)考虑模块 a。要完成对模块 a 的测试,由于它调用了模块 b,c,d,因此在测试模块 a 时,模块 b,c,d 必须被做成桩(Stub)模块。桩模块,并不包含实际代码,但能够按要求正确反映被调用模块的信息,它能够正确返回调用者所希望的值。而反过来,要测试模块 h,显然需要一个模块来驱动(Driver)它,换句话,需要有调用它的信息或输入的数据,模块 h 才能工作,并返回运行结果。那么,在模块 h 之上,对模块 h 进行驱动的上层模块,就称为驱动模块。由此产生的一个问题是,由桩模块和驱动模块所记录的软件缺陷,在完成模块测试后,会随着桩模块和驱动模块的丢弃而丢失。

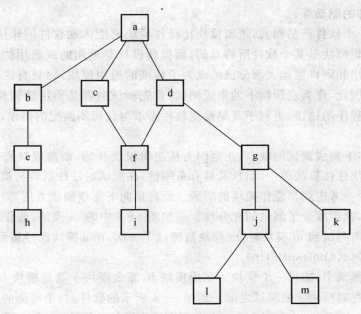

图 8-4 典型模块连接图

（2）当全部 13 个模块被连接起来进行测试时,如果根据需求描述发现了错误,却无法定位这个错误是属于哪个模块,或哪几个模块之间的接口,而当软件的模块数达到成百上千时,错误的定位就显得更为困难甚至无法解决。

2. 自顶向下测试（Top - Down）

在自顶向下测试中,如果一个模块 a 调用模块 b,那么模块 a 就是模块 b 的上层模块,对模块 a 的测试就在对模块 b 的测试之前。如图 8-4 的软件,一个可能的自上向下测试序列是 a,b,c,d,e,f,g,h,i,j,k,l 和 m。当测试模块 a 时,模块 b,c,d 就用桩模块代替;完成 a 模块的测试,将模块 b,c,d 连接进来,而模块 e,f,g 就用桩模块代替。考虑到二级模块测试的并行性,另一种可能的自顶向下测试序列是 a,b,e,h,c,d,f,i,g,j,k,l,m。当模块 a 完成测试后,一个组可以进行模块 a,b,e,h 的测试,而另一组可以同时进行 a,c,d,f,i 的测试;而一旦对模块 d 和 f 的测试完成,第三个小组可以立刻开始对模块 d,g,j,k,l,m 的测试工作。

完成了上层模块的测试并且测试结果是正确的,如模块 a 的测试结果是正确的,那么在接入下层模块 b 后,如果测试发现错误,错误要么存在于模块 b,要么存在于模块 a 和模块 b 之间的接口。这种逐层递进的方式,对错误的定位是十分容易的。

自顶向下的集成测试,优点是能够及早发现软件的需求错误、逻辑故障、结构错误等软件的重要错误。软件的模块可以分为两大类,一类称为逻辑模块(Logic Modules),就是一般比较靠近根部的模块,这类模块往往是关于程序逻辑、结构、控制的模块;另一类称为操作模块(Operational Modules),一般是调用的最底层模块,这类模块往往是执行一些具体的操作,如输入、输出或硬件的驱动等。

显然,对于一个软件产品而言,逻辑模块比操作模块更能体现软件的作用,也具有更大的重要性。往往逻辑模块是某个软件所特有的,而操作模块是重用的或通用的。在现在的软件开发中,输入、输出和硬件驱动大部分已经成为了标准的通用模块,而只有逻辑模块才反映软件的功能特色。因此,作为自顶向下的集成测试,首先测试的就是顶层逻辑模块,更易于在测试的早期就发现程序的错误,更利于及早发现软件需求与代码不匹配的错误,从而及早更正软件的错误。

当然,自顶向下集成测试的缺点,正是因为从逻辑模块开始,而造成对操作模块的测试不足。因为操作模块往往算法单一,而且又具有重用性,在测试时往往就容易被轻视。在测试中发现错误时,极少会考虑到是操作模块的问题。而自顶向下集成测试方法,对操作模块的测试是在测试的最后,就更减少了测试的充分性。例如图 8-4 中的 m 模块,假设每次测试增加一个新模块,那么,当测试到 m 模块时,m 模块被测试了一次,而 a 模块已经被测试了 13 次。

3. 自底向上测试(Bottom - Up)

在自底向上测试中,如果一个模块 a 调用模块 b,那么模块 a 就是模块 b 的上层模块,对模块 b 的测试就在对模块 a 的测试之前。如图 8-4 所示的软件,一个可能的自底向上的测试序列是 l,m,h,i,j,k,e,f,g,b,c,d 和 a。考虑到模块测试的并行性,一个组可以进行模块 h,e,b 的测试,而另一组可以同时进行 i,f,c 的测试;第三个小组可以进行对模块 l,m,j,k,g 的测试工作,然后与第二组共同完成模块 d 的测试工作。在三个组完成了模块 b,c,d 的测试后,可以进行模块 a 的测试工作。

显然,自底向上的测试方法,对操作模块的测试是充分的,因为在测试操作模块时,可能尚不清楚本软件对操作模块的具体要求,所以会对操作模块的全部功能都进行完全的测试,保证了对操作模块测试的充分性。

但是,自底向上的测试方法,因为将逻辑模块的测试放在了后期,所以软件的需求错误、结构错误都会较晚发现,甚至出现对操作模块的完全测试,因为需求的错误,而变成完全无用的模块。当然测试也就会有较大的浪费存在。

4. 三明治测试

三明治测试是一种将自顶向下和自底向上两种测试合并的测试方法。仍然考虑图 8-4 所示的软件模块,把模块 a,b,c,d,g,j 当做逻辑模块;把模块 e,f,h,i,k,l,m 作为操作模块。那么,可以对逻辑模块采用自顶向下的测试方法,而对操作模块,采用自底向上的测试方法,并且可以同时开始两个小组的测试工作。这样,既可以在早期就发现软件需求、结构和逻辑上的错误,又可以保证对操作模块测试的充分性。

8.2.3 系统测试(System Test)

在单元测试、集成测试以及系统测试三个级别中,系统测试是最接近日常测试实践的一种测试策略。通过单元测试和集成测试,仅能保证软件开发的功能得以实现,但不能确认在实际运行时,它是否满足用户的需要,是否在实际使用条件下,会大量存在被诱发产生错误的隐患。为此,对完成开发的软件,必须经过规范的系统测试。

系统测试是将已经过测试的子系统装配成一个完整的系统来测试,确保最终软件系统满足产品需求,并且遵循系统设计。因此,系统测试应该尽量搭建与用户实际使用环境相同的测试平台,应该保证被测系统的完整性,对临时没有的系统设备部件,也应有相应的模拟手段。

系统测试内容需要根据项目的特征确定。一般而言,系统测试的主要内容包括:

1. 功能测试

即测试软件系统的功能是否正确,其依据是需求文档,如《产品需求规格说明书》。由于正确性是软件最重要的质量因素,所以功能测试必不可少。

2. 强度测试

即测试软件系统在异常情况下能否具有正常运行的能力。主要包括两层含义:一是容错能力,二是恢复能力。

3. 性能测试

用于测试软件系统处理事务的速度,一是为了检验性能是否符合需求,二是为了得到某些性能数据供人们参考。在面向对象软件测试中,随着 Web 技术的发展,性能测试显得尤为重要,在本章 8.2.5,将对性能测试作进一步介绍。

4. 用户界面测试

重点是测试软件系统的易用性和视觉效果等。

5. 安全性测试(Security Test)

检验系统权限设置有效性、防止非法入侵的能力以及数据备份和恢复的能力等。"安全"是相对而言的,一般地,如果黑客为非法入侵花费的代价(考虑时间、费用、危险等因素)高于得到的好处,那么这样的系统可以认为是安全的。

6. 安装/卸载测试

安装/卸载也是系统测试需要关注的一个重要方面。安装测试主要关注程序是否可以正确安装、安装文件是否完整、安装后是否可以正确运行等;卸载测试主要关注卸载是否完全、是否会对其他程序造成影响等。

8.2.4 验收测试(Accept ance Test)

在通过了系统的有效性测试及软件配置审查后,就应开始系统的验收测试。验收测试是以用户为主的测试。软件开发人员和 QA(质量保证)人员也应参加。由用户参加设计测试用例,使用生产中的实际数据进行测试。

验收测试的测试重点主要是产品是否按照需求开发,而不针对功能进行测试。所以,验收测试基本上不需要多少专业水平,也可以是承包商找到使用该产品的用户,来体验该产品是否能够满足使用要求。这样一来,使得双方可以有一个共同的平台,避免商业矛盾的产生。

验收测试的测试手段目前还是靠用户体验。对照合同的需求进行测试,是第三方按照双方达成的共识来跟踪和测试软件是否能达成的需求。

8.2.5 性能测试(Performance Test)

随着软件系统日益复杂和 Web 技术的飞速发展,软件性能已经成为衡量软件质量的重要标准之一。性能测试不但要求测试人员具有较强的技术能力,还需要具备综合分析问题的能力。本节主要介绍性能测试的基础知识,目的是让大家对性能测试基础知识有一定的认识。

1. 什么是性能测试

一般来说,性能是一种指标,表明软件系统或构件对于其及时性要求的符合程度。性能的及时性可以用响应时间或者吞吐量来衡量。软件的性能测试就是为了验证软件系统是否能够达到用户提出的性能指标,同时发现系统中存在的性能瓶颈,对系统进行调优,以及验证系统可伸缩性和可靠性。

2. 软件性能测试主要术语

接触性能测试过程中,我们会经常听到这样一些词汇:响应时间、并发用户数、吞吐量、性能计数器。在使用性能测试工具进行测试时,还会接触到"思考时间(Think Time)"等概念,表 8-1 对性能测试常用术语进行了说明。

表 8-1 性能测试常用术语

术 语	说 明
并 发	简单地说,就是所用用户在同一时刻做同一件事情或者操作
最大并发访问量	增大用户数和线程,当 client 端 mem,CPU 处理能力正常,而出现脚本处理异常的情况,此时,可确定最大并发访问量
请求响应时间	指客户端发出请求到得到响应的整个过程的时间。请求响应时间的单位一般为"s"或者"ms"
思考时间 (Thinking Time)	也被称为"休眠时间",这个时间是指用户在进行操作时,每个请求之间的间隔时间。从自动化测试实现的角度来说,要真实地模拟用户操作,就必须在测试脚本中让各个操作之间等待一段时间。体现在脚本中,思考时间体现为脚本中两个请求语句之间的间隔时间
吞吐量	在一次性能测试过程中,网络上传输的数据量的总和
吞吐率	吞吐量/传输时间,就是吞吐率;是衡量网络性能的重要指标

续 表

术 语	说 明
TPS(Transaction Per Second)	每秒钟系统能够处理的交易或者事务的数量。它是衡量系统处理能力的重要指标
点击率 （Hit Per Second）	每秒种用户向 Web 服务器提交的 HTTP 请求数
资源利用率	对不同的系统资源的使用程度,例如服务器的 CPU 利用率,磁盘利用率等.资源利用率是分析系统性能指标,进而改善性能的主要依据,因此是 WEB 性能测试工作的重点。 资源利用率主要针对 WEB 服务器、操作系统、数据库服务器、网络等,是测试和分析瓶颈的主要参考.在 WEB 性能测试中,更需要根据采集相应的参数进行分析
性能计数器	描述服务器或操作系统性能的一些数据指标。例如,对 Windows 系统来说,使用内存数（Memory In Usage）,进程时间（Total Process Time)等都是常见的计数器。计数器在性能测试中发挥着"监控和分析"的关键作用,尤其是在分析系统的可扩展性、进行性能瓶颈的定位时,对计数器取值的分析非常关键

3.常见性能测试类型

常见的性能测试类型包括压力测试、负载测试、强度测试、并发测试、大数据量测试、配置测试、可靠性测试等,表 8-2 对各种测试类型进行概括描述。

表 8-2 性能测试各种测试类型

术 语	说 明
负载测试	Load testing(负载测试),通过测试系统在资源超负荷情况下的表现,以发现设计上的错误或验证系统的负载能力。在这种测试中,将使测试对象承担不同的工作量,以评测和评估测试对象在不同工作量条件下的性能行为,以及持续正常运行的能力。 负载测试的目标,是确定并确保系统在超出最大预期工作量的情况下仍能正常运行。此外,负载测试还要评估性能特征,例如,响应时间、事务处理速率和其他与时间相关的方面
压力测试	压力测试是对系统不断施加压力的测试,是通过确定一个系统的瓶颈或者不能接收的性能点,来获得系统能提供的最大服务级别的测试。例如测试一个 Web 站点在大量的负荷下,何时系统的响应会退化或失败

续表

术　语	说　明
强度测试	为了检查程序对异常情况抵抗能力而进行的测试,总是迫使系统在异常的资源配置下运行。对测试系统的稳定性,以及系统未来的扩展空间均具有重要的意义
并发测试	主要指测试多个用户同时访问同一应用程序、同一模块或者数据记录时,是否存在死锁或者其他性能问题。几乎所有性能测试都会涉及并发测试。实际测试中,并发用户往往是借助工具来模拟的
大数据量测试	分两种:一种是针对某些系统存储、传输、统计查询等业务,进行大数据量的测试;另一种是并发测试相结合的极限状态下的综合数据测试。如专项的大数据量测试主要针对前者,后者尽量放在并发测试中
配置测试	主要指通过测试找到系统各项资源的最优分配原则,是系统调优的重要依据
可靠性测试	在给系统加载一定业务压力的情况下,使系统运行一段时间,以此检测系统是否稳定。例如,可以施加压力让 CPU 资源使用率保持 70%～90%,连续对系统加压 8 h,然后根据结果分析系统是否稳定

虽然通过表 8－2 可以看到性能测试类型是比较多的,但实际上这些测试大多数都是密切相关的。例如,运行 8 h 以测试系统可靠性,而这个测试同时也可能包括了强度测试、并发测试、负载测试等。因此,实施性能测试时,不能完全独立地进行,而应分析它们之间的关系,以一种较小的方式来规划与设计性能测试。

4.性能测试策略模型

性能测试策略一般从需求设计阶段就开始考虑如何制定了,它决定着性能测试工作将要投入多少资源、什么时候实施等后续任务安排。性能测试策略制定的主要依据是软件自身特点和用户对性能的关注程度,其中前者起决定作用。

软件按照用途可分为系统类软件和应用类软件,应用类软件又可分为特殊应用类软件(如银行、电信、保险、医疗等领域)和一般应用类软件(如 OA 系统、MIS 系统等),系统软件和特殊类应用软件一般对性能要求比较高,因此性能测试应尽早介入;而一般应用类软件多根据用户实际需求来制定性能测试策略。

为了说明用户对性能测试的影响,把性能测试按照重视程度划分为 4 类:高度重视、中度重视、一般重视和不重视。表 8－3 列出了性能测试策略制定的基本原则。

表 8 - 3　性能测试策略制定对照表

软件类别 用户重视程度	系统类软件	应用类软件	
		特殊应用	一般应用
高度重视	设计阶段就开始针对系统架构、数据库设计等方面进行讨论,从根源来提高性能; 系统类软件一般从单元测试阶段开始性能测试实施工作,主要是测试一些和性能相关的算法或者模块	设计阶段就开始针对系统架构、数据库设计等方面进行讨论,从根源来提高性能; 主要是测试一些和性能相关的算法或者模块	设计阶段开始进行一些讨论工作,主要在系统测试阶段开始进行性能测试实施
中等重视			可以在系统测试阶段的功能测试结束后进行性能测试
一般重视			可以在系统测试阶段的功能测试结束后进行性能测试
不重视			可以在系统测试阶段的功能测试结束后进行性能测试

制定测试策略是十分复杂的工作,最有效的方法是"从实际出发",项目的特点千差万别,只有充分为用户考虑,综合各个方面进行考虑,才可以制定出合理的性能测试策略。

这里以一个电子商务系统作为测试案例,对性能测试策略进行简单说明。案例详细内容如表 8 - 4 所示。

5.常用性能测试工具

性能测试主要依赖测试工具来完成,目前常用的性能测试工具有 QALoad(Compuware),WAS(Microsoft),Astra LoadTest(Mercury Interactive),LoadRunner(Mercury Interactive)。

其中 LoadRunner 是 HP Mercury 公司的一种功能强大的性能测试工具,本章8.3.3 将对其进行较详细介绍。

表 8 - 4　某电子商务网站测试制定案例

产品类型	B2B 购物网站,用户访问量大
项目背景	已有稳定产品的实施工作。但随着用户访问量的倍增,系统响应速度较慢,因此进行二次开发,主要目的是对系统进行重构,提高性能
用户要求	要求产品展示页面可满足 2 000 用户并发,响应速度不超过 2s

续 表

产品类型	B2B 购物网站,用户访问量大
性能测试策略	虽然购物网属于一般类型应用软件,但由于面向用户范围较广,访问量大,用户对响应速度也有较高要求,因此需要从系统设计阶段开始进行性能测试准备工作,主要是参加系统的设计、评审。重点讨论了数据库的设计。 系统设计阶段,完成了性能测试方案的设计。 单元测试阶段通过测试工具对一些重要模块的算法进行测试。主要是一些并发控制算法的性能问题,测试对象是一些核心业务模块。 集成测试阶段进行组合模块的测试。 整个系统测试阶段都在进行性能测试,性能测试和功能测试同步进行。对功能测试引起的一些相关修改,立刻进行性能测试。 验收测试阶段时,在用户现场的投产环境进行性能测试,根据测试结果对系统运行环境进行调优,达到较佳的运行效果

8.3　自动化测试

随着软件项目的进行,软件测试的任务量随之增加,只依靠手动来完成,不仅会花费大量的时间,而且人为的因素也很难保证测试的准确性。自动化测试可以执行一些手工测试困难或无法做的测试,能更好地利用资源,提高测试速度、效率,缩短软件的发布期,增加软件的信任度,在很大程度上弥补了手工测试的不足。

根据测试方法不同,自动化测试工具可以分为白盒测试工具、黑盒测试工具;根据测试的对象和目的,自动化测试工具可以分为单元测试工具、功能测试工具、负载测试工具、性能测试工具、Web 测试工具、数据库测试工具、回归测试工具、嵌入式测试工具、页面链接测试工具、测试设计与开发工具、测试执行和评估工具、测试管理工具等。

目前,软件测试方面的工具主要有 Mercury Interactive(MI),Rational, Compuware,Segue 和 Empirix 等公司的产品,其中 MI 公司和 Rational 公司的产品占了主流;另外也有许多实用的开源的测试工具。本节将对目前软件工程中使用率较高的单元测试工具 JUnit、功能测试工具 QTP 以及性能测试工具 LR 进行简单介绍。

8.3.1　JUnit

1. JUnit 简介

JUnit(CppUnit)是一个开源的 Java 测试框架,它是 Xuint 测试体系架构的一种实现。在设计 JUnit 单元测试框架时,设定了三个总体目标,第一个是简化测试的编写,这种简化包括测试框架的学习和实际测试单元的编写;第二个是使测试单元保持持久性;第三个则是可以利用既有的测试来编写相关的测试。

JUnit 在 Windows，OS Independent，Linux 环境中都可以使用，相关资料可以从 http://www.junit.org 获得。

2. 创建 JUnit 测试基本步骤

很多基本的测试设计都可用抽象类 TestCase 管理。执行以下步骤可以创建单个 JUnit 测试：

(1) 继承 junit. framework. TestCase。

(2) 创建 test＜Name＞方法来执行需要的测试。

(3) 在 test＜Name＞方法中，通过调用一个 assert＜Condition＞方法来执行测试。

3. 简单测试 Case

定义一个简单的类 Toy 来表示玩具，name 表示玩具的名称，count 表示玩具的个数：

```
class Toy
{
    private int count
    private String name;
    Public Toy(int count, String name)
    {
        this. name＝name;
        this. count ＝ count;
    }
    public Toy AddToysCount(int newCount)
    {
        return new Toy(this. Count＋toy. Count, this. Name);
    }
}
```

现在使用 JUnit 框架，开始写测试用例。JUnit 提供了一个子类 TestCase，用于存放测试用例。本例中，用 ToyTest 作为 TestCase 的子类来测试 Toy 类的功能。在 ToyTest 中增加一个测试方法 AddToysCountTest()，来进行 Toy. AddToysCount()方法的测试。一个 JUnit 测试方法一般是不带参数的。具体代码如下：

```
public class ToyTest extends TestCase
{
    public void AddToysCountTest ()
    {
        Toy toy1 = new Toy(1,"handgun");        //(1)
        Toy toy3 = toy1. AddToysCount(2);         //(2)
        Assert. assertEqual(toy3. Count(),3);      // (3)
    }
```

　　　}

　　AddToysCountTest（）方法的测试用例包括：

　　（1）测试对象代码。本例中，所需要的是一些 Toy 对象实例；

　　（2）执行测试的代码；

　　（3）测试结果判据代码。

　　执行测试的结果是需要判别的。在 Java 中，对方法 equals 进行重载，形成测试判据（或称断言 Assert）。例如，在求和之前，可以对 Toy 类基本的功能进行如下测试：

```
public void AddToysCountTest ()
{
    Toy toy1 = new Toy(1,"handgun");      //(1)
    Toy toy3 = toy1. AddToysCount(2);       //(2)

    Assert. assertEqual(toy3. Count(),3);        // (3)
    Assert. assertTrue(! toy1. equals(null));
    Assert. assertNotEquals(toy1. Count()，toy3. Count());
    Assert. assertTrue(toy1. equals(toy3));
}
```

　　当两个对象相等时，方法 equals 返回真值。在本例中，如果两个 Toy 实例的名称相等，它们就相等。上面的四个断言分别判断：toy1 和 toy3 实例的个数是否相等；toy1 实例是否等于"空"；toy1 和 toy3 的个数是否不等；toy1 和 toy3 是否是同一种玩具。

　　下面给出 Toy 中的 equals 方法：

```
public boolean equals(Object anObject)
{
    if (anObject instanceof toy)
    {
        toy atoy = (toy)anObject;
        return atoy. Name. equals(this. Name);
    }
    return false;
}
```

　　有了 equals 方法，就可以验证新方法 AddToysCountTest 的正确性。在 Assert. assertEquals 和 Assert. assertTrue 断言中，如果出现"假"值，就会触发 JUnit 记录一个测试失败；而"真"值断言仅进行执行和统计。最终显示的是所有测试失败的断言。

8.3.2　QTP

1. QTP 简介

QuickTest Professional 是一款功能测试自动化工具，主要应用在回归测试中。Quick-

Test 针对的是 GUI 应用程序,包括传统的 Windows 应用程序,以及现在越来越流行的 Web 应用。它可以覆盖绝大多数的软件开发技术,简单高效,并具备测试脚本可重用的特点。

QTP 界面元素如图 8-5 所示。

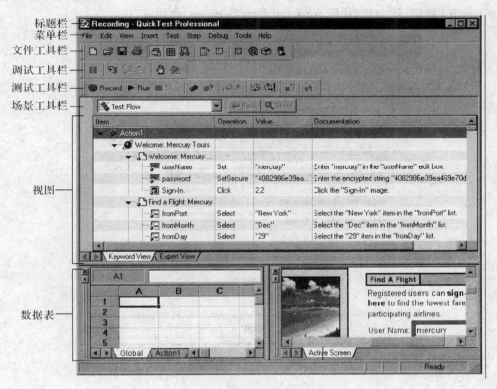

图 8-5　QTP 主要界面元素

2. QTP 测试流程

QTP 测试流程主要分为 5 个步骤:

[制订测试计划]→[创建测试脚本]→[增强测试脚本功能]→[运行测试]→[分析测试结果]。

(1)测试计划。自动测试的测试计划是根据被测项目的具体需求,以及所使用的测试工具而制订的,用于指导测试全过程。

QTP 是一个功能测试工具,主要帮助测试人员完成软件的功能测试,与其他测试工具一样,QTP 不能完全取代测试人员的手工操作,但是在某个功能点上,使用 QTP 的确能够帮助测试人员做很多工作。在测试计划阶段,首先要做的就是分析被测应用的特点,决定应该对哪些功能点进行测试,可以考虑细化到具体页面或者具体控件。对于一个普通的应用程序来说,QTP 应用在某些界面变化不大的回归测试中是非常有效的。

本节的目的在于介绍 QTP 的实际操作，所以就以在 Mercury Tours 范例网站上飞机订票系统的登录界面为测试页面，对 QTP 测试流程进行说明。

（2）创建测试脚本。点击工具列的［New］按钮，QTP 会开启一个全新的测试脚本档案，此时点击 Record 按钮，就会开启［Record and Run Settings］会话窗口。

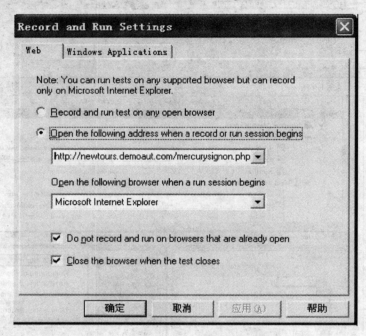

图 8－6　Record and Run Settings 窗口

在［Web］页签，勾选［Open the following browser when a record or run session begins］，从［Type］下拉列表选择使用的浏览器，并在［Address］输入要录制页面的 url 路径：http://newtours. demoaut. com/mercurysignon. php 。

勾选 Do not record and run on browsers that are already open 和 Close the browser when the test closes 两项，点 OK 按钮，QTP 会自动开启浏览器浏览 Mercury Tours 网站，并且开始录制测试脚本。

在打开的浏览器页面中输入 User Name，Password，点击 Sign In 按钮，进入订票系统页面后关闭页面，然后点击 QTP 工具列的［Stop］按钮停止录制，这样就完成了一个简单的四步操作脚本录制：激活登录页面；输入 UserName，Password；点按钮；Close 页面。

1）Keyword View。脚本中的每一个步骤在 Keyword View 中都会以一列来显示，其中包含用来表示此组件类别的图标以及此步骤的详细数据。

界面内容如图 8－7 所示。

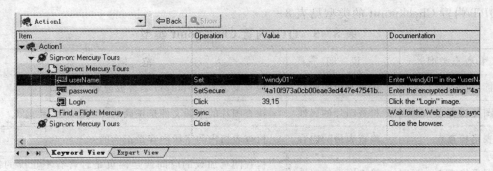

图 8 - 7 Keyword View 界面

关键字视图非常直观有效,使用的人员可以很清晰地看到被录制对象的录制层次及运行步骤。但是,如果需要一些增强型的操作,则就需要切换到专家视图。

2)ExpertView。QTP 在关键字视图中的每个节点,在专家视图中都对应一行脚本。图 8 - 7对应的脚本如下:

Browser("Sign-on:Mercury Tours"). Page("Sign-on:Mercury Tours"). WebEdit("userName"). Set "windy01"

Browser("Sign-on:Mercury Tours"). Page("Sign-on:Mercury Tours"). WebEdit("password"). SetSecure "4a10f973a0cb00eae3ed447e47541b3d03dd"

Browser("Sign-on:Mercury Tours"). Page("Sign-on:Mercury Tours"). Image("Login"). Click 39,15

Browser("Sign-on:Mercury Tours"). Page("Find a Flight:Mercury"). Sync

Browser("Sign-on:Mercury Tours"). Close

(3) 增强测试脚本功能。录制脚本只是实现创建或者设计脚本的第一步,基本的脚本录制完毕后,测试人员可以根据需要对脚本进行修改和调整,使其更好地完成测试。这部分工作主要包括调整测试步骤、编辑测试逻辑、插入检查点(Check Point)、添加测试输出信息、参数化、添加注释等。这些工作可在关键字视图(Keyword View)中进行,也可在专家视图(Expert View)中进行。

1)添加注释。虽然 QTP 能为每一个录制的测试步骤自动生成文档,但是,未必能满足便于对测试脚本进行阅读和理解的要求,因此,还需要为测试步骤添加必要的注释,以增强脚本的可读性。

2)创建检查点。检查点(CheckPoint)定义:将特定属性的当前数据与期望数据进行比较的检查点,用于判定被测试程序的功能是否正确。

QTP 内置检查点实现原理:

录制时根据用户设置的检测内容,记录该数据作为基线数据(预期数据);

回放时,QTP 捕获对象的运行时数据,与脚本中的基线数据进行比较;

如果基线数据和运行时数据相同,结果为 Passed,反之为 Failed。

QPT 内置 Checkpoint 的类型见表 8-5。

表 8-5 QTP 内置 Checkpoint 类型

检查点类型	说 明	范 例
标准检查点	检查对象的属性	检查某个 radio button 是否被选取
图片检查点	检查图片的属性	检查图片的来源文件是正确的
表格检查点	检查表格的内容	检查表格内的字段内容是正确的
网页检查点	检查网页的属性	检查网页加载的时间或是网页是否含有不正确的链接(link)
文字/文字区域检查点	检查网页上或是窗口上该出现的文字是否正确	检查订票后是否正确出现订票成功的文字
图像检查点	摄取网页或窗口的画面检查画面是否正确	检查网页(或是网页的某一部分)是否如预期地呈现
数据库检查点	检查数据库的内容是否正确	检查数据库查询的值是否正确
Accessibility 检查点	ldentifies areas of a Web site to check for Section 508 compliancy	Check if the images on a Web page include ALT properties, required by the W3C Web Content Accessibility Guidelines
XML 检查点	检查 XML 文件的内容	注意:XML 档案检查点是用来检查特定的 XML 档案;XML 应用程序检查点则是用来检查网页内所使用的 XML 文件

现在,对如下 Step2 中所录制的脚本,创建一个标准检查点:以检查 Login 按钮的 name 是否为"Login"为例,如果按钮名称不是"Login",则认为测试不通过。我们在关键字视图中通过 QTP 的检查点插入功能来实现,方式如下:

Step1:定位到 Sign-on Mercury Tours 页面激活的测试步骤(底色为蓝色),如图 8-8 所示。

Step2:单击鼠标右键,选择菜单"Insert Standard Checkpoint",出现如图 8-9 所示的界面。

Step3:在如图 8-9 所示界面中,选择需要检查的属性,例如,选择"number of images"属性,设置 value 为录制过程中获取的值 9。单击"OK"按钮后,则可在关键字视图中看到新添加的检查点步骤,如图 8-10 所示。

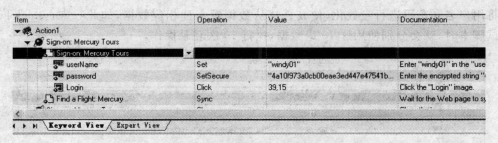

图 8-8 激活要插入检查点的步骤

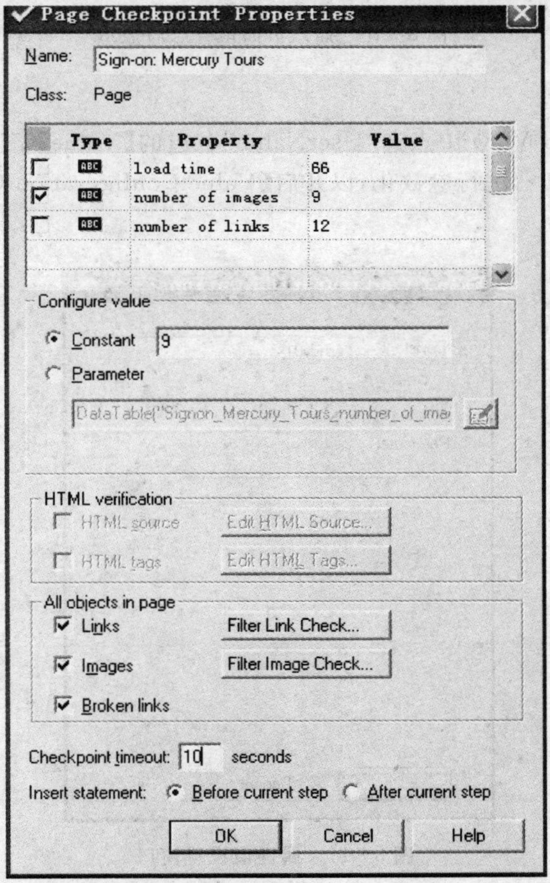

图 8-9 页面检查点属性窗口

3) 参数化。当测试时,会遇到需要使用多种不同的测试数据,针对同样的操作或功能进行测试。例如,要模拟 10 组不同的用户登录系统,以验证登录功能正确性时,最简单有效的做法就是将用户名和密码进行参数化,使其直接从数据源去读相应数据,如此一来,QuickTest 执行测试脚本时,就会分别使用这 10 组数据,执行 10 次登录操作。

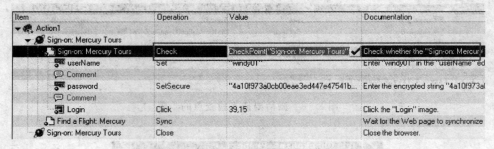

图 8-10　插入页面检查点后显示

具体操作方法如下:

Step1:在 Keyword View 中点选"UserName"右边的【Value】字段,然后再点选图 8-10 中的 Value 列图示＜√＞,进行参数化,以开启【Value Configuration Options】对话窗口,如图 8-11 所示。

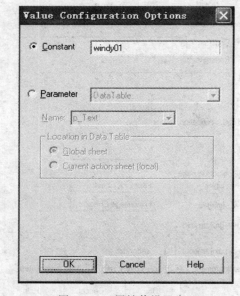

图 8-11　属性值设置窗口

Step2:设定要参数化的属性:点选 Parameter。可以使用参数值来取代(Windy01)这个常数值。请选择【Data Table】这个选项,这个选项表示此参数的值会从 QuickTest 的 Data Table 中取得,而且【Name】字段会出现 p_Item,可将其修改成 UserName,如图 8-12 所示。

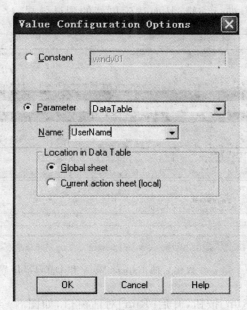

图 8 - 12 参数化选项

点选【OK】关闭窗口。QuickTest 会在 Data Table 中新增 UserName 参数字段,并且插入一行"Windy01"的值,则"Windy01"会成为测试脚本执行时所用的第一个值。

用相同的方式可对 PassWord 字段也进行参数化。注意:UserName 和 Password 应该是一一对应的,否则回放过程中登录不能成功。

参数化后的界面如图 8 - 13 所示。

通过以上添加注释、检查点以及参数化之后,Expert View 中脚本如下:

Browser("Sign-on:Mercury Tours"). Page("Sign-on:Mercury Tours"). Check CheckPoint("Sign-on:Mercury Tours")

Browser("Sign-on:Mercury Tours"). Page("Sign-on:Mercury Tours"). WebEdit("userName"). Set DataTable("UserName", dtGlobalSheet)

输入用户名

Browser("Sign-on:Mercury Tours"). Page("Sign-on:Mercury Tours"). WebEdit("password"). SetSecure DataTable("PassWord", dtGlobalSheet)

输入密码

Browser("Sign-on:Mercury Tours"). Page("Sign-on:Mercury Tours"). Image("Login"). Click 39,15′

Browser("Sign-on:Mercury Tours"). Page("Find a Flight:Mercury"). Sync

Browser("Sign-on:Mercury Tours"). Close

对于 QTP 来说,其核心编码语言是 Visual Basic Script,因此,也可以通过 VB script 在

Expert View 中对测试脚本进行编辑,从而达到更好的测试效果,这里就不再说明了。

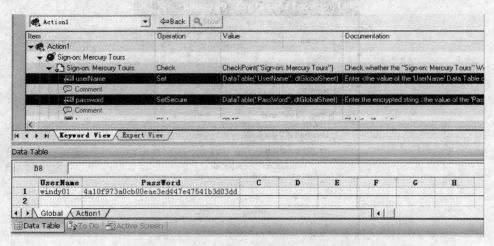

图 8 - 13　参数化后的 Expert View 和 DataTable 界面

(4)运行测试。点击[Run]按钮,开启[Run]对话窗口,如图 8 - 14 所示。

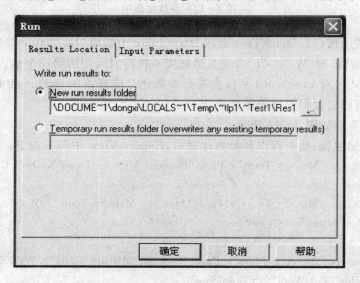

图 8 - 14　运行设置窗口

勾选[New run results folder],并接受预设的测试结果名称。点[OK]关闭[Run]对话窗口。

当 QTP 开启浏览器并执行测试脚本时,请仔细观察 QTP 是如何执行当初录制的操作的。同时,在 QTP 的 Keyword View 界面,会出现一个黄色小箭头,指示目前正在执行的测试步骤。

（5）分析测试结果。运行结束后，系统会自动生成一份详细完整的测试结果报告，如图 8-15 所示。

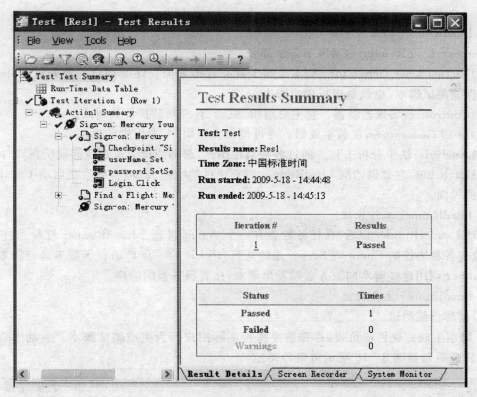

图 8-15 运行结果报告

测试结果窗口左半边显示 test results tree，以阶层图标的方式显示测试脚本所执行的步骤，右半边则显示测试结果的详细信息。通过点击（＋）可以看到每一个步骤，所有的执行步骤都会以图示的方式表示。也可以设定 QTP 以不同的资料执行整个测试或者某个动作，每一次的执行称为一个迭代（Iteration），而且每个迭代都会被编号（目前的执行脚本只有一次迭代）。

在右边的第一个表格会显示哪些是迭代通过的，哪些是失败的。第二个表格则显示测试脚本的检查点，哪些是通过的，哪些是失败的，以及有几个警告信息。

至此，就完成了一个简单的 QTP 自动测试流程。

8.3.3 LoadRunner

LoadRunner 是前美科利（Mercury）公司著名的性能测试产品，使用范围非常广泛，几乎能支持各种主流平台产品的性能测试。它通过模拟成千上万用户实施并发负载及实时性能监测的方式来确认和查找问题。通过使用 LoadRunner，企业能最大限度地缩短测试时间，优化性能和加速应用系统的发布周期。可以用一句话来概括 LoadRunner：虚拟的用户，真实的负载。

1. LoadRunner 的组成部分

Mercury LoadRunner 包括以下 5 个部分：

（1）Virtual User Generator：脚本录制工具。它用来捕获终端用户的业务过程并且生成自动化性能测试脚本，也就是虚拟用户脚本。

（2）Controller：场景控制器。它主要组织、驱动、管理和监控负载测试。

（3）Load Generators：负载生成器。通过模拟虚拟用户，来生成负载。

（4）Analysis：结果分析工具。通过各种监控图标，帮助测试人员定位问题所在。

（5）Launcher：它提供访问 LoadRunner 所有组件的唯一入口点，也就是启动 LoadRunner 后看到的界面。

2. LoadRunner 工作原理

启动 LoaderRunner 以后，在任务栏会有一个 Agent 进程。LoadRunner 就是通过 Agent 进程，监视各种协议的 Client 与 Server 端的通信，用 LR 的一套 C 语言函数来录制脚本，然后 LoadRunner 调用这些脚本向服务器端发出请求，接受服务器的响应。

3. LoadRunner 主要功能

（1）创建负载测试。

1）脚本生成。要创建负载，首先需要模拟实际用户行为生成测试脚本。启动 LoadRunner 后，将会看到如图 8-16 所示窗口界面。

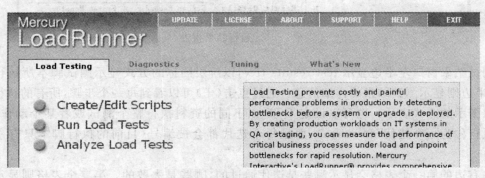

图 8-16 Load Runner 启动窗口

在此界面中，单击"Load Testing"选项卡下的"Create/Edit Scripts"，将打开 VuGen 开始页，如图 8-17 所示。

再单击左边的"New Single Protocol Script"，所对应的协议都会在右半边窗口中列出来，图 8-18 所示。

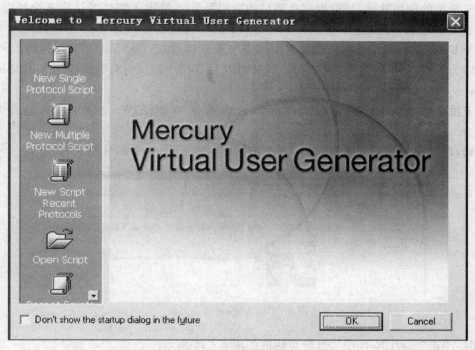

图 8 - 17 VuGen 窗口

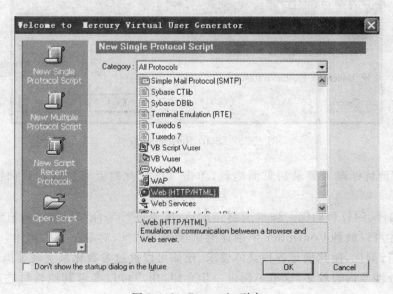

图 8 - 18 Protocols 列表

对于常见的应用软件,可以根据所测试的应用是 B/S 结构还是 C/S 结构来选择协议;

对于 B/S 结构,可以选择 WEB(HTTP/HTTML)协议;

对于 C/S 结构,可以根据后端数据库的类型来选择,如 SYBASECTLIB 协议用于测试后台数据库为 SYBASE 的应用,MS SQL SERVER 协议用于测试后台数据库为 SQL SERVER 的应用;

对于没有数据库的 WINDOWS 应用,可以选择 WINDOWS SOCKETS 这个底层的协议。

例如,选择 Web(HTTP/HTML)并单击"OK",进入 VuGen 向导模式,如图 8-19 所示。

图 8-19　VuGen 向导页面

此时,单击"Start Record",出现对话框如图 8-20 所示。

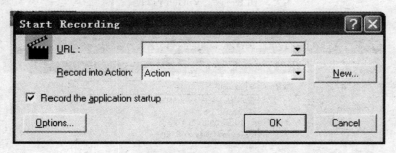

图 8-20　Start Recording 窗口

在"URL"地址框键入要录制页面地址,单击"OK",此时就可以开始页面操作过程的录制了。

2)脚本编译、回放和调优。脚本录制完成后,需要进行编译和回放。只有编译回放完全通过的脚本,才可以放到 Controller 中创建测试场景。另外,对录制好的脚本,一般会根据实际需要对其进行调优,使其满足各种具体要求,比如可以通过参数化来实现虚拟用户行为的差异化等,此部分涉及内容较多,这里不再进一步介绍,用户可以参考其他教材进行进一步的学习研究。

3)创建测试场景。场景创建需要根据具体要求,步骤如下:

Step1：在 LoadRunner 主界面单击"run load test"，进入场景创建页面，如图 8-21 所示。

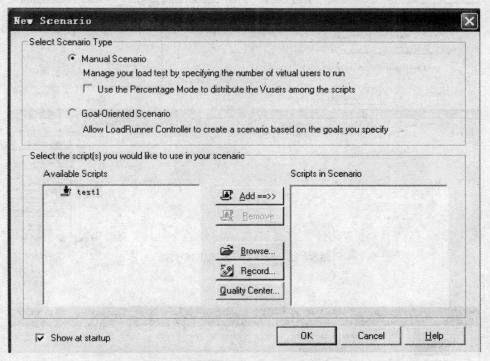

图 8-21　New Scenario 窗口

Step2：从 Available Scripts 中选择录制好的脚本，点"Add ＝ ＝＞＞"添加到 Scripts in Scenario 窗口，然后点"OK"进入 Scenario Schedule 页面，如图 8-22 所示。

Step3：在该页面中，可以通过右下部分的各种设置按钮，进入相应窗口进行设置。比如，通过"Run-Time Setting"页面，可以进行 Run Logic，Pacing，Log，Thinking Time 等设置，如图 8-23 所示。

完成这些设置后，负载场景创建就算完成了。

（2）运行负载测试。可以直接点击界面上的"Start Scenario"直接运行，也可以通过单击界面上的"Run"进入运行主界面，然后运行负载。在"Scenario Groups"窗格中（见图 8-24），可以看到 Vuser 逐渐开始运行并在系统上生成负载。可以在联机图上看到服务器对 Vuser 操作的响应度。

（3）监控负载测试。可以点击运行界面上的"Vuser…"查看用户运行情况，了解应用程序的实时执行情况以及可能存在瓶颈的位置。使用 LoadRunner 的集成监控器套件可以度量负载测试期间每个协议层、服务器和系统组件的性能。LoadRunner 包括用于各种主要后端系统组件（其中包括 Web、应用程序、网络、数据库和 ERP/CRM 服务器）的监控器。

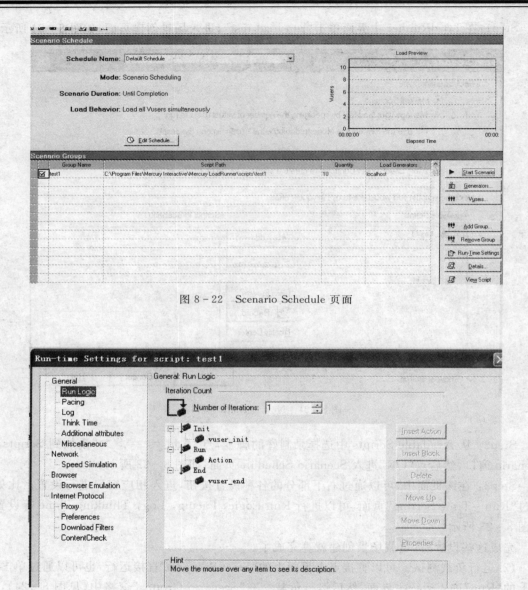

图 8-22　Scenario Schedule 页面

图 8-23　RunTime Setting 窗口

（4）分析结果。测试运行结束时，LoadRunner 将提供一个深入的分析部分，此部分由详细的图和报告组成。可以将多个场景中的结果组合在一起来比较多个图；也可以使用自动关联工具将所有包含能够对响应时间产生影响的数据的图合并，并分析确定出现问题的原因。使用这些图和报告，可以容易地找出应用程序中的瓶颈，并确定须对系统进行哪些更改来提高系统性能。

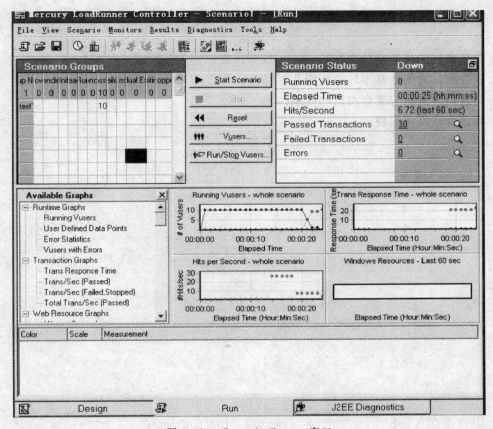

图 8 - 24   Scenario Groups 窗口

通过选择"结果"→"结果设置"或单击"分析结果"按钮,可以打开带有场景结果的 Analysis 。结果保存在 <LoadRunner 安装>\Results\tutorial_demo_res 目录下。

8.4   本 章 小 结

本章首先对软件测试基本理论和主要测试类型进行了介绍,然后通过具体实例,对主流的自动测试工具的应用进行了详细说明,包括单元测试工具 JUnit、功能测试工具 QTP 以及性能测试工具 LoadRunner,将测试理论融入具体实践中,便于读者理解和学习,同时提高读者的测试实践能力。

本 章 练 习

1.软件测试的目的是什么？

2.软件测试周期的基本环节有哪几项？

3.简述白盒测试与黑盒测试的区别。

4.简述自动测试原理。

第 9 章 软 件 文 档

本章目标　软件中的文档是软件开发、使用和维护的必备资料。它能提高软件开发的效率，保证软件的质量，因此文档贯穿软件的整个生命周期，是软件不可或缺的资料。软件文档的规范编制和管理，在软件开发工作中占有突出的地位和相当大的工作量。高质量、高效率地编制、分发、管理、维护文档，及时地变更、修正、扩充和使用文档，对于软件产品的设计开发、发行使用、变更维护、转让移植、二次开发等，对于充分发挥软件产品的效益，都有着重要的意义。

本章结合国外某大型电子商务网站的开发和维护所使用的软件文档模板为例，对软件文档定义、分类、作用以及各类文档主要内容、编制和使用等进行阐述和说明。

通过对本章的学习，读者应达到以下目标：
- 理解软件文档定义和分类；
- 理解软件开发过程中一些重要文档的内容；
- 理解并掌握各种关键文档的使用；
- 了解软件文档常见问题和编制要求；
- 理解软件文档在项目中的作用。

9.1　文 档 定 义

软件项目中的文档是用来记录、描述、展示软件项目开发过程中一系列信息的处理过程，通过书面或图示的形式对软件项目整体活动过程或结果进行描述、定义、规定、报告及认证。它描述和规定了软件项目开发的每一个细节，使用软件的操作命令及软件产品投产以后，对产品使用过程中意见及产品缺陷、质量等方面的说明，是软件产品中很重要的一个部分。

9.2　文 档 分 类

按照文档的产生和使用目的，软件文档大致可分为管理文档、过程文档和用户文档三种类型。

1. 管理文档

管理文档是指在软件开发过程中，管理人员用于了解项目安排、进度、使用资源、潜在风险及成果等的一系列文档。主要包括项目开发计划、测试计划、开发进度计划表、测试进度计划表、需求跟踪矩阵、风险及问题跟踪表单、评审管理表、项目周报、项目里程碑报告等。

2. 过程文档

过程文档是指项目实施过程每个阶段产生的相关文档。主要包括可行性研究报告、软件需求说明书、概要设计说明书、数据库设计说明书、详细设计说明书、用户界面设计说明书、可行性研究报告、项目开发计划、项目测试计划、测试用例、测试报告、项目总结等。

3. 用户文档

用户文档主要负责对软件产品的安装、配置、使用、维护等信息进行描述,包括系统安装配置手册、用户操作手册、软件需求说明书、数据要求说明书等。

可以发现,有些文档有多种用途,例如软件需求书,既属于过程文档,也属于用户文档。

9.3 文档模板及使用说明

软件文档的编制,可以用自然语言、特别设计的形式语言、介于两者之间的半形式语言(结构化语言)、各类图形表示、表格来编制文档。文档可以书写,也可以在计算机支持系统中产生,但它必须是可阅读的。本节以国外某大型电子商务网站系统开发和维护所使用的文档模板为例,对各种主要的软件文档的内容和使用进行说明。

项目背景说明:该电子商务网站采用 SOA 架构,分为表现层、服务层(使用 WCF)、数据层三层。项目在开发过程中被划分成多个模块,主要包括前台 Website 和后台管理,而后台管理又包括订单管理、商品管理、客户管理、支付管理、退/换货管理、商家管理、库存管理等多个系统,每个系统由一个项目组负责,各项目组使用独立的一套文档,比如在项目开发过程中,需求规格说明书每个项目组都有一份针对本项目组需求描述的文档。因此,在本节软件文档的介绍中,所引用的一些代表性实际案例,会来自该网站不同 Domain 的系统。

9.3.1 需求规格说明书

需求规格说明书用于描述软件的实际商业业务目的,并对项目进行简要定义。本小节对软件需求规格说明书所包含的内容和使用进行简要说明。

1. 引言

对文档编写目的、使用范围、预期读者、参考文档、术语与缩写解释进行简要说明。

2. 系统概述

(1)说明系统是什么,什么用途,包括主要的功能。

(2)介绍系统的开发背景,说明系统定位。

3. 角色

角色包括角色列表和角色矩阵。角色列表可以使用如表 9-1 所示表格方式,列出该系统中主要角色,并给出角色的定义。角色包括实际的用户和第三方系统。在备注中根据需要,对角色进一步说明。

表 9 – 1 网站订单管理系统角色列表

角 色	角色说明	备 注
Administrator	系统最高级别管理员，具有创建用户、角色的权限	同时也是其他几个后台管理系统高级管理员
Content Creator	创建、编辑、浏览订单信息	
Common User	查询、浏览订单信息，提交订单更改需求给 Content Creator	比如客服人员，可以对订单查询浏览，如果由于客户要求需要从后台对订单进行编辑处理，须提交给 Content User 进行处理
Anonymous	查询、浏览订单信息	

角色矩阵是对角色和角色所拥有的权限/操作等内容的对应关系说明。例如表 9 – 2 中给出了网站订单管理系统的角色矩阵，第一列列出该系统所有用户角色，第一行列出所有角色权限，列与行交叉单元格标记"√"，表示此用户拥有该权限。

表 9 – 2 网站订单管理系统角色矩阵

角 色	内 容				
	User Creation	Permission Modification	Object Creation	Object Removal	Object Read
Administrator	√	√			
Content Creator			√	√	√
Users					√
Anonymous					√

4.用例图

按业务的划分给出系统的全部用例图。用例是在不展现一个系统或子系统内部结构的情况下，对系统或子系统的某个连贯的功能单元的定义和描述，在用例图中用一个椭圆表示。

图 9 – 1 为文档中对角色 Administrator 相关功能的简单用例图。

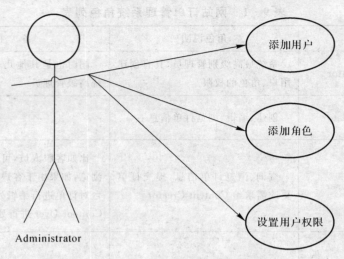

图 9 − 1   角色 Administrator 相关功能用例图

5.用例详述

用例的详细描述,一般会以独立的《需求用例》文档来描述,这里可以直接对《需求用例》文档进行引用。

6.非功能性需求

包括性能要求、安全性要求、数据安全等级划分需求、可靠性要求、可维护性要求。

7.设计约束

说明系统在实现过程中的设计方面的约束,如程序语言、设计规范、设计工具、公用对象等。

8.用户手册与帮助

提供产品使用说明和指导,目的是让用户通过阅读用户手册和帮助,了解产品使用方法以及常见问题解决方法。

9.接口

对软件内部接口和外部接口的识别和描述。

10.软硬件环境要求

阐述系统运行所需要的软硬件环境,包括操作系统、数据库、服务器配置、客户端配置、系统部署说明等。

9.3.2   需求跟踪矩阵

为了实现用户需求到软件需求以及软件需求到后续产出物的纵向跟踪,也为了实现需求之间的横向跟踪,通过以需求为起点,有效地对需求的开发和实现进行跟踪和管理。需求跟踪矩阵填写内容较多,一般使用 Excel 表格形式,图 9 − 2 和图 9 − 3 所示为需求相关性跟踪矩阵的两种模板。

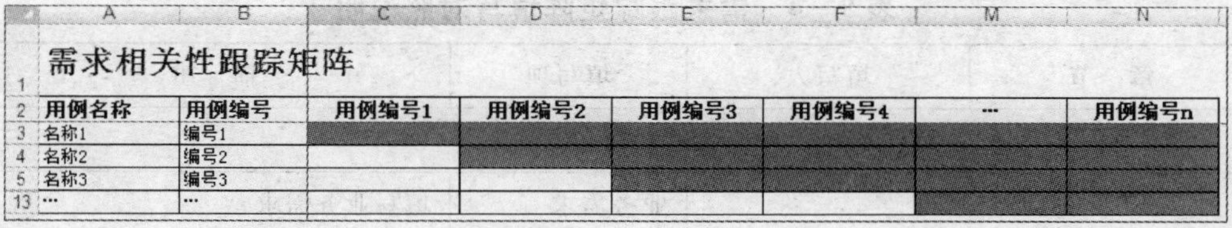

需求相关性跟踪矩阵							
用例名称	用例编号	用例编号1	用例编号2	用例编号3	用例编号4	…	用例编号n
名称1	编号1						
名称2	编号2						
名称3	编号3						
…	…						

图 9-2 需求相关性跟踪矩阵模板(一)

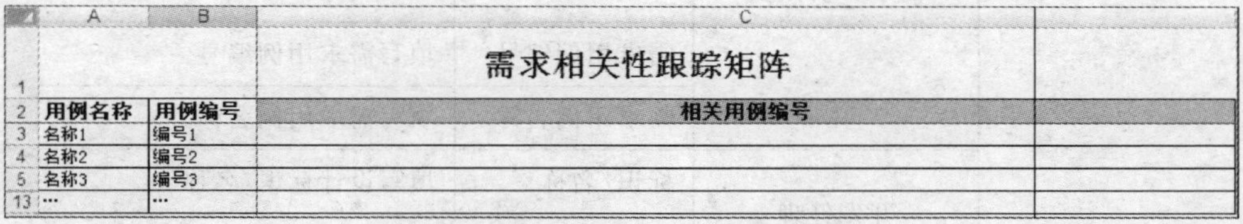

需求相关性跟踪矩阵		
用例名称	用例编号	相关用例编号
名称1	编号1	
名称2	编号2	
名称3	编号3	
…	…	

图 9-3 需求相关性跟踪矩阵模板(二)

表 9-3 为前台 Website 的需求跟踪矩阵中一条刚刚进行到设计阶段的记录。

表 9-3 Website 需求跟踪矩阵示例

需求规格			设 计		编 码		测 试	
用例名称	用例编号	需求状态	标识/名称	文档位置/章节	代码标识/名称	单元测试[可选]	测试文档	测试用例名
Hotdeals display	UC011	已确认					H	

需求跟踪矩阵的建立有多个角色参与,具体使用说明如下:

(1)《软件需求规格说明书》审批通过后,项目经理遵循《配置管理程序文件》建立需求基线。

(2)需求分析人员根据基线化的《软件需求规格说明书》建立《需求跟踪矩阵》,负责填写需求跟踪矩阵页的"用户需求、状态、软件需求"等内容和需求相关性跟踪矩阵。

(3)开发经理完成设计文档后,及时更新对应的"概要设计文档"和"详细设计文档"内容。

(4)软件工程师完成编码和单元测试用例后,及时更新对应的"代码"和"单元测试用例"内容。

(5)测试工程师完成测试用例后,及时更新对应的"测试用例"内容。

(6)文档工程师完成用户手册后,及时更新对应的"用户手册"内容。

(7)需求分析人员对《需求跟踪矩阵》的一致性进行检查。

表 9-4 对具体章节、填写人、填写项对应关系进行了对照说明。

表 9-4 需求跟踪矩阵填写对照说明

章　节	填写人	填写项	描　述
文档的命名方法			
需求跟踪矩阵	需求分析人员	业务需求	填写业务需求
		需求状态	已定义/已确认/已设计/已编码/已测试/已交付
		需求用例编号	填写需求用例编号
		需求用例名称	填写需求用例名称。
	开发经理	标识/名称	填写设计标识/名称
		文档位置/章节	填写设计文档位置/章节
	软件工程师	代码	填写代码文件或者模块
		单元测试用例〔可选〕	填写单元测试用例
	测试工程师	测试文档	填写测试文档名
		测试用例名	填写测试用例名
	文档工程师	用户手册	同软件需求对应的用户手册章节

9.3.3 项目开发计划

项目开发计划对项目开发中须进行的各项主要工作、软件功能、性能、项目沟通机制、资源计划等进行说明。本小节对项目开发计划所包含的内容和使用进行简要说明。

1.引言

对项目背景、使用术语和缩写、参考资料进行简要说明。

2.项目概述

(1)项目目标和范围;

(2)项目的软件开发过程;

(3)里程碑计划;

(4)项目阈值;

(5)实现方式;

(6)交付物列表；

(7)运行环境；

(8)项目验收：对项目验收时间、人员以及验收标准进行说明。

3.项目沟通机制

(1)项目组与客户沟通机制。列出项目组与客户之间沟通的时机、沟通的方式、解决方案等。

(2)须客户承担的工作。逐项列出需要客户承担的工作和完成的期限，包括需要客户提供的条件及提供时间。

(3)须外部提供的支持。逐项列出需要其他部门或外单位承担的工作和完成期限，包括须由其他部门或外单位提供的条件及提供时间。

(4)项目工作会议。列出须定期召开各种项目工作会议的频次、内容、参加会议的人员、会议记录的重点。

(5)项目状况报告。说明项目状况报告的时间，可以是按阶段或定期。项目状况报告由项目经理负责完成。项目状况报告可以是周报、里程碑报告、项目总结报告等，也可以是根据项目管理要求增加的其他报告，如日报。

(6)其他需要说明的项目管理事项。

4.资源计划

包括人员需求、软硬件需求、培训需求等。

9.3.4 项目测试计划

项目测试计划一般由测试 Leader 负责制订，主要内容包括测试目的、测试实施方案、测试进度、测试策略、测试风险分析、测试结束标准等内容。本小节对项目测试计划所涉及的内容和使用进行简要说明。

1.概述

对测试计划编写目的、背景、术语和缩写以及参考文献简要描述。

2.测试内容

(1)测试对象综述。描述被测试的对象，包括其版本、修订级别。

(2)被测试特性。指明所有要被测试的软件特性及其组合，指明每个特性或特性组合有关的测试设计说明。

(3)不被测试特性。指出不被测试的所有特性和特性的有意义的组合及其理由。

3.测试实施方案

(1)测试优先级。列出测试实施过程中的测试优先级，优先级高的项目将首先被测试。一般原则：数据库相关的访问操作优先进行测试，系统的核心功能模块优先进行测试。

(2)测试启动标准。说明测试能否开始的条件，如测试文档是否齐全，所需的硬软件环境是否已经建立，须测试的项目是否已正式提交等条件。

（3）测试通过标准。对测试通过标准和测试结束标准进行说明。

注意，测试通过标准跟测试结束标准是有所区别的，比如前台 Website 测试计划中制定的测试通过标准为：

1）优先级为中等及以上的测试用例 90％ 以上执行，优先级为低的测试用例 75％ 以上执行。

2）缺陷修复率达 75％ 且无致命及严重级别的缺陷。

测试结束标准为满足以下条件之一，测试活动结束：

1）符合测试通过标准；

2）项目经理和项目测试负责人共同确认可以通过；

3）有 PM 或高层确认过的项目中止或关闭的书面文件。

（4）测试步骤。说明从测试启动开始，到测试执行活动结束的测试工作流。各轮次的测试方法须保证是类似的。测试活动执行中须注意均衡的安排资源投入。

4. 测试环境

说明测试所需要的、使用到的环境，如设备、服务路径、运行系统、数据库。

5. 测试进度计划

一般参考《测试进度计划表》。

6. 测试风险分析和应急对策

描述测试过程可能遇到的风险，以及风险发生时可以采取的措施。

7. 测试策略

针对各种测试对象，提供对测试对象进行测试的推荐方法，包括数据和数据完整性测试、功能测试、用户界面测试、性能测试、负载测试、强度测试、容量测试、安全性和访问控制测试、故障转移和恢复测试、配置测试等。

表 9-5 为网站前台 Website 系统测试计划中对性能评测测试策略的具体描述。

表 9-5　前台 Website 性能评测测试策略

测试目标	核实所指定的事务或业务功能在以下情况下的性能行为：正常的预期工作量，预期的最繁重工作量
测试范围	商品展示、购物流程、用户注册
技　术	使用为功能或业务周期测试制定的测试过程。 通过修改数据文件来增加事务数量，或通过修改脚本来增加每项事务的迭代数量。 脚本应该在一台计算机上运行（最好是以单个用户、单个事务为基准），并在多个客户机（虚拟的或实际的客户机，请参见下面的"需要考虑的特殊事项"）上重复
开始标准	基本界面及功能测试通过

续 表

完成标准	单个事务或单个用户：在每个事务所预期时间范围内成功地完成测试脚本，没有发生任何故障。 多个事务或多个用户：在可接受的时间范围内成功地完成测试脚本，没有发生任何故障
测试重点和优先级	商品查询优先、购物流程次之，用户注册最后
需考虑的特殊事项	综合的性能测试还包括在服务器上添加后台工作量。 可采用多种方法来执行此操作，其中包括： 直接将"事务强行分配到"服务器上，通常以"结构化语言"（SQL）调用的形式来实现。 通过创建"虚拟的"用户负载来模拟许多个（通常为数百个）客户机。此负载可通过"远程终端仿真（Remote Terminal Emulation）工具"来实现。此技术还可用于在网络中加载"流量"。 使用多台实际客户机（每台客户机都运行测试脚本）在系统上添加负载。 性能测试应该在专用的计算机上或在专用的机时内执行，以便实现完全的控制和精确的评测。 性能测试所用的数据库应该是实际大小或相同缩放比例的数据库

8. 测试交付清单

列出测试结束需要提交的内容，比如该网站所有项目测试计划中，测试清单都包括以下内容：测试计划、测试用例、测试报告、Bug 清单（通过 Bug 管理工具导出）、测试进度计划（.mpp）。

9.3.5　概要设计说明书

概要设计说明书主要对系统的总体设计、接口设计、界面设计以及程序的结构进行说明，本小节对概要设计说明书所包含的内容和使用进行简要说明。

1.引言

对文档编写目的、背景、文档所使用定义与缩写以及参考资料进行简要说明。

2.总体设计

对项目需求规约、运行环境、基本设计概念和处理流程、系统结构、功能需求与程序的关系、人工处理过程、尚未解决的问题、日志设计进行描述和说明。

3.接口设计

对项目中涉及的各种接口进行描述说明，表现形式不限，例如该网站后台支付系统概要设计文档中对接口描述方式如表 9-6 所示。

表 9 - 6　网站支付系统接口说明

接口 ID	关联系统	输　入	功能描述	输　出	备　注
I_001	Website	订单号、支付方式	根据 Website 传过来的订单号和支付方式,查询到订单相应详细信息;根据不同支付方式,进行不同 Precheck	Precheck 结果: Y:通过 N:不通过	Precheck 不通过的须发 A-lert 邮件
...	...	...	...	...	...

接口类型主要包括以下 3 种:

(1)用户接口。说明系统将向用户提供的命令和他们的语法结构,以及软件的回答信息。

(2)外部接口。说明本系统同外界的所有接口的安排,包含软件与硬件之间的接口、本系统与各支持软件之间的接口关系。

(3)内部接口。说明本系统之内的各个系统元素之间的接口安排。

4.界面设计

说明系统的界面设计,由于电子商务网站涉及界面较多,对界面设计要求较高,因此一般会独立使用一份文档对界面设计进行说明。

5.程序系统的结构

用一系列图表列出本程序系统内的每个程序(包括每个模块和子程序)的名称、标识符和它们之间的关系。

逐个给出各个层次中的每个程序的设计考虑,包括功能、性能、输入项、输出项、算法、流程逻辑、接口、注释设计、限制条件、角色权限以及尚未解决的问题。

对于一个具体的模块,尤其是层次比较低的模块或子程序,其很多条目的内容往往与它隶属的上一层模块的对应条目的内容相同,在这种情况下,只要简单地说明一点即可。

6.系统数据结构设计

对系统数据结构设计进行说明,包括逻辑结构设计要点、物理结构设计要点、数据结构与程序的关系。

7.系统出错处理设计

对系统出错信息、补救措施、系统维护技术进行说明。

(1)出错信息。一般用一览表的方式说明每种可能的出错或故障情况出现时,系统输出信息的形式、含义及处理方法。

(2)补救措施。说明故障出现后可能采取的变通措施,包括:

1)后备技术。说明准备采用的后备技术,当原始系统数据万一丢失时启用的副本的建立和启动的技术。

2)降效技术。说明准备采用的后备技术,使用另一个效率较低的系统或方法来求得所需的结果的某些部分。

3)恢复及再启动技术。说明将使用的恢复及再启动技术,使软件从故障点恢复执行或使软件从头开始重新运行的方法。

(3)系统维护技术。说明为了系统维护的方便而在程序内部设计中做出的安排,包括在程序中专门安排用于系统的检查与维护的检测点和专用模块。

9.3.6 数据库设计说明书

数据库设计说明书主要对系统所使用数据库的外部设计、结构设计以及运用设计进行详细描述。本小节对数据库设计说明书所包括的内容和具体应用作进一步介绍和说明。

1. 引言

对文档编写目的、背景、定义与缩写、参考资料进行简要说明。

2. 外部设计

(1)标示符和状态。联系用途,详细说明用于唯一标识该数据库的代码、名称或标识符,附加的描述性信息亦要给出。如果该数据库属于尚在实验中、尚在测试中或是暂时使用的,则要说明这一特点及其有效时间范围。

(2)关联的程序。列出将要使用或访问此数据库的所有应用程序,对于这些应用程序的每一个,给出它的名称和版本号。

(3)约定。陈述一个程序员或一个系统分析员为了能使用此数据库而需要了解的建立标号、标识的约定,例如用于标识数据库的不同版本的约定和用于标识库内各个文卷、记录、数据项的命名约定等。

(4)专门指导。向准备从事此数据库的生成、测试、维护人员提供专门的指导,例如将被送入数据库的数据的格式和标准、送入数据库的操作规程和步骤,用于产生、修改、更新或使用这些数据文卷的操作指导。如果这些指导的内容篇幅很长,列出可参阅的文件资料的名称和章节。

(5)支持软件。简单介绍同此数据库直接有关的支持软件,如数据库管理系统、存储定位程序和用于装入、生成、修改、更新数据库的程序等。说明这些软件的名称、版本号和主要功能特性,如所用数据模型的类型、允许的数据容量等。列出这些支持软件的技术文件的标题、编号及来源。

3. 结构设计

(1)概念结构设计。说明本数据库将反映的现实世界中的实体、属性和它们之间的关系等的原始数据形式,包括各数据项、记录、定义、类型、度量单位和值域,建立本数据库的每一幅用户视图。

(2)逻辑结构设计。说明把上述原始数据进行分解、合并后重新组织起来的数据库全局逻辑结构,包括所确定的关键字和属性、重新确定的记录结构和文卷结构、所建立的各个文卷之间的相互关系,形成本数据库的数据库管理员视图。

(3)物理结构设计。建立系统程序员视图,可包括:

1)数据在内存中的安排,包括对索引区、缓冲区的设计;

2)所使用的外存设备及外存空间的组织,包括索引区、数据块的组织与划分;

3)访问数据的方式方法。

(4)数据结构与程序的关系。说明各个数据结构与访问这些数据结构的各个程序之间的对应关系。

4.运用设计

(1)数据字典设计。对数据库设计中涉及的各种项目,如数据项、记录、系、文卷、模式、子模式等一般要建立起数据字典,以说明它们的标识符、同义名及有关信息。在本节中要说明对此数据字典设计的基本考虑。

(2)安全保密设计。说明在数据库的设计中,将如何通过区分不同的访问者、不同的访问类型和不同的数据对象,进行区别对待而获得的数据库安全保密设计的考虑。

9.3.7 详细设计说明书

详细设计说明书是针对程序模块的详细设计,本小节结合项目实际使用模板,对详细设计说明书的内容和使用简要说明。

1.引言

对编写目的、背景、定义与缩写、参考资料进行概述。

2.程序系统的结构

列出系统的逻辑结构框图、逻辑模块关系图、系统内的每个模块的名称、标识符和它们之间的层次结构关系。

3.程序模块设计

给出各个程序模块的简单描述、功能、性能、输入项、输出项、算法、流程逻辑、接口、注释设计、限制条件,以及尚未解决的问题。

9.3.8 测试用例

测试用例是为了使测试执行人员更加顺利地执行测试,并形成测试用例库,作为测试执行阶段和项目维护阶段测试工作的依据;也可以作为软件工程师验证程序的参照。本小节结合实际测试用例模板,对测试用例的内容和使用作进一步的说明。

1.概述

对文档目的、测试阶段、参考资料简要描述。

2.测试需求

首先从整体上对测试需求进行概要描述,然后按照模块、子模块、功能点以及特性或操作,有层次地列出测试的功能点,可以使用表 9 - 7 所给的表格样式。

表 9 - 7 测试需求列表

模 块	需 求	子需求点	测试用例编号	备 注
Credit Card 支付	Precheck	CardNumber check	CreditCard_Precheck _FUNC_TC001	检查订单使用的支付卡号是否有效
CreitCard	Precheck	Customer Risk check	CreditCard_Precheck _FUNC_TC002	客服支付风险检查
…	…	…	…	…

3. 测试用例

测试用例样式可以根据具体测试需求特性灵活设计，表 9 - 8 是网站后台支付系统中所使用的一种数据驱动的测试用例模板。

表 9 - 8 数据驱动测试用例样式

测试用例编号	CreditCard_Precheck_Func_TC001
测试用例名称	Precheck of CardNumber
测试说明	检查卡号有效性验证功能
测试设计人员	×××
测试优先级	☐最高 ☑高 ☐中 ☐低 ☐最低（在对应选项前粘贴☑）
先决条件	Get 到需要进行 Precheck 的订单
测试步骤	1. 初始化一条 CardNumber 合法的数据 2. 运行程序 3. 查看程序对数据处理结果
预期结果	CardNumber check 通过
备注	
测试脚本/命令集	
脚本说明	初始数据，查询结果
运行环境	SQL 2005
脚本内容	

续 表

Declare @SoNumber int

Declare @EncryptCardNumber varchar(500)

Declare @Paytypecode char(5)

Set @SoNumbe ＝

Set @EncryptCardNumber＝

Set @Paytypecode ＝

......

测试数据

采用等价类划分、边界值分析或因果图-判定表方法设计测试数据

编号	1	2	......	n
测试点说明	Visa Card	Master Card	...	...
_数据 1	4×××××××××××1892	5××××××××××××1976	...	...
......				

使用说明：

(1)测试步骤。采用 1,2,3,…编号,某步骤(如 2)对应的预期结果如果分条描述则采用如 2-1,2-2 这样的编号;预期结果编号可以不连续,有对应的预期结果才写。

(2)测试用例编号。

规则:＜ProjectNameVersion＞_＜ModuleName＞_＜TypeOfTest＞_TC＜ID＞

＜TypeOfTest＞:测试需求类别,主要有 FUNC (功能)、RELI (可靠性)、USAB (易用性)、PERF (性能)等。每一类描述请见规范。

＜ID＞:为 TC001～TC999

(3)测试优先级有 5 个。

最高:测试执行阶段各轮次都必须测试。

高:必须测试。

中:应该测试,只有在测试完所有"高优先级"以上的各项后才进行测试。

低:可能会测试,但只有在测试完所有"中优先级"以上的各项后才进行测试。

最低:一般不被测试,只有完成各个测试轮次和以上各个优先级项后才进行测试。

(4)测试脚本/命令集。此部分适用于数据库脚本、Windows Console 命令集等,如果不存在测试脚本/命令集,删除该节相关行即可。

9.3.9 项目总结报告

项目总结报告是项目开发完成时所须编写的,主要对项目实施情况、项目质量、项目中遇

到的问题及解决措施等进行总结和分析,从中吸取经验教训。本小节对项目总结报告的具体内容和使用做进一步介绍和说明。

1. 项目梗概

对项目名称、编号、客户代表、项目经理、项目参加人员及其成熟度,以及项目开始/结束日期进行说明。

2. 项目实施情况

(1)工作量明细。分别列出项目各人员的工时花费情况,也可以直接插入《项目进度计划》。

(2)项目范围的差异分析。分别列出计划与实际的项目范围,然后对实际值跟计划值之间差异进行分析。

(3)项目估算偏差分析。

1)项目各类型工作量比例差异。项目经理根据实际工时填写结果,统计各类工作的实际比例,与估算时使用的比例进行比较和分析。

2)项目规模估算和工作量差异分析。对比工作量、规模的估算与实际值的差异,并进行差异原因分析。

(4)项目进度的差异分析。对比计划进度与实际进度的差异,并分析造成偏差的原因。

3. 项目质量小结

对项目的缺陷进行总结分析,可以直接插入或引用《测试总结报告》。

4. 项目问题与风险分析

详细描述所有问题、风险及其纠正措施。

5. 项目配置工作小结

描述项目配置活动执行情况,与配置计划的差异;项目变更情况,配置库结项工作等。

6. 经验与教训总结

总结项目中的经验与教训,提出关于项目管理、需求、设计、开发、测试、配置、质量管理等各方面的建议和体会,使用的组织过程的改进意见,并推荐项目开发过程中使用的好工具和可以给其他项目组借鉴的方法。

9.3.10 用户手册

用户手册是在项目交付时提供给用户的必须文档之一,用于对软件的使用进行指导和说明。本小节对用户手册的内容作简单的说明。

1. 引言

对文档编写目的、背景、定义与缩写以及参考资料进行简要介绍。

2. 用途

(1)功能。结合本软件的开发目的逐项地说明本软件所具有各项功能以及它们的极限范围。

（2）性能。精度、时间特性、灵活性。

（3）安全保密。说明本软件在安全、保密方面的设计考虑和实际达到的能力。

3．运行环境

（1）硬件环境。列出为运行本软件所要求的硬设备的最小配置，可包括处理机的型号、内存容量，所要求的外存储器、媒体、记录格式、设备的型号和台数、联机/脱机，I/O 设备（联机/脱机?），数据传输设备和转换设备的型号、台数。

（2）软件环境。说明为运行本软件所需要的支持软件，可包括操作系统的名称、版本号，程序语言的编译/汇编系统的名称和版本号，数据库管理系统的名称和版本号，其他支持软件。

（3）数据结构。列出为支持本软件的运行所需要的数据库或数据文卷。

4．使用过程

在本章，首先用图表的形式说明软件的功能与系统的输入源机构、输出接收机构之间的关系。

（1）安装与初始化。按步骤说明使用本软件之前所需的安装与初始化过程，包括程序的存储形式、安装与初始化过程中的全部操作命令、系统对这些命令的反应与答复，表征安装工作完成的测试实例等。如果需要，还应说明安装过程中所须用到的专用软件。

（2）功能使用。详细描述系统的各项功能及如何使用，各功能下可以区分按照用户的使用习惯等划分子功能。

（3）出错处理和恢复。列出软件可能出错的情况以及应由用户承担的修改纠正工作。指出为了确保再启动和恢复的能力，用户必须遵循的处理过程。

5．常见问题及解答

列出系统使用过程中常见的问题及解答。

9.4 文档编制要求

硬件产品和产品资料在整个生产过程中都是有形可见的，软件产品则有很大不同，文档本身就是软件产品。没有文档的软件，不成为软件，更谈不到软件产品。软件文档的编写在软件开发过程中占有突出的地位和相当的工作量。高效率、高质量的开发、分发、管理和维护文档，对于转让、变更、修正、扩充和使用文档，充分发挥软件产品的效益有着重要意义。

9.4.1 设计合理文档的 7 条规则

软件文档必须能服务于各种用途，在对文档进行设计和评审的过程中，必须确保它能支持所有相关的需求，一般来说需要满足以下规则：

规则 1：从读者的角度编写文档。

这是一个浅显、重要，但总是被忽略的规则。然而，遵守该规则，会带来以下优势：

（1）面向读者编写的文档，通常总会赢得读者。

（2）面向读者编写文档是一种礼貌的表现。

（3）避免使用令人生厌的专业术语。

（4）容易使文档变得易读、易理解，提高文档的"效率"。对于专业读者，好的文档将有利于系统设计思想、代码等的理解。

文档编制者在编写文档时，通常会采用两种形式：意识流和执行流。

意识流：按思维在编写者头脑中出现的顺序捕捉思维，并加以记录。通常缺乏可读的组织结构。

执行流：按软件执行时的思维顺序捕捉思维，并加以记录。

编制文档时，首先应该明确文档的每一节将要回答（或说明/记录）什么问题，并对自己的文档进行有效的组织。

规则 2：避免出现不必要的重复。

要点：将每个信息都记录在确切的地方。

如此，可使文档更便于理解和使用，在需要演化时，也能更便于修改。同时，这一方法还能避免产生混乱。有时，重复信息的细微差别会使读者产生疑惑，影响文档的可理解性。但是，"避免不必要的重复"并不是机械的墨守成规。下列情况下，有时还是可以有必要的信息重复：

（1）如果有过多不必要的翻页，可能会使读者生厌。因此，信息引用的位置非常重要。

（2）有时，为了使表达更为明确，或者在表达两个不同观点时，两个不同的视图可能会包含重复的信息。

（3）为了保持文档的独立和自成体系，需要在同一文档体系的不同文档之间的各文档保留一定的重复信息。

"避免不必要的重复"只是一个规则而已，而规则本身不能影响读者的理解。所以，有时以不同的形式表达相同的思想，只是为了有助于读者更透彻地理解，而不是对规则的违反。

规则 3：避免歧义。

要点：采用语义精确、定义明确的表示法。

通常，只要采用一组事先约定的表达，然后尽可能避免出现意外重复，尤其是那些仅有"细微差别"的重复，就能有助于消除或避免歧义。但是，形式语言并不是始终或总是需要的，因为还必须兼顾文档的可读性、可理解性和可修改性。

应该尽量使文档读者确定或便于确定表示法的含义，除非双方默契。特别是文档编制者引用其他地方定义的语义源，即使这个语义源是标准的或广泛应用的语言，由于可能存在不同的版本，也应该使读者明确引用的具体版本。

如果这样引用的一种表示法是用于内部开发的，就应该将其添加到内部技术文档编制所采用的符号体系中去。

上述关于表示法引用的阐述，是为避免歧义养成一个良好的习惯。这样，既能迫使对系统各部分及其之间的关系加以了解，并能更为精准地表述，而且，对读者也是一种周到的考虑和尊重。

规则 4：使用标准结构。

要点：标准结构有利于文档被更好地阅读和利用。

应该有计划地制定文档的标准结构方案，并确保文档的编制过程能够遵守，确保读者能够了解、理解。

标准结构文档至少具备以下优点：

(1)能够帮助读者在文档中导航和快速查询特定信息。

(2)能够帮助文档编写者计划和组织内容，并透露那些带有"待定"标签的节，还有什么工作等待完成。

(3)可以方便表达文档各节需要表达的重要特征集，这样可以体现信息完整性规则。

具有标准结构的文档，其标准结构的另一个重要用途就是，能组成评审时文档验证的基础。

规则 5：记录基本原理。

要点：对基本原理进行记录可以节约大量的时间。

在编制决策结果的文档时，应该对被放弃的方案进行记录，并说明放弃的原因和理由。这样的记录，或者是将来接受详细检查或被迫更改的需要，或者是为了以后可以重用设计。通常在以下情况需要记录基本原理：

(1)在做出决策前，设计团队必须花费大量时间评估各种候选方案。

(2)决策对于某一需求或目标的实现很重要。

(3)初看似乎决策意义不明，但细察其背景信息后，决策变得逐渐明朗。

(4)在若干场合，有人向你提问：为什么这样做？

(5)为团队新成员解惑。

(6)决策影响范围较广，并且难以消除。

(7)现在捕捉基本原理，比以后捕捉更加经济划算。

规则 6：使文档保持更新，但频度不要过高。

要点：人们总是乐意使用保持更新、内容精准的文档。

软件文档应该是该软件最终、最权威的信息源。通过引用合适的文档，能够最为容易、最为有效地回答关于该软件的问题。然而，文档的更新却没有必要为那些无法持久的决策做出反映。这样做，其实是一种高成本和浪费资源的愚笨做法。

事实上，应该在开发计划中指定文档更新的特定内容或过程，使文档服从版本控制，并制定一项文档发布策略，使得文档具有更好的服务特性。

规则 7：针对目标的适宜性对文档进行评审。

要点：评审是文档保持有效的前提。

文档的预期用户是文档是否以正确的方式展示其正确内容的最好的评判者。应该寻求他们的帮助，在文档发布前，让文档所面向的预期用户（或代表）对文档进行评审。

应该有有效的文档评审制度，以确保文档的质量和适用性。

9.4.2　文档编制的质量要求

如果不重视文档编写工作,或是对文档编写工作的安排不当,就不可能得到高质量的文档。质量差的文档,使读者难以理解,给使用者造成许多不便,也会削弱对软件的管理(难以确认和评价开发工作的进展情况),增高软件成本(一些工作可能被迫返工)。因此,对文档的编写提出了如下要求。

1. 针对性

文档编制之前应分清读者对象。按不同的类型、不同层次的读者,决定怎样适应他们的需要;管理文档主要面向管理人员;用户文档主要面向用户;这两类文档不应像开发文档(面向开发人员)那样过多使用软件的专用术语。

2. 精确性

文档的行文应当十分确切,不能出现多义性的描述。同一课题几个文档的内容应当是协调一致、没有矛盾的。

3. 清晰性

对文档编写工作的安排不当,就不可能得到高质量的文档。文档编写应力求简明,如有可能,配以适当的图表,以增强其清晰性。

4. 完整性

任何一个文档都应当是完整的、独立的,应自成体系,例如,前言部分应作一般性介绍,正文给出中心内容,必要时还有附录,列出参考资料等。同一课题的几个文档之间可能有些部分内容相同,这种重复是必要的;不要在文档中出现转引其他文档内容的情况。如一些段落没有具体描述,用"见××文档××节"的方式。

5. 灵活性

各个不同软件项目,其规模和复杂程度有着许多实际差别,不能一律看待。

6. 可追溯性

在软件项目的开发过程中,各个阶段编制的文档不是孤立的,而是与各个阶段完成的工作有密切的关系,随着项目开发工作的进展,具有一定的继承关系,体现出了可追溯的特性,如软件需求会在设计说明书、测试设计方案及用户手册中有所体现。

7. 设定优先级

在软件项目众多的文档中,其中一些文档必定是关键文档,起着非常重要的作用。对于这类文档要设定优先级别特别关注,不能有任何的错误存在,对于一些关键的地方要特别标记,特别说明。

9.5　软件文档的作用

软件文档在软件开发人员、管理人员、维护人员、用户以及计算机之间起到多种桥梁作用。

软件开发人员在各个阶段中以文档作为前阶段工作成果的体现和后阶段工作的依据,这个作用是显而易见的。

比如项目启动阶段,项目经理需要制订项目开发计划、项目进度计划表作为项目成员工作的依据。而开发人员需要提供具体工作计划或工作报告给管理人员,并得到必要的资源支持。管理人员则可通过这些文档了解软件开发项目安排、进度、资源使用和成果等。

另外,软件开发人员须为用户了解软件的使用、操作和维护提供详细的资料,这称为用户文档。在软件的生产过程中,总是伴随着大量的信息要记录、要使用。因此,软件文档在产品的开发生产过程中起着重要的作用。实践表明,软件文档的作用可总结为以下几个方面。

1. 项目管理的依据

文档将通常"不可见的"软件开发进程转换成"可见的"文字资料,有利于项目的管理。

2. 技术交流的语言

项目小组内部、项目平行开发的各小组之间进行的交流和联系,通常都是通过文档来实现的。

3. 项目质量保证

文档是进行项目质量审查和评价的重要依据,有效文档的提供,可以满足项目质量保证人员和审查人员的工作需要。

4. 支持培训与维护

合格的软件文档通常都提供有关软件运行、维护和培训的必要信息,支持软件产品的应用和维护。

5. 支持软件维护

软件文档提供系统开发的全部必要技术资料,有利于维护人员熟悉系统,开展维护工作;软件维护文档记载了软件维护过程中软件及其环境变化的全部信息。

6. 记载软件历史

软件文档作为"记载软件历史的语言",可用做未来项目的一种资源,向潜在用户报道软件的各种有利信息,便于他们判断自己是否需要该软件提供的服务。

良好的系统文档,显然有助于完成软件的移植,或将软件转移到各种新的系统环境中去。

9.6 本章小结

本章首先介绍了软件文档定义及分类;其次结合国外某大型电子商务网站系统开发所使用的文档模板,对软件开发中各类关键文档及其主要内容和应用进行了具体描述。接下来,对实际项目中常见文档问题进行了总结,提出了文档编制的一些规范和要求;最后,对软件文档在项目中的作用进行了概括和说明。

本章练习

1. 软件文档的作用有哪些？
2. 写好软件文档的关键因素是什么？
3. 编写软件文档的基本要求是什么？
4. 高质量的文档体现在哪些方面？
5. 主要的软件文档有哪些？分别在什么阶段提交？
6. 软件开发的管理者需要什么文档，文档应该包括什么内容？

第 10 章 软件维护

本章目标 软件在交付用户使用后,就进入软件运行和维护阶段,该阶段要求保证软件能够长期正常运行。因此,软件维护成为必不可少的步骤。本章仍然以国外某大型电子商务网站项目维护为背景,使用具体案例对软件维护阶段的工作进行阐述和说明。主要包括软件维护的概念及分类、软件维护的作用、软件维护组织和实施、管理流程;同时,对提高软件可维护性提出了一些建议和参考方案;本章最后介绍一些软件维护过程中可以使用到的 CASE 工具,作为维护项目工具选择的参考。

通过对本章的学习,读者应达到以下目标:

- 理解软件维护的概念;
- 理解软件维护的分类及作用;
- 掌握软件维护实施流程和管理;
- 了解提高软件可维护性的一些方案;
- 了解维护面向对象的优点和缺点;
- 对软件维护的 CASE 工具有一定了解。

10.1 软件维护的定义

软件维护是指在软件产品通过验收测试并交付使用之后,为了修改错误或者满足新的需求而对软件进行的修改。

维护是生存周期中耗费最多、延续最长的活动。不同类型的软件维护成本差别很大,通常大型软件的维护成本高达开发成本的 4 倍左右。目前国外许多软件开发组织把 60％以上的人力用于维护软件,随着软件数量的增多和使用寿命的延长,这个百分比还在持续上升。将来维护工作甚至可能会束缚住软件开发组织的手脚,使他们没有余力开发新的软件。

10.2 软件维护的分类及作用

根据不同的维护原因和目的,可以将软件维护活动分为改正性维护、适应性维护、完善性维护和预防性维护四种。在维护阶段的初期,改正性维护的工作量较大。随着错误发现率急剧降低,并趋于稳定,就进入了正常使用期。但是,由于环境的改变和新需求的增加,适应性维护和完善性维护的工作量逐步增多。

10.2.1　纠错性维护

任何软件在前期的测试中,必然会有一部分未被发现的错误和缺陷被带到运行阶段。这些隐藏下来的错误在某些特定的使用环境就会暴露出来。为了识别和纠正这些被遗留下来的软件错误,排除实施中的误使用等而进行的诊断和改正错误的过程,就叫做纠错性维护。

纠错性维护的作用是修复运行阶段中发现在测试阶段未能发现的潜在软件错误和设计缺陷。

10.2.2　适应性维护

随着新硬件设备的不断推出,操作系统和编译系统的不断升级,软件所处的外部环境以及数据环境等都可能会发生变化,为了使软件适应这种变化而实施修改软件的过程就叫做适应性维护。

适应性维护的主要作用在于根据实际需要改进软件设计,以增强软件的功能,提高软件的性能。比如,电子商务网站上线后常会碰到的一些情况有:网站访问和并发用户数量的大幅增加、新的支付方式的出现、新的运输方式的出现、系统运行环境的改变等。面对这些外界条件的改变,电子商务网站作为竞争力极强的行业,必须对系统做出相应的调整和改变,以提高其自身的竞争力。

10.2.3　完善性维护

在软件的正常使用过程中,用户还会不断对软件提出新的功能与性能要求。为了满足用户新的需求,需要修改或再开发软件,以扩充软件功能,以及增强软件性能,在这种情况下进行的软件维护活动叫做完善性维护。

完善性维护的主要作用是根据实际需要,改进软件设计,以增强软件的功能,提高软件的性能。

10.2.4　预防性维护

为了提高软件的可维护性、可扩展性以及可靠性等,为以后进一步改进软件打下良好基础。通常,预防性维护定义为:"把今天的方法学用于昨天的系统,以满足明天的需要"。即采用先进的软件工程方法对需要维护的软件或软件中的某一部分(重新)进行设计、编码和测试。

软件维护阶段的重要工作由上述三类维护组成,图 10-1 给出了不同维护种类在维护阶段所占的工作比例。

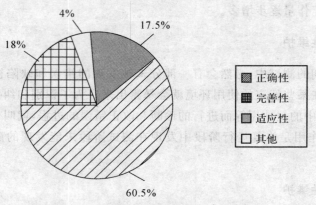

图 10-1　维护阶段不同维护种类所占的比例

10.2.5　实际案例

1.案例项目背景

每年圣诞节前期是购物高峰期,为了更好地引导客户消费,商家都会做一些相应的促销活动,电子商务网站也不例外。比如 2009 年 9 月开始,某电子商务网站针对圣诞促销提出一套优惠卡促销方案。需要增加 4 种不同类型的促销卡,表 10-1 为 4 种卡的具体描述。

表 10-1　促销卡类型及作用

卡类型	描　　述
A 类	"购物卡",顾客可以在网站进行购买,然后再用此卡进行购物,不含任何折扣,使用期限较长(1 年),跟大型超市、商场所使用的购物卡是一个道理
B 类	"圣诞特惠卡",此卡为虚拟卡,并不会实际寄送卡给客户,只是客户购买之后会得到一个卡号和密码。此卡只在圣诞前一个月左右开始在网站进行销售,而只能在 12 月 24~26 日使用,但折扣较高
C 类	"礼品卡",此卡是顾客购物数量达到一定金额时,以礼品的方式赠送给客户,以后顾客购买商品时就可以使用这些卡来抵消等值购物金额,相当于代金券
D 类	"退货卡",该卡用于顾客要求退款的情况,当顾客所购买物品不在退货保障范围,但客户坚持要退货的时候,网站会根据具体情况以退货卡的形势给客户退货

2.案例所属维护类型

事实上,在实际维护项目中,各种维护类型之间并没有绝对的界限,对于一个长期维护的项目而言,几种维护类型往往是相互重叠和交替进行的。

该案例中,为了满足和适应圣诞促销而对系统进行修改和维护,这首先属于前面所介绍的"适应性维护"。针对这种适应性需求,需求分析人员会给出具体的系统更改需求文档,维护项目组会根据需求提出设计方案。设计方案中有 3 个方面必须考虑:

(1)不能影响到系统原有流程和功能的正常运行;

(2)能够按照需求正确支持这 4 种类型的促销卡;

(3)要考虑对以后其他类型卡的支持,注意扩展性。

因此,本次维护也可以说是针对用户需求对系统进行的完善和扩充,所以也属于"完善性维护"类型。

各个维护项目组经过一个多月的时间和努力完成对本次需求的设计、编码以及测试之后,全部发布到实际生产环境。开始几天相安无事,各种卡的销售记录都显示正常,大家都非常开心。但就在 11 月 15 号将 B 类卡开始在网站进行销售后,第二天客服人员就接到了客户投诉电话:"我在你们网站购买了一个'圣诞特惠卡',我只得到了一个卡号和密码,并没有实际寄卡给我,为什么要收我 $5 运费呢?"。很明显,系统有 bug!

不管是谁的责任,此时维护项目组的首要任务——查找原因紧急处理此 bug,而这个过程就是"改正性维护"。

10.3 软件维护的流程和管理

软件维护是一件复杂而困难的事,必须在相应的技术指导下,按照一定的步骤和流程有组织地进行。

10.3.1 软件维护的流程

软件维护流程主要分为以下几个步骤。

1.提出更改要求

由用户或维护需求负责人根据软件实际情况和需要提出更改要求。

2.分析维护类型

维护项目负责人根据更改要求分析维护类型:

(1)纠错性维护,进行错误严重程度评价。

1)严重。进行问题分析和维护资源安排。

2)不严重。列入改正性维护计划列表。

(2)适应性、完善性或者预防性等维护类型,进行维护优先级评价。

1)高优先级。进行问题分析并安排维护实施;

2)低优先级。列入完善/适应性维护计划列表,在高优先级人物处理完毕之后进行安排处理。

3. 实施维护

维护实施包括对本次修改需求和原有程序的理解、维护时间和人员的安排、程序的修改，以及测试等环节。

4. 复审

复审是对维护实施完成的产出物进行审查，确保维护活动是符合更改要求的。

5. 发布/交付

复审通过之后的维护产出才可以发布到实际环境中。此时如果发现维护产出有 bug 或者需要作新的更改，需要重新提交维护要求，依次循环。

10.3.2 软件维护组织

维护过程本质上是修改和压缩了的软件定义和开发过程，而且事实上远在提出一项维护要求之前，与软件维护有关的工作就已经开始了。对软件维护进行管理，首先需要建立一个维护的组织。维护组织分为正式维护组织和非正式维护组织。除了一些较大的软件企业，通常的软件维护组织都是非正式的，但对于一个长期维护项目而言，建立正式的维护组织是十分必要的。

图 10-2 给出一种典型的维护组织形式，其中，维护管理员可以是某个人，也可以是一个包括管理人员、高级技术人员等在内的小组。每个维护要求都通过维护管理员转交给相应的维护管审批人员进行评价和审批。审批通过后反馈给维护管理员，同时将维护任务提交给配置管理员；维护管理员指定熟悉产品程序的技术员，即维护实施人员完成系统维护任务；同时，维护管理员对维护任务做出评价之后，让维护人员在系统管理人员的指导下对软件进行修改。在修改过程中，配置管理员对软件配置进行审查。

10.3.3 软件维护工作的管理

软件维护工作不仅是技术性的，它还需要大量的管理工作与之相配合，才能保证维护工作的质量。管理部门应对提交的修改方案进行分析和审查，并对修改带来的影响作充分的评估，对于不妥的修改予以撤销。合理的维护需求和建议在通过审批后正式进入维护修改和实施阶段。图 10-3 为常用的软件维护项目流程图。

10.3.4 实际维护项目组织案例

以国外某大型电子商务网站的维护组织和实施流程为例，对实际软件项目中的维护流程进行分析和了解。该网站的维护项目组组织结构如图 10-4 所示。

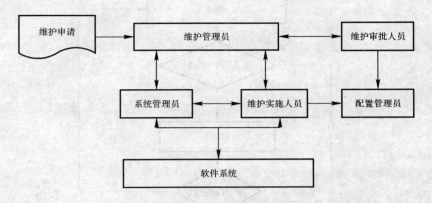

图 10 - 2 一种典型的维护组织形式

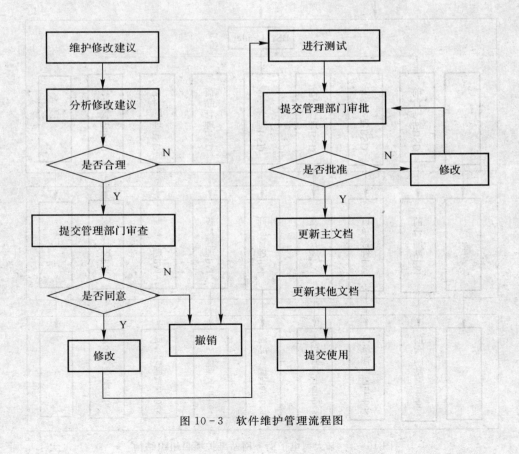

图 10 - 3 软件维护管理流程图

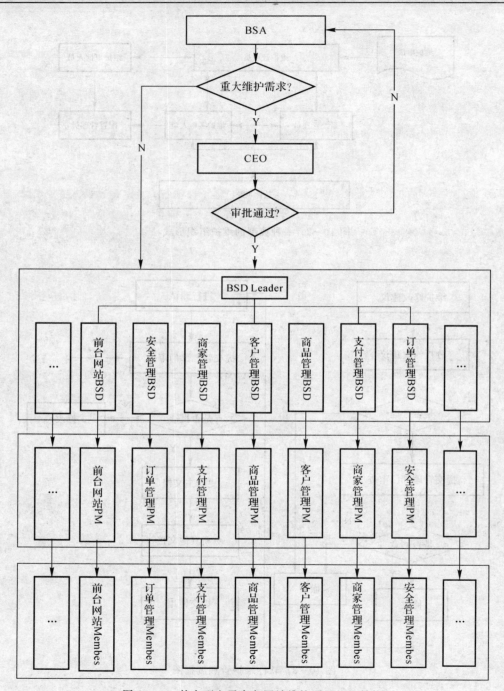

图 10-4 某大型电子商务网站维护项目组织结构

1. BSA（Business System Analist）

BSA，业务分析师，承担维护需求管理和分析的角色。需求的来源主要包括企业高层组织决定、业务人员、市场分析人员、客服反馈等多种渠道。BSA 对收集到的系统更改需求，结合现有系统架构实际情况进行整体可行性分析。对于影响范围较大、重要级别较高的维护需求，需要提交相关可行性分析文档和依据给 CEO 进行审批。而对于影响范围较小的一般性维护需求，BSA 分析通过后直接通知 BSD（Business System Designer）组开始进入下一阶段。

2. CEO（Chief Executive Officer）

在整个网站维护过程中，CEO 负责整个网站系统的各种运行维护决策。对于一些涉及范围较广或重要性较高的维护需求，CEO 需要结合企业自身情况（如发展方向、资金预算等）进行可行性分析，必要的时候会召集企业管理高层会议讨论。审批结论得出后，对于合理可行的维护需求，CEO 会将结果同时发给 BSA 和 BSD 组；对于审批不通过的维护需求会跟审批意见一起返回给 BSA。

3. BSD（Business System Designer）

BSD，业务系统设计师。由于电子商务系统设计模块较多，因此，系统维护任务按照业务和模块不同被划分为多个项目组，主要包括：

（1）前台网站。包括页面导航、商品展示、客户注册、购物流程等。

（2）订单管理。包括后台下单、订单处理流程控制、各种费用计算等。

（3）支付管理。多种支付方式的支持、客户支付信息安全性检查、与各类支付网管之间的交互等。

（4）商品管理。主要负责商品的添加和维护，包括商品生成、上/下架、价格以管理及各种属性的维护。

（5）客户管理。负责客户各类信息的管理和维护，包括客户基本信息、送货地址信息、支付信息、积分管理等。

（6）商家管理。负责商品厂商的各类信息管理、维护以及网站与厂商之间商品信息传递接口。

（7）安全性管理。在电子商务系统中，安全性是至关重要的，因此一般都会设有专门的安全部分。主要负责代码安全性检查以及各种交易信息的安全性保证。

除了以上所列的项目组外，还有专门负责数据接口处理的 EDI（Exchange Data Interface）组，负责欺诈验证的 FP（Fraud Protection）部门、负责网络维护和支持的 IT 部门等。

每个项目组都有一个 BSD，BSD Leader 主要负责各组之间的任务分派和协调。各组 BSD 在接收到维护任务之后，对本项目组的需求进行整理，明确与其他相关组之间的接口关系，并对需求进行一个总体设计；同时，BSD 还负责维护产出的发布；另外，对于本组改正性的维护需求，如果不涉及其他项目组之间的接口问题，该负责人有权利决定修改，不必提交 BSA 或 CEO 进行审批。

5. PM(Project Manager)

每个项目组有一位 PM,直接跟本组 BSD 沟通,负责本组维护需求的传达和详细设计,安排开发时间和具体开发、测试人员,并控制项目进度。另外,PM 还负责将每次维护产出发给 BSD,并协助 BSD 部署到生产环境。

6. 维护项目组成员

维护项目组成员主要包括开发、测试、美工及文档人员,各组组员人数不等。主要负责完成项目经理分配的具体 UI 设计、编码、测试以及相关文档维护等任务。每次维护任务完成之后,由测试人员提交发布包给项目经理。

10.4 提高软件的可维护性

软件的可维护性是指维护人员为纠正软件系统出现的错误或缺陷,以及为满足新的要求而理解、修改和完善软件系统的难易程度。软件的可维护性对于延长软件的生存期具有决定意义。提高软件可维护性,从软件最初设计就应该进行考虑,并贯穿于软件生存周期各个阶段。

10.4.1 建立明确的软件质量目标和优先级

维护就是在软件交付使用后进行的修改,修改之后应该进行必要的测试,以保证所做的修改是正确的。一个可维护的程序应该是可理解的、可靠的、可测试的、可修改的、可移植的、效率高的、可使用的。同时,要实现这所有的目标,不仅成本高昂,而且也不一定行得通。因为某些质量特性是相互促进的,例如可理解性和可修改性、可理解性和可测试性等;但另一些质量特性却是相互抵触的,例如效率和可修改性、效率和可移植性等。因此,尽管可维护性希望每一种质量特性都要得到满足,但是它们的相对重要性应随软件的用途以及运行环境的不同而不同。所以,应当对程序的质量特性,在提出目标的同时还必须规定它们的优先级。这样有助于提高软件的质量,并对软件生存期的费用也会产生很大的影响。

10.4.2 从软件过程提高

提高软件可维护性是一个长期的过程,需要在整个软件过程的每个阶段都进行考虑,不可一蹴而就。

1. 需求阶段

软件需求阶段在考虑需求可行性、准确性等的同时,也需要考虑软件可维护性。例如:电子商务网站项目中,后台系统的需求描述中一般都明确指出要有操作 log。因为后台系统一般都是控制台程序或服务,如果没有 log 记录,一旦有异常出现,将无从查起,给后面的维护工作造成极大的困难。而需求之后的设计、编码等工作都是以需求为依据,如果需求没有明确指出要打印系统运行 log,后面阶段的设计、实现中一般都不会考虑主动增加新功能,除非系统是给自己做的。

2. 设计阶段

设计阶段是软件可维护性的关键所在,为了提高软件可维护性,设计阶段一般需要考虑这几个方面:可扩展性、模块重复利用率、函数设计。

3. 实现阶段

为了提高软件可维护性,实现阶段需要注意以下几个方面:

(1) 选择易于维护的程序设计语言。程序设计语言的选择,对程序的可维护性影响较大。在第 7 章的系统实现部分介绍过计算机语言的发展,从最初的机器语言到现在的查询语言,主要经历了 4 代变更。一般而言低级语言难以理解和掌握,因此维护难度较大;高级语言比低级语言容易理解,具有较好的可维护性。但同是高级语言,可理解的难易程度也不一样。例如第 4 代语言中的查询语言、图形语言、报表生成器、非常高级的语言等,有的是过程化的语言,有的是非过程化的语言。

(2) 代码编写规范。遵循代码编写规范。

(3) 代码注释。在程序中应插入注释,以提高程序的可读和可理解性,并以移行、空行等明显的视觉组织来突出程序的控制结构。如果程序越长、越复杂,则它对文档的需要就越迫切。

(4) 函数设计。函数设计不应过长,一般不超过 200 行代码。

4. 测试阶段

(1) 需要进行可维护行测试。

(2) 编写完整、详细的测试用例文档。

10.4.3 完善相关文档

软件文档包括需求说明、概要设计、详细设计、流程图、测试计划、测试用例等一系列的软件过程文档,这些文档是对程序总目标、软件各组成部分之间的关系、软件设计策略以及实现过程等历史数据说明和补充,是软件维护的重要依据之一,对提高软件的可理解性有着重要作用。即使是一个十分简单的程序,要想有效地、高效率地维护它,也需要编制文档来解释其目的及任务。而对于程序维护人员来说,要想对程序编制人员的意图进行优化,并对今后变化的可能性进行估计,也需要以这些历史文档作为参考和依据。文档维护需要注意以下几点:

(1) 及时创建各阶段过程文档。

(2) 文档风格简洁一致、易于更新。

(3) 有需求变更之后,对各种相关文档及时更新。

(4) 要有文档修订记录跟踪。

(5) 文档存放地址应该固定。

10.4.4 加强版本控制

版本控制(Revision Control)是软件测试的一门实践性技术,也是软件项目管理的一门技术。对于一个庞大烦杂的长期维护项目,如果版本控制混乱,那将是软件维护的恶梦。版本控制是为了跟踪和控制项目文件变更,包括发布程序版本、测试程序版本以及相关文档版本等。

作好版本控制,需要注意以下几个方面着手:

(1)选择适合的版本控制工具;

(2)制定并严格遵循版本命名规则;

(3)制定合理的版本监控机制;

(4)提高组员版本控制意识。

10.4.5 提高软件可维护性的途径

提高软件的可维护性,最根本的是使每一名开发人员懂得维护的重要性,在各个开发阶段都将减少今后的维护工作量作为努力的目标。

(1)模块化。模块化是软件开发过程中提高软件质量和可维护性的有效技术,也是降低成本的有效方法之一。它的优点是如果需要改变某个模块的功能,只需要改变相关模块,对其他模块影响很小;如果需要增加程序的某些功能,则仅须增加完成这些功能的新的模块或模块层,从而使程序的测试与重复测试更加容易;程序错误更易于定位和纠正;效率可以大大提高。

(2)结构化程序设计。结构化程序设计不仅可以使得模块结构标准化,还可以将模块间的相互作用也进行标准化,从而把模块化又向前推进了一步。因此,采用结构化程序设计可以获得良好的程序结构。

(3)结构化程序设计技术。使用结构化程序设计技术,可以提高现有系统的可维护性,主要可以采用以下几种方法:采用备用件的方法、自动重建结构和重新格式化的工具(结构更新技术)、改进现有程序的不完善的文档、使用结构化程序设计方法实现新的子系统、采用结构化小组程序设计的思想和结构文档工具等。

10.5 面向对象软件的维护

10.5.1 面向对象程序在维护方面的优点

面向对象程序比传统结构化程序更易于维护,这是面向对象程序的优点,也是面向对象程序的模块独立性,也就是封装性,其中,数据的操作都被隐藏在类的内部,而外部仅有接口参数。对一个类的认识就是它的接口数据和功能,而不必再关心这些数据的具体运算与操作方法。换言之,面向对象程序具有信息隐藏的特点,人们看到的是各个类的外部特性,而内部的数据处理过程是不可见的。

这样一种程序结构设计的好处，是实现了程序模块间的松耦合结构，功能划分清楚，给软件维护带来的好处有：①当发现软件错误与缺陷时，因为功能独立性强，容易定位到相应的类；②对某个类的数据和方法进行修改，不会影响到类的外部，对回归测试的要求容易实现。

由于面向对象程序的独立性和重用性特点，在软件升级时，也易于实现系统功能的扩充。

随着组件软件的不断发展，基于组件、构件、插件的软件开发已成为面向对象软件的主流架构，将系统功能、通信功能、用户功能进行隔离的多层软件服务架构，进一步提高了软件的跨平台性和易维护性。

10.5.2　面向对象程序在维护方面的缺点

面向对象技术在为软件维护带来许多优点的同时，也因为面向对象程序的继承性、多态性特点，为软件维护工作带来了新的困难。

我们知道，类的继承性是面向对象程序的重要特征，它为软件的重用带来了极大的便利，如定义了工厂类，那么电厂类只需要在工厂类的基础上增加发电的属性，而水电厂只要在电厂类的基础上加上水利发电的属性就可以了，而不需要完全重新定义。

来看下面的例子：有基本的类 People，具有人的一般属性，如姓名、年龄、性别等；而子类 teacher 继承了 People 的所有属性，并具有教师的特殊属性，如学校名称、讲授课程等；进一步的，子类 professor 继承了 teacher 的所有属性，并具有教授的特殊性，如院系、专业、专著、文章等；而对于子类 Phd-superviser 而言，继承了教授的所有属性，并具有博士导师的特殊属性，如博士生人数、博士姓名等。

```
{……
    void personal-information-print();
……
}// class People
classteacher：public People
{……
    void personal-information-print();
……
}
classprofessor：public teacher
{……
    void personal-information-print();
……
}
class Phd-superviser：public professor
{……
```

```
void personal-information-print();
……
}
```

当软件维护工程师发现问题和缺陷,且需要对 Phd-superviser 类的 personal-information-print()方法进行修改时,他就需要了解 Phd-superviser 类的所有超类(professor,teacher,People)的说明,才能完全理解 Phd-superviser 类中 personal-information-print()方法的操作。

如果是线性的继承关系,超类的理解是相对容易的,而如果是非线性的继承关系,超类的理解将会成为一件令人头痛的事情。对这个问题的解决是依靠 CASE 工具,目前大多数的面向对象编译器都提供了这样的功能。对一个子类的方法,可以自动追溯到它所有的超类。

下面再来看面向对象程序的多态性,在面向对象程序设计中,面向对象程序解决事务复杂性的一大特点便是多态和动态连编。例如,有一个基本类 geometric class,是各种平面几何图形的通用属性,如周长、面积等,它包含多个子类如 triangle,quadrangle,pentagon,hexagon 等,而 quadrangle 类又会有子类如 square,diamond,parallelogram 等。在基类中有方法 area(),用于计算平面几何图形的面积,显然,对于不同的子类 triangle,quadrangle,pentagon,hexagon 有不同的面积计算方法,而仅 quadrangle 类中的 square,diamond,parallelogram 子类,显然也有各自的面积算法。

当软件维护工程师在软件程序代码中找到一条语句 myFigure. aera()时,想要知道它的操作,就必须知道 myFigure 是哪个子类的实例。这样的困难在于,实例的赋值完全可能在程序执行中完成,那么,myFigure. aera() 就是依赖于运行条件的动态连编。目前还缺少这样的 CASE 工具,可以实现在程序运行状态下实例的跟踪和动态连编的记录。因此,这样一种有利于软件设计的多态和动态连编方法,在软件维护时,却成为难以识别的障碍。软件工程师只能通过其他手段来确定程序的实际调用和运行过程,有时会是十分困难的。

最后是来自"易碎的类结构(Fragile Class Problem)"的问题,就如上面介绍的几何图形类 geometric class,它有众多的子类,对于子类中的所有数据和方法,都继承了 geometric class 的公共属性,并具有自己的特殊属性,而且这些特殊属性的操作,往往是在父类公共属性的基础上完成的。当发现基类 geometric class 需要进行修改和完善时,也就意味着其派生的所有子类都受到了影响,所有其派生的子类也必须进行相应的修改和完善,以适应基类的变化。当派生子类数目庞大、难以修改时,基类的修改可能会直接造成所有子类的失效!

10.6　软件维护的 CASE 工具

在软件维护的过程中,完全依靠人工进行软件版本的管理是不现实的,需要依靠文档和软件版本管理的 CASE 工具,来完成多版本软件的管理工作。如 UNIX 环境下的工具:SCCS(Source Code Control System) 源代码控制工具(Rochkind,1975)、RCS(Revision Control System) 修订控制系统(Tichy,1985)、CVS(Concurrent Versions System) 一致版本管理

(Loukides，1997)等。

当然，在 Windows 环境下，版本管理的工具也有很多，如微软公司出品的 Source Safe 就是软件文档和版本管理的有效工具，而 CVS 也有 Windows 环境下的版本。在软件维护阶段，除了软件版本管理工具，还有一些软件分析、执行跟踪与记录方面的工具也是十分有用的。当然这些工具一般都是基于面向对象语言的，如基于 C＋＋，Java 的支持工具就多一些。在 eclipse环境下，设计图到代码及其从代码到设计图的支持工具都是可以找到的。

缺陷跟踪是交付后维护的一个重要方面，确定当前每个已报告缺陷的状态非常重要。IBM Rational ClearQuest 是个商用的缺陷跟踪工具(Defect-Tracking Tool)，Bugzilla 是个流行的开源工具。这样的工具可以用来记录缺陷的严重性及所处的状态(特别是缺陷是否修复)。另外，缺陷跟踪工具可以实现缺陷报告与配置管理工具相连接，这样在建立新版本时，维护程序员可以选择将特定的缺陷修复报告包括在新版本中。

软件维护是一件困难而令人沮丧的事，软件维护工程师总会面对不断的抱怨和无尽的错误。多给软件维护工程师提供一些有效的工具，帮助他们相对容易地完成困难的软件维护工作，是所有软件工程师和软件企业必须考虑的事情。

10.7　软件维护的发展

在传统的软件工程概念中，软件维护工作是在软件交付用户之后才进入的阶段，由专门的软件维护工程师来完成软件维护的工作。而事实上，这样一种开发-维护的模式，在实际软件开发的过程中，是不适应的。原因在于：

(1)用户的需求在产品交付前，是经常会变化的；

(2)软件错误与缺陷的修正，是需要在产品交付前完成的；

(3)软件的开发越来越是基于重用组件的，新产品交付前，组件的更换是经常发生的事。

因此，可以看到，软件修改贯穿于软件开发的全过程，并不是仅发生在软件交付之后。那么软件维护阶段的技术和方法，很多时候对于软件开发阶段而言，也是十分必要的。

在软件开发的过程中，应该从需求分析开始，就考虑到今后软件维护的方便性，而在实际和实现阶段，充分考虑软件维护的需要而进行软件架构、功能和代码的设计，才是从根本上将软件维护工作放到了正确的位置。

当软件测试要求和软件维护性成为所有软件工程师们设计、实现的重要指标时，软件工程才真正成为软件质量保证的有效手段。

10.8　本章小结

维护是软件生命周期中的最后一个阶段，也是持续时间最长、代价最大的一个阶段。本章主要介绍了和软件维护相关的主要知识，包括软件维护的概念、软件维护的类型和定义，同时还通过阐述软件维护的实施流程和组织管理,对软件维护作了更详细深入的描述。我们应深刻认识到软件维护对于一个软件产品的重要性。最后,本章介绍了维护面向对象软件的优点和缺点,同时简要介绍了目前常用的软件维护 CASE 工具,以及软件维护的发展状态,了解这些基本知识有助于我们提高软件开发、维护、测试的效率和可靠性。

本 章 练 习

1. 软件维护有哪些内容?
2. 软件维护的特点是什么?
3. 软件维护的流程是什么?
4. 提高可维护性的方法有哪些?
5. 维护面向对象软件的优点和缺点有哪些?
6. 软件维护阶段的 CASE 工具有哪些?
7. 简述软件维护的发展。

第 11 章　软件项目管理

本章目标　软件项目管理(Software Project Management)是利用现有资源有效且高效的实现项目目标而执行的一系列活动,其中包括了实现软件项目管理所采用的一系列软件工程实践方法学。

本章主要关注软件开发生存周期中主要的管理活动,主要包括项目评估、项目实践规划、项目计划、项目监控和项目质量保证。本章的目标是让读者熟悉项目管理过程中主要的活动和在这些活动中使用的工具。

通过对本章的学习,读者应达到以下目标:

- 了解项目管理基本概念;
- 掌握如何分析项目需求;
- 掌握如何进行项目预估;
- 理解项目风险管理。

11.1　项目管理中的一些基本概念

要了解项目管理,首先要了解项目。项目是需要执行的一系列的活动,在一定的预算和时间内达成唯一的目标。下面介绍项目管理中的一些基本概念。

1.项目特性

项目所具有的一些特性,使它区别于一般的操作:

(1)项目旨在实现特定的结果;

(2)项目是临时性的,有一定的开始和结束时间;

(3)项目有一系列潜在的风险;

(4)项目有时间和预算的限制;

(5)根据项目定义的输出不同,项目可以是一个产品或者一种服务。

2.项目经理职责

项目经理的职责是管理项目每天的活动,确保在指定的时间、预算和范围内提交一个高质量的产品或者服务。项目经理的主要职责包括:

(1)管理项目资源,资源包括人员、设备等;

(2)管理项目预算;

(3)管理项目风险;

(4)管理项目实践；

(5)保证项目质量。

11.2 项目启动

只有在以下问题都清楚后,才算项目的正式开始：

(1)谁是项目的干系人(StakeHolder),从他们的角度看,项目应该是什么样子的?

(2)项目的远景是什么?

(3)项目可以使用的资源?

(4)从项目中可以得到哪些收益?

(5)项目启动之前都需要进行哪些活动,有哪些产出?

11.2.1 创建项目文档

项目概念文档是解决方案提供者提交的第一个文档。此文档描述了项目的基本需求和建议的解决方案。

项目概念文档包括以下几方面：

1. 版本

必要信息,区分不同时间提交的文档。

2. 业务问题

不同的人在不同的方面对业务有不同的理解,项目需要从不同的方面去解决这些业务问题。我们只有对业务问题定义清晰,才能更好地理解业务存在的问题。

要定义业务问题,需要回答以下 3 个方面的问题：

(1)解决方案的缺点在什么地方?

(2)项目都影响到了哪些人?

(3)分析项目的影响都有哪些?

例如,客户跟踪项目的业务问题是公司没有维护客户的通信列表,这将影响到销售和送货部门,导致公司不能及时地了解订单出现的问题,以至于丢失客户。

3. 实施结果

此项目实施后,都会有哪些结果呢?从下面两个方面可以了解项目实施的结果：

(1)在解决方案实施后,公司将会有哪些变化?

(2)公司将如何从解决方案中受益?

4. 局限性

开发一个完美的项目需要考虑所有的因素,需要所有的因素支持。而在实际的生活中,并不是所有的因素都支持项目的成功,而且这些因素可能互相有冲突,因此,项目是在一定的限制条件下进行开发的,需要找出这些限制条件,并且区分出哪些不在项目经理的可控范围内。

5. 风险

项目的局限性是已经知道的限制条件,而项目的风险是未知的,风险是一种潜在的事物,会对项目产生不好的影响,例如导致项目延期或者导致项目质量下降。一个好的项目经理可以预测到大部分的项目风险,并且能制定相关的措施避免或者减少风险对项目带来的损失。

6. 假设

项目的开始,往往有很多不确定的因素,如果要把这些不确定因素都确定下来再去做开发,项目肯定要推迟了。因此项目经理在开始一个项目前需要作一些假设,所有的假设条件都需要通知项目干系人和开发团队。

7. 目标

项目的目标必须是可度量的。项目的主要目标是达到项目要求的结果,例如:

在三个月内达到使产品的生产周期由 10 天减少到 8 天;

客户抱怨度由每周 30 条变为每周 10 条。

8. 主要成功的因素(Critical Success Factor)

项目成功的因素很多,但并不是所有成功的因素都是主要成功的因素。一些项目成功的因素是可以度量的,而另外一些不可以。一般来说,一个项目需要列出 3～8 条可度量的成功因素。

11.2.2 定义项目范围

项目范围定义非常重要,它直接确定了项目的工作量、需求、项目需要的时间、预算等。定义好项目范围,可以帮助客户、主要干系人、开发团队对项目需求、功能、影响和局限性有统一确定的认识。

如何定义项目范围? 定义项目范围的方法很多,这里主要介绍 3 种。

1. 定义提交物

定义项目内部和外部需要提交的文档、数据、报表以及任何客户提出的有关硬件和软件的需求。

2. 定义范围数据

想要获取数据需要明确以下几个问题:

(1)数据从哪来? 流到哪儿去?

(2)数据是否有新的源头?

(3)此数据需要有什么接口来处理?

(4)这些数据如何使用?

(5)数据现在是否存储在文件中? 存储在哪些文件中?

3. 定义系统架构

列出系统所有的组件,例如:

SubSystem1	客户处理模块
SubSystem2	支付处理模块

11.2.3　项目文档模板

×××项目概念文档

项目名称——定义项目名称和项目类型

项目目标——从项目输出,质量,时间等方面描述项目目标

项目发起人——描述项目所有的发起人,并且区分每个发起人的关注的功能点

业务事件——描述公司在哪些方面可以从项目中受益

项目局限性和假设

描述衡量项目成功的主要因素

列出影响项目进度、预算的风险

项目预算—描述项目各项预算,包括人力成本、开发成本

列出项目需求

建议的解决方案和对应的原因

项目实施计划

项目沟通计划

11.3　分析项目需求

项目概念文档帮助了项目的启动,项目的成功很大程度上依赖于项目需求分析是否做得足够好。图 11-1 列出了项目各个阶段的错误导致项目失败的百分比,可以看出,需求分析阶段所占的比例最重。

11.3.1　需求的获取

在需求分析阶段,业务分析师从客户处获取最原始的需求,需求分析并不是一个人的工作,整个团队都可以参与到需求分析中来。有效的沟通技巧在需求分析阶段显得非常重要,项目经理和业务分析师必须保持和客户沟通顺畅,验证从不同来源处获取的需求。及时有效的沟通可以保证开发团队接受的需求和客户提供的需求是一致的,避免因误解而造成项目失败。

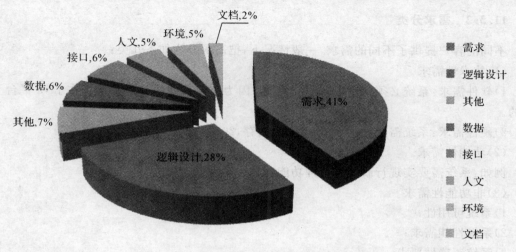

图 11-1　项目各阶段错误导致项目失败百分比

在需求获取的过程中，采取一些方法，可以更加有效地分析和理解需求。

1. 面对面沟通

项目组成员需要和客户沟通需求，提出问题，并由客户解答。项目组成员需要有沟通和提问的技巧。

2. 倾听

倾听，在与客户沟通的过程中，这点尤为重要。我们不但要明白客户所表达出的表层意思，还要发掘出客户深层次的需求。

3. 分析

开发团队从不同的来源处收集到很多的需求点，对收集到的需求点，开发团队需要根据功能分类总结，区分优先级。对于有冲突的需求点，需要再次分析并与客户确认，对于无效的需求，需要从需求文档中去除。

4. 需求开发

在需求阶段，除了需求获取外，需求开发也是需求阶段一个非常主要的工作。所谓需求开发，就是在与客户沟通的过程中，不仅仅听到客户表面的需求，还要在了解了客户表层需求的基础上，不断地问为什么，设置一些问题，通过让用户回答问题，了解用户深层次的需求。

5. 人际关系

项目组成员要掌握谈判的技巧，对收集到的每个需求点要区分优先级，并要解决不同客户提供需求之间的冲突。

6. 模块化组织的技巧

需要把零散的需求，根据功能、角色、用户等的不同分解成不同的模块，通过功能分解，达到更好的分析和设计的目的。

11.3.2　需求分类

不同的客户提供了不同的需求,一般情况下,把需求分为如下几类:

(1)技术性需求。

1)软件需求:系统必须使用 Java 语言实现,因为公司目前的信息系统是在 Java 平台下构建的。

2)硬件需求:系统需要提供 4GB 以上的内存,20GB 硬盘。

(2)功能性需求。

例如:系统需要实现行政区域管理功能。

(3)非功能性需求。

1)系统可用性;

2)系统性能需求;

3)系统正确性要求;

4)系统维护性需求;

5)系统扩展性需求。

(4)显性需求。

(5)隐性需求。

(6)行业标准。

区分这些需求,可以帮助开发团队理解项目范围,确定需求的优先级,确保开发团队和客户对需求达成一致。

11.3.3　创建项目需求规格说明书

软件需求规格说明书从项目的功能、性能、用户期望等方面对项目进行了定义,它使项目开发团队对项目质量要求有一个清晰的认识。图 11-2 显示了需求在整个项目开发过程中所处的位置。

通常情况下,软件需求规格说明书主要包括如下部分:

(1)项目介绍。

1)项目目的;

2)项目范围;

3)项目定义和约定;

4)目标用户;

5)业务背景。

(2)描述。

1)产品功能概述;

2)设计局限性;

3）系统运行环境。

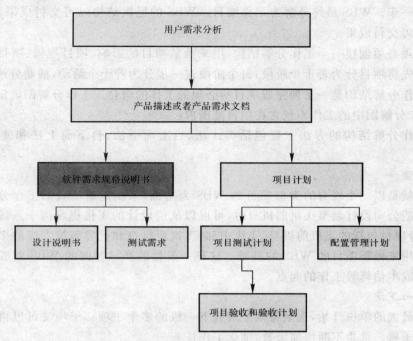

图 11-2　需求在项目中的位置

（3）需求说明。

1）功能性需求,包括系统每个功能点数据流图、输入、输出、处理流程等建议;

2）性能需求;

3）设计局限性;

4）外部接口需求;

5）产品行业标准;

6）其他非功能性需求。

（4）验收标准。

（5）附录。

以上列出了一般项目规格说明书包含的内容,项目开发团队可以根据自己的实际情况增加或者减少部分内容,目的是使项目开发团队和客户对项目达成一致的认识。

11.4　项 目 预 估

借用 PMP 的解释,WBS(Work Breakdown Structure)工作分解结构:对应当由项目团队执行以便实现项目目标,并创造必要的可交付成果工作,按可交付成果所作的层次分解。

WBS 将项目的整个范围组织在一起并加以明确。每向下分解一个层次，就意味着项目工作的定义深入了一步。WBS 最终分解为工作细目。WBS 的层次结构以可交付成果为对象，包括内部和外部可交付成果。

项目经理必须创建一个工作分解结构，用来预估项目的影响、项目规模、项目预算等。工作分解图首先将项目分为若干个阶段，每个阶段进一步分为若干个活动，活动分解为任务。

一个工作分解结构是一系列完成项目所必须的工作的组合。工作分解图确定了项目的范围，不在工作分解图中的工作不包含在项目范围内。

制定工作分解结构的方法主要包括类比法、自上而下法、自下而上法和使用指导方针等等。

1. 类比法

类比法就是以一个现有的类似项目的 WBS 为基础，来制定新项目的工作分解结构。比如某飞机制造公司设计新型飞机的机身时，可以以从前设计的飞机机身的子系统为基础。比如，飞机机身项目包括的飞机前机身、飞机中部、飞机后机身和机翼等第二层的多个子项都可以根据需要用来做新项目的 WBS 的基础。这种一般性的产品导向的 WBS 就成为新项目的范围定义和成本估算等工作的起点。

2. 自上而下法

从项目最大的单位开始，逐渐将其分解成下一级的多个子项。子项又可以再次分解成下一级更小的子项。就是不断增加级数，细化工作任务。

3. 自下而上法

开始尽可能地确定所有有关的任务，然后将各项具体任务归并到一个整体活动或 WBS 的上一级内容当中去。就是首先列出详细的任务清单，然后再对所有工作进行分类，将它们归入上一级的大项中。自下而上法一般都很费时，但对于 WBS 的创建来说，效果比较好。

4. 使用指导方针

许多项目都要求提交项目建议书。建议书必须包括针对 WBS 中每一项任务的成本估算，既有明细估算项，也有归总估算项。项目整体的成本估算必须是通过归总 WBS 底层各项任务成本而得到的。有关人员会对成本计划进行评审，如果承包商的成本估算与自己的成本估算有很大的出入，那一般就意味着需要再进一步修正。

制定 WBS 的过程：

(1)得到项目需求规格说明书。

(2)所有与项目相关的人员，一起讨论所有的项目工作，并且确定项目工作分解的方式。

(3)按照讨论的结果来分解项目工作。尽量利用现成的模板。

(4)制定出 WBS 的层次结构图。WBS 较高层次的一些工作可以定义为子项目或子生存周期阶段。

(5)将主要项目可交付成果细化为更小和更易于管理的工作包，工作包必须详细到可以对该工作包进行成本和历时的估算、更够安排进度、做出预算、分配负责人员和单位。

(6)验证并修改上述分解的正确性,删除没有必要的低层次项。

(7)建立编号系统,来区分不同的任务。

(8)根据其他正在进行的活动,反复更新和修正现有的 WBS。

11.5 创建项目计划

软件项目计划(Software Project Planning)是一个软件项目进入系统实施的启动阶段,按照 CMM 模型提供的要求和建议,制订软件项目计划的基本过程如下。

1. 指定责任人员和提供相应的经费,并根据需要进行必要的培训

这一步主要是明确责任到人,并且保证参与项目计划的人员具有相应的能力和制订计划所必需的资源。一般来说项目经理是制订计划的负责人,但是项目的相关人员要配合,积极参与。严格来说,项目经理应该是组织安排者,计划应该是项目成员共同制订的。这里的体现要求也是和 PM BOK 中的要求一致。制订计划是项目团队共同的责任,而不是项目经理个人的任务。

2. 根据文档化的过程选择或制订软件项目所选用的生命周期模型

这一步,主要是根据项目的要求,一般来说是工作陈述或者项目建议书,还有项目组的人力资源情况等各种因素,为本项目选择一个便于管理和接受的项目生命周期模型,例如瀑布模型,增量模型,迭代模型,等等。一般来说生命周期模型的选择和很多因素相关,主要分成三部分:产品特点,项目组人员的能力知识,客户要求或者说是商业环境要求。生命周期的选择没有固定的规则,很大程度上依赖于项目组的经验和能力。一般来说,如果项目的需求特别明确,技术复杂度较低,人员熟悉相关的业务,经验丰富,支持工具比较得力,那么选择比较简单的瀑布模型就可以了,在极端情况下,甚至可以采用化简后的瀑布模型;相反,如果项目的需求非常模糊,技术负责,项目人员对项目采用的技术不也熟悉,业务环境陌生,那么最好采用比较复杂的迭代增量模型,甚至是极为复杂的增量加迭代的喷泉模型,这样做当然会增加管理成本,但这是保证项目成功的基本管理方式。

3. 对软件项目需要建立和实施控制的软件工作产品要进行标识

这一步,主要是建立基本的 WBS 分解结构,因为软件项目交付物的特点为了实现最终的产品,需要一系列的中间产品,也叫做软件工作产品。确认标识出这些产品是控制进度的基础,这也是软件项目配置管理的要求。

软件开发项目比其他行业的项目更强调配置管理这个过程,在 PMI 制定的知识体系中,配置管理仅仅是作为一个集成变更控制活动中一个工具,而在 CMM/CMMI 模型中,配置管理被看成软件开发的基础保障。而配置管理的第一个要求就是对软件工作产品进行标识。

软件工作产品不仅仅包括项目完成后交付给用户的最终产品,也包括一系列中间产品,这也是由软件开发本身的特性所决定的。

4.对所有主要的软件工作产品和活动规模及其可能的变化进行规模估计

根据第三步得到的结果,对整个软件的规模进行估计,得到整个软件项目的工程量和各个 WBS 分解任务对应的工程量。这里面有两个概念:一个是软件的规模,另一个是估计。之所以提出软件规模,主要是为了确定整个软件开发项目完成任务目标所要花费的工程量,就像钢铁厂一样,描述这个工厂的生产量的大小,即用多少吨钢材,类似的建筑行业建设一个大楼基本的整个工作量的指标是建筑面积多少平方米,这个建筑平方米的大小,基本表明了整个建筑的工程量的大小。而软件项目同样需要有一个指标来衡量整个软件项目的工程量,而这也是规范化软件开发所要求,而在非规范的小项目中是没有被接受的概念,那么如何衡量一个软件项目的工作量呢?目前主要有两种方法,一种是代码行方法,另一种是功能点分析方法。

另一个概念就是估计,这是由软件的特点所决定的,与建筑行业等其他行业不同,建筑行业可以计算出准确的工程量。究其原因,是因为这些行业的很多工作成果,可以用普遍接受的物理量进行测量,而且测量的方式简单直接。例如,建筑的平方米,这是非常容易接受的概念,形成了统一的标准,在实践中也容易进行。因此在这些行业中项目工程量是计划的、准确的。相反,对于软件的度量,应该来说目前的这两种方法,并没有很明确的物理原理基础,就是在实践中,具体测量的方法和过程也并没有像其他行业一样,形成统一的标准,得到的结果并不是非常准确,因此只能说得到一个大概的数量,因此只能称为估计。

在这一步,要对以下内容进行估计:可操作的软件和支撑软件,交付的和非交付的工作产品,软件和非软件工作产品,开发、验证和确认工作产品的活动。

5.依据一个文档化的规程,对软件项目的工作量及成本进行估计

根据第四步得到的结果,对软件项目的工作量进行估计,然后根据工作量,来推算整个项目的成本,并且根据第三步的 WBS 结果,得到整个项目的工作量和成本以及每个任务的工作量和成本。

6.依据一个文档化的规程,对项目的关键计算机资源进行估计

按照 CMM 中的概念,关键计算机分为 3 类:开发用的资源(包括开发人员用的计算机设备,软件硬件工具,网络通信设备,开发用的服务器等等),测试用的资源(包括功能测试,压力测试用到的各种软件硬件设备),客户运行资源。根据项目要求,估计要求的计算机资源,根据这些资源来制定计划,在适当的时间获取这些资源,在适当的时候释放这些资源,提供给其他人使用。

通过建立功能点和项目所需要的计算机资源关系,特别是与开发用的资源关系,可以为项目的准确预算和横向比较提供参考。

7.依据一个文档化的规程,编制项目的软件进度表

有了以上的内容,再结合组织内部的组织结构(OBS)、人力资源状况、策略等,即可编制软件开发项目的进度表,详细列出每个活动的时间安排、使用的资源、责任人、确认方式等内容。

8.对与项目的成本、资源、进度及技术方面有关的软件风险要进行标识、评估和文档化

这一步要求对项目所面临的各种风险进行标识,按照规范化的流程,建立其风险管理措

施,如果有必要,可能需要对项目的工作任务分解、WBS、工作量、成本等进行适当的修正。风险管理是非常重要的,但不是本书描述的重点,如果有兴趣的读者请参考参考文献中的其他相关出版物。

9. 对项目所需要的软件工程设施及支持工具要作出计划

在软件项目中,还需要特别的支持,例如,特殊的测试工具,新的开发工具等等,这些虽然不是关键,但是要认识到,软件项目是一个复杂的系统工程,任何疏忽大意都会引起问题,因此要列出项目的每个细节,确保项目顺利和按部就班地进行。

11.6　管理项目风险

风险是不可预料的,常在项目的执行过程中发生,会对项目的进度、质量、预算产生负面的影响。例如,程序员 A 生病,需要请假一周;投资方资金不能及时到账等都属于项目风险,都会影响到项目的正常执行。

软件风险管理:软件风险管理是一个过程,受软件的设计人员、开发人员、测试和维护人员的影响,应用于软件的开发及各个方面,旨在确定影响软件的潜在重大因素,将软件的风险控制在可接受的程度内,从而为实现软件的目标提供合理保证。其中包括了对风险的量度、评估和应变策略。理想的风险管理,是一连串排好优先次序的过程,使其中的可以导致最大损失及最可能发生的事情优先处理,而相对风险较低的事情则稍后处理。

11.6.1　风险的识别

风险识别是风险管理的首要环节,只有在全面了解各种风险的基础上,才能够预测风险可能造成的危害,从而选择应对和处理风险的有效方法。

风险识别的方法很多,其中生产流程分析法是常见的方法之一。生产流程分析法是对企业整个生产经营过程进行全面分析,对其中各个环节逐项分析可能遭遇的风险,找出各种潜在的风险因素。生产流程分析法可分为风险列举法和流程图法。

(1)风险列举法指风险管理部门根据本企业的生产流程,列举出各个生产环节的所有风险。

(2)流程图法指企业风险管理部门将整个企业生产过程一切环节系统化、顺序化,制成流程图,从而便于发现企业面临的风险。

(3)头脑风暴,项目组相关人员开展头脑风暴,把项目运行中可能遇到的风险及其影响列出来并进行分析。

11.6.2　风险管理原则

微软公司认为,软件开发是一个风险驱动的过程,由此可看出风险管理在软件项目中的重要性。一个项目的风险有许多来源,如客户、进度、开发过程、人力资源等,忽视风险的后果可能是成本超支、进度推后,最严重的可能导致项目失败。

风险管理原则是:

(1)风险应该在整个项目的进程中一直被估计,并且作为项目决策的依据之一。

(2)有效的风险管理过程覆盖了所有关键的人力、过程、商务及技术领域。

(3)风险在纳入管理前必须被清晰地表述。

(4)重要的风险必须被优先处理。

风险管理过程包括以下阶段:风险识别、风险陈述、风险分析、风险处理、风险跟踪、风险控制、风险解除。

11.6.3 风险的处理

处理风险的常见方法有以下几种:

(1)降低风险发生的概率。采取措施消除或者减少风险发生的因素。例如为了防止火灾导致房子着火,采取增加防火栓、增加消防车等防范措施,可大大减少因火灾导致的损失。

(2)风险规避。通过计划的变更,来避免风险的发生。

(3)接受。对于不能转移的风险,只能接受。

(4)转移风险。在危险发生前,将风险转移出去。例如,通过飞机运送货物可能会遇到坠机的风险,可以通过火车运送来避免风险;或者自己开发产品会遇到技术风险,可以通过外包,转移给专业的外包公司。

11.7 项 目 关 闭

项目开发阶段完成,最终的产品提交,多数的项目团队人员认为项目已经结束。但是项目还有最后一个阶段:关闭阶段。

项目关闭阶段主要的工作有:

1. 安装和系统配置

项目开发完成后,开发团队还需要提供安装和配置服务,把系统部署在客户的服务器中。

2. 数据迁移

对于个别系统,需要把客户目前存在的数据导入到新系统中。

3. 项目签字

在项目验收性测试完成后,要求客户必须在项目完成文档上签字,表明项目在开发和实现过程中的问题都已解决,项目从此时进入维护阶段。

4. 项目总结

(1)文档归档:项目完成后,项目过程中产生的文档归档,放在公司的资源库中,供后续项目使用。

(2)项目总结:分析项目在时间管理,预算监控和技术方面有哪些值得学习,作为项目好的经验保存到文档库中；项目失败的点，也需要记录下来，避免后续项目重复相同的错误。

11.8　本章小结

　　软件项目管理是利用现有资源有效和高效地实现项目目标而执行的一系列活动。本章主要介绍了软件项目管理的基本概念、项目启动、项目需求分析、项目预估、项目计划创建、项目监控和项目质量保证等活动，帮助读者熟悉项目管理过程中主要的活动以及在这些活动中使用的方法和工具。

本 章 练 习

　　1. 需求分类有哪些？

　　2. 一个项目在进行规划的时候遇到了一个风险问题，项目经理需要决定是否采用方案 A，如果用方案 A，需要使用一种新的开发工具，通过使用这个工具可以获利 5 万元，否则将损失 1 万元。而能够掌握这个工具的概率只有 20%，利用决策树分析技术说明这个项目经理是否该采用方案 A。

第 12 章　敏捷软件开发

本章目标　随着软件产业的飞速发展,软件用户群体的急剧扩大,以及用户需求的复杂多样和快速变化,许多企业的软件研发团队陷入了不断增长的过程泥潭。为摆脱困境,软件领域的一些专家组成软件敏捷开发联盟,提出了一套快速响应用户需求变化、快速交付可用软件和以人为本的软件开发价值观与原则,即敏捷开发(Agile Development)。本章从敏捷开发的概念出发,对敏捷开发的概念、原则、模式与实践进行阐述,并介绍主要的敏捷开发方法,对具有代表性的敏捷开发方法——极限编程(Extreme Programming,XP)和 Scrum——进行详细的介绍。

通过对本章学习,读者应达到以下目标:

- 了解敏捷开发的概念和本质;
- 理解敏捷开发的实践原则;
- 理解并掌握 XP 的实践过程和特性;
- 理解 Scrum 模型及其应用。

12.1　敏捷开发概述

从 20 世纪 90 年代开始,继过程编程到面向对象编程的软件工程第一次变革,敏捷开发在敏捷联盟专家的推动下,逐渐为企业软件开发团队和世界各地程序员所接受,敏捷变革是正在进行的软件工程史上又一次范式转变。

12.1.1　什么是敏捷开发

"敏捷"相对于"迟钝",是快速应对变化的能力,敏捷开发是指能够在需求快速变化的情况下快速开发软件。敏捷开发更强调人在软件开发中的作用,具有开发团队与终端用户紧密协作、面对面的沟通、频繁交付新的软件版本、紧凑和高效的代码编写团队等特点。敏捷联盟宣言如下:

(1)人与交互　　　　重于　　过程与工具
(2)可以工作的软件　重于　　面面俱到的文档
(3)客户合作　　　　重于　　合同谈判
(4)随时应对变化　　重于　　遵循计划

虽然右项有其价值,但是左项更为重要。

12.1.2　敏捷开发实践原则

敏捷开发遵循 12 条重要原则,是敏捷开发实践区别于传统开发过程的主要特征。

1. 最优先要做的是通过尽早的、持续的、交付有价值的软件来使客户满意

敏捷开发实践中应尽早和频繁地向用户交付可用的软件版本。例如,在一个软件项目开始的两三周内,可向用户提交一个初步的可用的软件系统,此后每两周向用户提交可用的软件版本。用户在接收软件后,可集成到自己的产品中或者仅仅浏览试用系统所提供的初步功能,然后给出反馈意见,开发团根据用户意见调整下两周的工作计划,如此反复频繁的交付可用软件版本贯穿敏捷开发的全部过程。不同于传统的重型开发模型,敏捷开发必须有详尽的需求规格说明书罗列用户需求,依据用户需求来开发软件,最后交付软件的模式,敏捷开发让用户参与开发全程,与开发团队密切合作,面对面交流,快速响应用户需求变化,遵循尽早交付较少功能的早期软件版本,此后频繁交付响应用户需求变化的软件版本,直到最终交付用户满意的成功软件版本的原则。

2. 即使到了开发后期,也欢迎需求的变化,敏捷过程驾驭变化来为客户创造竞争优势

敏捷开发团队不怕变化,改变需求意味着团队所开发软件更适应市场变化,意味着距离成功更近一步。敏捷开发团队致力于保持软件结构的灵活性,当需求变化时,对系统造成的影响才会最小。面向对象的设计原则与模式可很好地实现软件结构的灵活性。

3. 经常交付可以工作的软件,从几个周到几个月,交付的时间间隔越短越好

在软件项目开始的几个周内尽早交付早期可工作的软件,此后每隔几个周或者几个月向用户交付可工作的软件,即便没有详尽的需求说明文档和周全的开发计划,在表面的无计划和无纪律下,敏捷开发团队仍可与用户紧密合作,有效交流,快速响应需求变化,不断交付可工作的软件版本,最终成功完成软件开发的终极任务,得到用户的认可。

4. 在项目整个开发期间,用户或作为用户代表的业务人员和开发人员必须朝夕相处

在敏捷软件项目开发的整个过程中,用户与敏捷团队的开发人员必须频繁地高效地交流,面对面的交流被认为是最行之有效的交流方式。软件项目不能如同发射自动导引的导弹一样,按下按钮后就万事大吉,而是在开发整个过程中需要不断地修正与引导,最终才能有效地成功地开发出符合用户需求的软件系统。软件开发往往不会依照之前设定的计划原路执行,中间对业务的理解、软件的解决方案肯定会存在偏差,所以客户、需求人员、开发人员以及涉众之间必须进行有意义的、频繁的交互,这样就可以在早期及时地发现并解决问题。

5. 以斗志高昂的人建立项目开发团队,高度信任团队成员并为其提供所需的环境和支持

敏捷开发中人是项目成功与否的至关重要的因素,其他如环境、管理和开发工具等都必须服从于人,例如开发团队的工作环境如果不利于交流,应立即改变工作环境以适应敏捷开发。以全身心的致力于软件开发的人建立敏捷开发团队,为团队提供良好的环境和支持,并坚信他们可以成功完成项目开发工作。

6. 在团队内部,最具有效果并且富有效率的信息传递方式就是面对面的交谈

在敏捷开发团队中,人与人交流的主要方式是面对面的交谈。敏捷开发不要求书写用户需求规格说明书、开发计划书和代码设计说明书等文档资料,如果团队开发认为有必要也可以书写这些文档。敏捷开发认为最详尽的文档就是软件的源代码,而最行之有效的交流方式就是简单的面对面交谈。

7. 可以工作的软件是进度主要的度量标准

敏捷开发的项目进度,主要以软件达到用户认可的程度来衡量。例如,如果用户认可了项目的 30% 功能,就可认为敏捷项目已经完成 30%,并不以执行项目的时间长度、生成的文档数据和完成的代码量为标准。

8. 敏捷过程提倡可持续开发,出资人、开发者和用户应该总是保持稳定的开发速度

敏捷开发不是 50 米短跑,而是马拉松比赛。敏捷开发团队在项目的开始阶段不能速度过快,而是要保持一定的速度,以稳定的持续的步伐跑完开发全部过程。项目开始开发速度过快会使团队人员精力消耗过大,无法持续长期开发,从而导致软件项目的惨败。敏捷开发团队应调整开发节奏,不能突击,不能超支成员能量换取短期的开发速度,应在一个稳定的持续的速度开发软件,进而高效的成功完成整个软件的最终交付。敏捷过程希望能够可持续的进行开发,开发速度不会随着开发任务不同而不同,不欣赏所谓的拼一拼就能完成的态度,因为完成一个项目后会接踵而来下一个项目,如果还是拼一拼的态度,下一个项目依旧会让你的团队成员再次突击,如此反复,成员的工作效率势必下降,严重影响敏捷开发的执行。例如,国内很多软件企业持续长期加班,超负荷的持续加班导致开发人员疲劳、厌倦,项目管理者误把长期持续开发理解为长期持续加班,保持长期恒定的速度也只能成为一种理想而已。

9. 不断地追求卓越技术和良好设计会增强敏捷能力

敏捷的关键是高质量的软件代码,高质量的代码应具有干净整洁与健壮性的特点。敏捷团队的成员应尽量编写高质量的代码,并致力于频繁构建和快速交付可工作的软件。敏捷开发方法如 XP、Scrum、测试驱动开发等,可有效地改善设计、代码可读性和代码执行效率。

10. 简单——尽量减少工作量的艺术是至关重要的

。敏捷团队不会试图去建立摩天大楼,而是以最简单的方法完成项目任务。敏捷团队不会去构建明天的软件,也不企图彻底解决今天软件开发中遇到的所有问题,而是以最简单最有效的工作方式面对今天存在的问题和明天即将出现的问题。

11. 最好的构架、需求和设计都源自自我组织的团队

敏捷团队是一个自我组织的团队(以下简称"自组织团队")。团队作为一个整体去外界交流,每个团队成员协同工作完成软件项目,项目的每行代码每个功能都会有团队每个成员的身影,不会由团队中的某个人去负责项目的架构、需求和设计,必须由团队中每个成员参加而后团体决策。在自组织团队中,管理者不再发号施令,而是让团队自身寻找最佳的工作方式来完成工作。要形成一个自组织团队必须经历几个时期,项目一开始就会组建"团队",很多时候是由构架师、需求人员、开发人员和测试人员组成的一群人。在经历了初期的磨合后,成员才会

开始对团队共同的工作理念与文化形成一个基本的认识和理解。团队内会逐渐形成规矩,而这些规矩是不言而喻的。比如,每个人都知道上午 9 点来上班,会主动询问别人是否需要帮助,也会去主动和别人探讨问题。如果团队成员之间能够达成这样的默契,那么这个团队将成为一个真正高效的工作团队。在自组织团队中成员之间相互理解,工作效率非常高,团队成员不需要遵从别人的详细指令,只需要更高层次的指导,也就是一个目标,一个致力于开发出更好的软件的目标。总而言之,自组织团队是一个自动自发、有着共同目标和工作文化的互相信任默契合作的团队。

虽然敏捷团队是以团队为整体来工作的,但是有必要指明承担一定任务的角色。第一个角色是产品所有者(Product Owner)。产品所有者的主要职责包括:确认团队所有成员都在追求一个共同的项目前景,确定功能的优先级以便总是在处理最具有价值的功能,以及作出决定使得对项目的投入可以产生良好的回报,对应为以前开发中的"产品经理"。第二个角色是团队开发人员(Developer),开发人员包括架构师、设计师、程序员、需求人员、测试人员、文档编写者等,有时产品所有者也可被看做是开发人员。还有一个重要角色就是项目经理(Project Manager),敏捷开发团队中的项目经理会更多的关注从高层来的对团队目标的规划,而不仅仅是团队的内部管理。在某些项目中,项目经理可能同时也是开发人员,有时候也会担任产品所有者的角色。

12. 每隔一定时间,团队都要总结如何协作更有效率,然后相应地调整自己的行为

敏捷团队必须不断地进行团队内组织、规定、条例和成员关系等调整,通过不断的调整和反省,更好地适应不断变化的外界环境和用户需求,提高工作效率,保持团队的敏捷性。

12.1.3　敏捷开发方法

敏捷开发原则在理论上规划了敏捷软件开发的方向,为了达到原则规划的敏捷性,需要使用一系列有效的方式和方法实践敏捷原则。敏捷软件开发方法学包括极限编程(XP)、Scrum、动态系统开发方法(Dynamic System Development Method)、Crystal 和 Lean 等,这些方法都着眼于快速交付高质量的工作软件,并做到客户满意。

尽管构成敏捷开发过程的每种方法都具有类似的目标,但是它们实现这个目标的做法却不尽相同。下面将对敏捷开发的代表性方法——XP 编程和 Scrum——进行详细介绍。

12.2　极限编程(XP)

极限编程(XP)是敏捷软件开发中最富有成效的方法学之一。XP 强调可适应性而不是可预测性,欣然接受软件需求的不断变化,认为有能力在项目周期的任何阶段去适应变化,采用传统软件工程中认为"极端的"方法更好地适应用户需求,敏捷开发高质量用户满意的软件。

XP 是一个轻量级的、灵巧的软件开发方法,同时也是一个非常严谨和周密的方法。XP 的基础和价值观是沟通、反馈和勇气;即任何一个软件项目都可以从 4 个方面入手进行改善:

加强交流、从简单做起、寻求反馈、勇于实事求是。XP 是一种近螺旋式的开发方法,将复杂的开发过程分解为一个个相对比较简单的小周期,通过积极的交流、反馈以及其他一系列的方法,开发人员和客户可以非常清楚开发进度、变化、待解决的问题和潜在的困难等,并根据实际情况及时地调整开发过程。

12.2.1　XP 的提出

在软件工程概念出现以前,程序员会按照自己喜欢的方式开发软件。程序的质量很难控制,调试程序很烦琐,程序员之间也很难读懂别人写的代码。1968 年,EdsgerDijkstra 给CACM 写了一封题为 GOTO Statement Considered Harmful 的信,软件工程的概念由此诞生。程序员开始摒弃以前的做法,转而使用更系统、更严格的开发方法。为了使控制软件开发和控制其他产品生产一样严格,陆续制定了很多规则和做法,发明了很多软件工程方法,软件质量开始得到大幅度提高。随着遇到问题的增多,规则和流程也越来越精细和复杂。直到今天,随着软件项目的规模和难度逐渐加大,在实际开发过程中,很多规则已经难以遵循,很多项目中文档的制作过程正在失去控制。人们试图提出更全面更好的方案,或者寄希望于更复杂的、功能更强大的辅助开发工具(Case Tools),但总是不能成功,而且开发规范和流程变得越来越复杂和难以实施。为了赶进度,程序员经常跳过一些指定的流程,很少人能全面遵循那些重量级开发方法。

软件项目失败的原因很简单,这个世界没有万能药。因此,一些人提出,将重量级开发方法中的规则和流程进行删减、重整和优化,这样就产生了很多适应不同需要的轻量级流程。在这些流程中,合乎实际需要的规则被保留下来,不必要的复杂化开发的规则被抛弃。而且,与传统的开发方法相比,轻量级流程不再像流水生产线,而是更加灵活。

XP 是一种灵巧的轻量级软件开发方法。

极限编程是由 Kent Beck,Ward Cunningham 和 Ron Jeffries 三人在 1996 年在开发Chrysler Comprehensive Compensation System 时,为改善项目开发而提出的一种方法。虽然该软件系统并未获得最后的成功,但是 XP 编程却被此后的很多软件项目所采纳。XP 编程的思想如下:

(1)一种社会性的变化机制;

(2)一种开发模式;

(3)一种改进的方法;

(4)一种协调生产率和人性的尝试;

(5)一种软件开发方法。

XP 编程是敏捷开发方法的一种,主要目标为减少因需求变更而带来的系统变动和降低因需求变化而带来的成本增加。

12.2.2 XP 实践

XP 是最著名的敏捷开发方法之一,由一套简单传统的开发方法协同工作,从而达到"Extreme"(极限)的项目实践效果。对比传统的项目开发方式,XP 强调把列出的每个方法和思想做到极限、做到最好,并默契配合协同工作;其他 XP 所不提倡的,则一概忽略(如开发前期的整体设计等)。一个严格实施 XP 的软件项目,其开发过程应该是平稳的、高效的和快速的,能够做到一周 40 小时工作制而不拖延项目进度,并成功交付。XP 的实践包括:

1. 现场客户(On-site Customer)

XP 要求用户与开发人员紧密联系,互相了解对方在项目实施过程中遇到的问题,并共同面对协作解决问题。XP 中用户可以是一个人或一群人,可以是与开发人员在同一企业中的市场人员或产品经理,也可以是软件终端用户群的代表,也可以是软件出资者。无论 XP 中的用户是谁,都应该是 XP 团队中的一员。如果条件允许,用户最好能与开发人员在一间办公室内工作,或者两者工作在同一栋大楼内,距离决定了用户是否真正成为 XP 团队的一员。如果用户在其他城市甚至其他国家,要实现真正的 XP 团队将只能是理想。如果真正的用户由于客观原因无法加入 XP 团队,建议在团队中设置特定的人员扮演并承担用户的角色。

2. 用户需求

软件项目开始必须了解用户的需求,但是 XP 项目并不需要了解用户所有需求的所有细节,仅仅需要了解需求的大概轮廓,因为在随后的开发过程中,用户需求会不断地变更,XP 开发人员必须敏捷响应这种变化。XP 开发人员与用户面对面沟通和交流,能准确把握用户对软件系统的期望,也可采用交流索引的方式记录每次与用户的谈话内容,或者制作交流备忘录卡片,用精炼的文字概括描述用户需求以及每次变更,并由用户与开发人员签名确认需求变化,以及因变化而产生的成本和时间代价。交流备忘内容也可作为制订下一步开发计划的依据。

3. 短交付周期

XP 项目要求每两周交付一次可工作的软件,如此反复用可工作的软件迭代此前交付的软件,每次迭代适应用户的需求变化。有效实施短交付周期的软件迭代,首先需要制定迭代计划,迭代周期一般为两周,根据与用户交流的结果,在开发人员进行可行性预测的基础上,用户与开发人员达成协议,允许少量更改后的功能不放在用于迭代的产品中,一旦迭代计划开始实施后,开发人员可以自由分割与细化用户需求以便于编程实现;其次需要制定发布计划,XP 团队应制定包含 6 次迭代的详细发布计划,一次发布一般为期 3 个月,要求绝大部分更改后的功能放在用于迭代的产品中,其中更改主要针对用户需求中优先级较高的部分,用户需求与开发人员的成本与耗时预算达成协议,用户可确定用户发布的软件中需要修改的功能的优先级别,如果有必要也可由 XP 团队成员一起细化发布计划中每次迭代所要完成的变更。当然发布计划并不能一成不变,用户的需求会随时变化,或增加新的需求或取消原有需求,或改变需求的优先级别。

4. 验收测试

不同于白盒测试的单元测试,验收测试是黑盒测试。它并不关心软件系统功能的内部实现细节,而是把软件系统当做一个整体进行测试,在用户需求变更的基础上,可直接由用户编写,或者代表用户的技术人员编写,也可能由软件质量保证人员编写实现。验收测试一般采用脚本语言编写,可执行是系统功能的最终确认文档。在 XP 早期发布计划的周期迭代中,建议采用人工的方法手动进行验收测试,而 XP 后期发布计划中,建议编程自动实现验收测试。验收测试是一项烦琐的工作,但是如果将验收测试分解到 XP 项目的每个步骤中,可在简化工作的同时凸显验收测试对 XP 项目成功的卓越成效。

5. 结对编程（Pair Programming）

XP 项目中所有代码由开发人员结对完成,结对编程中两个程序员使用同一台电脑,一个敲击键盘输入代码,另外一个在傍观看并负责查找错误。结对编程的程序员可随时更换角色,频繁地更换角色可充分发挥每个程序员的才能。XP 项目中程序员每天可与不同的团队成员结对编程,频繁更换结对对象,一方面有利于增进团队成员的了解,也可加快团队中专家知识在团队中的传播;另一方面使项目代码处处留下每个团队成员的足迹,软件系统就是团队协作努力的结晶。

6. 集体所有权

XP 项目中结对编程所开发的代码,包括 GUI,中间件和数据库不属于团队中任何个人所有,而是团队集体所有。XP 并不否认个人专长,如果一个开发人员擅长 GUI 开发,可能会主要结对负责 GUI 的编写,当然也可以结对编写中间件或者数据库部分的代码,这样就可以向擅长中间件和数据库的开发人员学习,从而不再仅仅局限于 GUI 的编程。

7. 测试驱动（Test-driven）

XP 项目实施就是使得失败的测试单元成功的过程。测试单元失败是因为被测的源代码不全,编写源代码使得测试单元成功。测试单元与源码单元同步开发,频繁交互,直到软件项目的测试系统与软件系统基本同时成功完成,测试驱动的开发可保障程序源码的成功执行,每次需求的变换导致代码的重新编写,都必须保证测试单元成功执行。测试驱动开发要求软件模块尽量独立测试成功,有效降低了系统功能的耦合性,测试驱动可用此后讨论的代码重构来实现。

8. 持续集成（Continuous Integration）

XP 项目开发人员每天可数次集成系统,并遵循最简单的原则:由最先导出代码的人负责集成,其他开发人员负责合并修改后的代码。XP 团队采用无级别的代码安全控制原则,意味着团队中任何成员可在任意时间无障碍导出系统的任意代码模块,并要求导出修改后的代码导入后应成功合并到系统中,所以开发人员应频繁地导入被修改代码,不能长时间的持有代码。XP 项目中结对编程的开发人员按照先编写测试驱动,然后编写源代码,再反复迭代,保证 1~2 h 完成一项任务的开发,如果特殊任务需要开发时间较长,也要保证所有测试程序成功后再将代码导入到库中,如果所提交的代码导致系统无法成功集成,则需要反复修改最终保证测试程序成功并系统集成成功。XP 团队需要每天构建集成系统若干次，而且是从头到尾彻底构建集成整个系统，例如开发一个网站系统，则彻底构建集成意味着在测试服务器上安装该网站系统。

9. 可持续的开发速度

XP 项目不是短跑，而是马拉松比赛，XP 团队在跃出起跑线后不能过于疯狂地一味加速，这样会在到达终点之前耗尽团队成员的能量，从而导致项目的失败。XP 团队应以稳定的可持续的开发速度尽量快速地完成项目的开发，XP 项目不允许成员无谓长期地加班，要保存体力和脑力，如果在项目开发后期发现与计划的发布时间存在差距时，成员可适当延长工作时间从而保证项目按计划成功完成。

10. 开放工作空间

XP 团队应该在这样的开放环境中工作：每个工作台上有 2～3 台开发用的电脑，每个电脑前有两把椅子，四周的墙壁上张贴着项目进度表、系统模块划分图和 UML 表格等资料。结对编程的开发人员低声热烈地讨论着，每个人都可以听到别人遇到的困难，每个人都了解别人的进度。有人会担心这样的环境会让开发人员分心，在嘈杂的环境中会无法专心开发，但是密西根大学的专家通过实验给出了肯定的答案，开放的充满"火药味"的工作空间会意想不到地提高工作效率。

11. 计划（Planning Game）

XP 项目中的计划是指开发人员与用户之间在开发成本和系统实现功能之间的权衡，用户决定首先开发的必须实现的重要功能，开发人员预算开发和实现这些功能需要的资金和时间，在每个发布计划和迭代周期开始之前，用户与开发人员要达成共识，再通过频繁的发布和迭代最终成功实施 XP 项目。

12. 简单设计（Simple Design）

XP 团队奉行简单设计的原则，如果可以采用写文件实现的功能，就不用数据库；如果可以用 Socket 连接解决问题，就不用 ORB 或者 RMI；如果可以用单线程实现，就不同多线程。XP 团队认真考虑系统开发中必须采用的技术和工具，如果有充分的证据显示需要数据库，需要 ORB，就一定会在系统开发初期留有接口。XP 团队无法容忍代码的重复，不能容忍复制代码，无论何时一旦需要按下"Ctrl＋C"和"Ctrl＋V"时，XP 团队一定会写函数或者基类来实现，如果两个算法实现非常相似，XP 团队一定会写模版函数来实现，XP 团队绝不允许代码复制。

13. 重构（Refactoring）

XP 重构是在不改变系统外部行为的前提下，对内部结构进行整理优化，使得代码尽量简单、优美、可扩展。程序的设计会逐渐腐败变质，当开发人员只为短期目的，或是在完全理解整体设计之前时，贸然修改代码，程序将逐渐失去自己的结构，程序员愈来愈难通过阅读源码而理解原本设计。重构不是编写代码实现功能，而是修改和整理已有代码，就是让所有东西回到应该的位置。重构可使代码易于理解，系统设计更加优化，有助于提高编程速度和 Bug 定位，详细的重构原则可参考 Martin Flowler 经典著作《重构》。

14. 系统隐喻（System Metaphor）

XP 实践中最难以理解的就是隐喻，甚至很多 XP 支持者认为应该去掉隐喻这一项，但是有时候隐喻是 XP 实践中最有效的。例如，在拼图游戏中，如果参照最终的大图将很快完成游戏，隐喻就是 XP 项目中的大图，如果发现某个模块功能与系统隐喻不符合，则模块功能一定存在错误，有时候隐喻会使得 XP 项目事半功倍。

12.2.3　XP 特点

（1）XP 不采用瀑布式的软件工程方法，而采用原型法。将一个软件开发项目分为多个迭代周期，每个周期实现部分软件功能。在每个周期都进行提出需求、设计软件架构、编码、测试、发布的软件开发的全过程。每个周期都进行充分的测试和集成。这样的好处是可以不断地从客户方面得到反馈，更逼近实际的软件需求。通过频繁的重新编码的过程，可以尽量适应功能更改的需求，同时增加软件的易维护性。在不断的迭代中，避免架构设计的重大失误造成的软件不能如期交工，避免了软件设计的风险。

（2）在软件设计中，强调简单性，坚决不做用不到的通用功能。同时，也不刻意避免重新编码，只有不断地重新编码才能保证软件的合理性。不害怕对整个软件推倒重做，认为重新编码是很正常得现象。每次重新编码都会大大减少软件中的隐藏问题。

（3）在专业分工中，提出在开发团队中要有全职的客户人员参与，同时在软件团队中也要有自己的领域专家。这样，可以和客户充分交流，彻底了解应用需求。而且软件需求的提出不是一次性的，而是不断地交流。在团队成员分工上，强调角色轮换，项目的集体负责，分工的自愿性。分工的自愿性就是每个人的工作内容不是由项目经理分派，而是由每个人自愿领取，这样保证了每个人可以发挥自己的特长，适应自己的情况。当然，在每个问题上都要有唯一的决策人，同时也要经过充分的交流和沟通。角色轮换就是在项目中，一个人在不同的周期中担任不同的角色，可以保证每个人对项目的整体把握，方便项目中的沟通和理解。项目的集体负责，就是每个人不仅要完成自己的工作，更要对整个项目的完成负责，任何人都可以对工作的任何部分提出自己的建议，任何人都可以从事任何工作，任何人都要对整个项目熟悉。这样做的优点是可以充分的锻炼人，可以发挥每个人的积极性，可以使项目不依赖于某个特定的人，方便今后软件的维护，通过工作内容的变换可以提高工作人员的兴趣。通过角色轮换还可以使每个人都劳逸结合，方便相互理解，避免由于不理解而造成的各种配合问题。

（4）提出了结对编程的思路，每个模块的编码都是两个人一起完成，共用一台计算机。这样，一个人编码时，另外一个人就可以检查代码，或对编码的思路进行思考，写文档等。不再有另外的测试人员，两个人同时完成代码的测试，并且先写测试程序然后再编程。这样避免了编程人员和测试人员的矛盾，也解决了一个人自己检查的局限性。两个人共同检查可以避免大多数的错误，在共同编程中还可以进行经验的交流和传授，也避免了将一个工作一直干下去的枯燥，交流增加了情趣。并且两个人共同工作也增加了工作量的弹性，使项目计划的瓶颈工作能尽快解决。根据成对编程的思路，开发小组也可以分为两个小组，一个小组进行开发，另一个小组作改进和 Bug 修正等工作,也有同样的效果。

(5)在软件开发的顺序上与传统方法完全相反。传统方法是按照整体设计、编写代码、进行测试、交付客户的方法。而 XP 是按照交付客户、测试、编码、设计的顺序来开发。首先将要交付客户的软件界面做出来,先让客户对软件有实际体验,这样,可以获得客户更多的反馈,使需求可以在开发前确定。在编码前就先把测试程序做好,这样,编码完成后就可以马上进行测试。通过不断地测试来保证软件的质量。在进行软件架构设计之前就进行编码,可以使问题更早暴露,可以使最后的软件设计更体现编码的特点,更符合实际,更容易实现,也保证了设计的合理,保证了软件设计的大量决定的正确性。

(6)在项目计划的实现上,每次的计划都是技术人员对客户提出时间表,由最后的开发人员对项目经理提出编码的时间表。这种计划都是从下而上的,不是从上而下的,这样更容易保证计划的按时完成。同时,多个迭代周期也使工期的估计越来越精确。

12.2.4 XP 的核心价值

XP 提供了 10 年来最大的一次机会,给软件开发过程带来彻底变革。如 Tom DeMarco 所说,"XP 是当今我们所处领域中最重要的一项运动。预计它对于目前一代的重要性就像 SEI 及其能力成熟度模型对上一代的重要性一样。"

XP 规定了一组核心价值和方法,可以让软件开发人员发挥他们的专长:编写代码。XP 消除了大多数增量型过程的不必要产物,通过减慢开发速度,减少耗费开发人员精力的工作(例如甘特图、状态报告,以及多卷需求文档),从而达到提高开发效率的目的。Kent Beck 在 *Extreme Programming Explained*:*Embrace Change* 一书中概括了 XP 的核心价值,总结如下:

(1)交流。项目的问题往往可以追溯到某人在某个时刻没有和其他人一起商量某些重要问题上。使用 XP,不交流是不可能的事。

(2)简单。XP 建议总是尽可能围绕过程和编写代码做最简单的事情。按照 Beck 的说法,"XP 就是打赌。它打赌今天最好做些简单的事,而不是做更复杂但可能永远也不会用到的事。"

(3)反馈。更早和经常来自客户、团队和实际最终用户的具体反馈意见,提供更多的机会来调整开发人员的力量。反馈可以让开发人员把握住正确的方向,少走弯路。

(4)勇气。勇气存在于其他三个价值的环境中,它们相互支持。需要勇气来相信一路上具体反馈比预先知道每样事物来得更好;需要勇气来在可能暴露无知时与团队中其他人交流;需要勇气来使系统尽可能简单,将明天的决定推到明天做。而如果没有简单的系统、没有不断的交流来扩展知识、没有掌握方向所依赖的反馈,勇气也就失去了依靠。

12.2.5 XP 案例分析

某亚洲领先的电子商务解决方案供应商,在 J2EE 架构的项目执行方面有丰富的经验,但

是由于具体项目时间和成本的限制,出现了许多问题,主要有以下两点:

(1)项目交付后,用户提出很多的修改意见,有些甚至涉及系统架构的修改。出现这种情况的主要原因是很多项目虽然是采用增量迭代式的开发周期,但是在部署前才发布版本,用户只是在项目部署后才看到真正的系统,因此发现很多界面、流程等方面的问题。

(2)对于用户提交 Bug 的修改周期过长。开发人员在作开发的时候,对于单元测试的重视程度不够,模块开发结束后就提交给测试人员进行测试,而测试人员由于时间的关系,并不能发现所有的问题;在用户提交 Bug 后,开发人员由于项目接近尾声,对于代码的修改产生惰性,同时又没有形成有效的回归测试方法,因此,修改的周期比较长。

2002 年 5 月,该公司决定在一个新的项目中启用 XP 的一些最佳实践,来检验其效果,期望解决公司面临的困难。该项目是为一家国际知名手机生产厂商的合作伙伴提供手机配件定购、申请、回收等服务,项目的情况如表 12 - 1 所示。

表 12 - 1　项目情况

条　目	描　述
项目名称	合作伙伴管理系统
处理工作流程	9 个
项目周期	43 个工作日
项目金额	25 万
项目小组人员	5 人,其中资深顾问 2 名

该项目是一个小型项目,而且项目小组成员对于 XP 在项目开始之前都有一定的了解,另一方面,客户要求的项目周期比我们预期估计的时间有一定的余地,因此决定利用这个项目进行 XP 的试验性实践。

1. XP 项目实施过程

下面结合项目的具体情况,讨论一下 XP 的 10 个最佳实践。

(1)现场客户(On-site Customer)。

1)XP。要求至少有一名实际的客户代表在整个项目开发周期在现场负责确定需求、回答团队问题以及编写功能验收测试。

2)评述。现场用户可以从一定程度上解决项目团队与客户沟通不畅的问题,但是对于国内用户来讲,目前阶段还不能保证有一定技术层次的客户常驻开发现场。解决问题的方法有两种:一是可以采用在客户那里现场开发的方式,二是采用有效的沟通方式。

3)项目。首先,在项目合同签署前,向客户进行项目开发方法论的介绍,使得客户清楚项目开发的阶段、各个阶段要发布的成果以及需要客户提供的支持等;其次,由项目经理每周向客户汇报项目的进展情况,提供目前发布版本的位置,并提示客户系统相应的反馈与支持。

（2）可持续的开发速度。

1）XP。要求项目团队人员每周工作时间不能超过 40h，加班不得连续超过两周，否则反而会影响生产率。

2）评述.该实践充分体现了 XP 的"以人为本"的原则。但是，如果要真正地实施下去，对于项目进度和工作量合理安排的要求就比较高。

3）项目。由于项目的工期比较充裕，因此，很幸运地并没有违反该实践。

（3）计划（Planning Game）。

1）XP。要求结合项目进展和技术情况，确定下一阶段要开发与发布的系统范围。

2）评述：项目的计划在建立起来以后，需要根据项目的进展来进行调整，一成不变的计划是不存在的。因此，项目团队需要控制风险、预见变化，从而制定有效、可行的项目计划。

3）项目。在系统实现前，首先按照需求的优先级做了迭代周期的划分，将高风险的需求优先实现；同时，项目团队每天早晨参加一个 15 min 的项目会议，确定当天以及目前迭代周期中每个成员要完成的任务。

（4）系统隐喻（System Metaphor）。

1）XP.通过隐喻来描述系统如何运作、新的功能以何种方式加入到系统。它通常包含了一些可以参照和比较的类和设计模式。XP 不需要事先进行详细的架构设计。

2）评述。XP 在系统实现初期不需要进行详细的架构设计，而是在迭代周期中不断地细化架构。对于小型的系统或者架构设计的分析会推迟整个项目的计划的情况下，逐步细化系统架构倒是可以的；但是，对于大型系统或者是希望采用新架构的系统，就需要在项目初期进行详细的系统架构设计，并在第一个迭代周期中进行验证，同时在后续迭代周期中逐步进行细化。

3）项目。开发团队在设计初期，决定参照 STRUTS 框架，结合项目的情况，构建了针对工作流程处理的项目框架。首先，团队决定在第一个迭代周期实现配件申请的工作流程，在实际项目开发中验证了基本的程序框架；而后，又在其他迭代周期中，对框架逐渐精化。

（5）简单设计（Simple Design）。

1）XP.认为代码的设计应该尽可能简单，只要满足当前功能的要求即可。

2）评述。传统的软件开发过程，对于设计是自上而下的，强调设计先行，在代码开始编写之前，要有一个完美的设计模型。它的前提是需求不变化，或者很少变化；而 XP 认为需求是会经常变化的，因此设计不能一蹴而就，而应该是一项持续进行的过程。

Kent Beck 认为对于 XP 来说，简单设计应该满足以下几个原则：

①成功执行所有的测试；

②不包含重复的代码；

③向所有的开发人员清晰地描述编码以及其内在关系；

④尽可能包含最少的类与方法。

对于国内大部分的软件开发组织来说，应该首先确定一个灵活的系统架构，而后在每个迭代周期的设计阶段可以采用 XP 的简单设计原则,将设计进行到底。

3)项目。在项目的系统架构经过验证后的迭代周期内,始终坚持简单设计的原则,并按照 Kent Beck 的四项原则来进行有效的验证。对于新的迭代周期中出现需要修改既有设计与代码的情况,首先对原有系统进行"代码重构",而后再增加新的功能。

(6)测试驱动(Test-driven)。

1)XP。强调"测试先行"。在编码开始之前,首先将测试写好,而后再进行编码,直至所有的测试都得以通过。

2)评述。RUP 与 XP 对测试都是非常的重视,只是两者对于测试在整个项目开发周期内首先出现的位置处理不同。XP 是一项测试驱动的软件开发过程,它认为测试先行使得开发人员对自己的代码有足够的信心,同时也有勇气进行代码重构。测试应该实现一定的自动化,同时能够清晰地给出测试成功或者失败的结果。在这方面,xUnit 测试框架做了很多工作,因此很多实施 XP 的团队,都采用它们进行测试工作。

3)项目。在项目初期就对 JUnit 进行了一定的研究工作,在项目编码中,采用 JBUILD-ER6 提供的测试框架进行测试类的编写。但是,不是对所有的方法与用例都编写,而只是针对关键方法类、重要业务逻辑处理类等进行。

(7)重构(Refactoring)。

1)XP。强调代码重构在其中的作用,认为开发人员应该经常进行重构,通常有两个关键点应该进行重构:对于一个功能实现和实现后。

2)评述。代码重构是指在不改变系统行为的前提下,重新调整、优化系统的内部结构以减少复杂性、消除冗余、增加灵活性和提高性能。重构不是 XP 所特有的行为,在任何的开发过程中都可能并且应该发生。

在使用代码重构的时候要注意,不要过分地依赖重构,甚至轻视设计,否则,对于大中型的系统而言,将设计推迟或者干脆不作设计,会造成严重的后果。

3)项目。在项目中将 JREFACTORY 工具部署到 JBuilder 中进行代码的重构,重构的时间是在各个迭代周期的前后。代码重构在项目中的作用是改善既有设计,而不是代替设计。

(8)结对编程(Pair Programming)。

1)XP。认为在项目中采用成对编程比独自编程更加有效。成对编程是由两个开发人员在同一台电脑上共同编写解决同一问题的代码,通常一个人负责写编码,而另一个负责保证代码的正确性与可读性。

2)评述。其实,成对编程是一种非正式的同级评审(Peer Review)。它要求成对编程的两个开发人员在性格和技能上应该相互匹配,目前在国内还不是十分适合推广。成对编程只是加强开发人员沟通与评审的一种方式,而非唯一的方式。具体的方式可以结合项目的情况进行。

3)项目。在项目中并没有采用成对编程的实践,而是在项目实施的各个阶段,加强了走查以及同级评审的力度。需求获取、设计与分析都有多人参与,在成果提交后,交叉进行走查;而在编码阶段,开发人员之间也要在每个迭代周期后进行同时评审,从而达到了结对编程的效果。

(9)集体所有权。

1)XP。认为开发小组的每个成员都有更改代码的权利,所有的人对于全部代码负责。

2)评论。代码全体拥有并不意味者开发人员可以互相推诿责任,而是强调所有的人都要负责。如果一个开发人员的代码有错误,另外一个开发人员也可以进行 Bug 的修复。

目前,国内的软件开发组织,可以在一定程度上实施该实践,但是同时需要注意一定要有严格的代码控制管理。

3)项目。在项目开发初期,首先向开发团队进行"代码全体拥有"的教育,同时要求开发人员不仅要了解系统的架构、自己的代码,同时也要了解其他开发人员的工作以及代码情况。这个实践与同级评审有一定的互补作用,从而保证人员的变动不会对项目的进度造成很大的影响。在项目执行中,有一个开发人员由于参加培训,缺席项目执行一周,由于实行了"代码全体拥有"的实践,其他的开发人员可以成功地分担该成员的测试与开发任务,从而保证项目的如期交付。

(10)持续集成(Continuous Integration)。

1)XP。提倡在一天中集成系统多次,而且随着需求的改变,要不断地进行回归测试。因为,这样可以使得团队保持一个较高的开发速度,同时避免了一次系统集成的恶梦。

2)评述。持续集成也不是 XP 专有的最佳实践,著名的微软公司就有每日集成(Daily Build)的成功实践。但是,需要注意的是,持续集成也需要良好的软件配置变更管理系统的有效支持。

3)项目。使用 VSS 作为软件配置管理系统,坚持每天进行一次的系统集成,将已经完成的功能有效地结合起来,进行测试。

以上是 XP 的最佳实践在项目中的应用情况,以下是该项目的详细统计数据:

条 目 描 述	条 目 值
项目开始时间	2002/4/25
项目预期结束时间	2002/6/28
项目实际结束日期	2002/7/2
项目预计成本	199080
项目实际成本	177340
CPI	1.155
SPI	1.028

其中,项目执行过程中提交了一个"用户需求变更",该变更对于项目周期的影响为 6 个工作日。项目实施后,在用户接收测试中,只提交了 2 个 Bug,而且在提交当天就得到了解决。最终,项目开发软件运行平稳,并得到了用户的好评。因此,认为该项目顺利通过开发交付阶

段,进入后期维护阶段,以上实践证明 XP 在该项目中的实施有效地保证了项目质量和项目周期。

2. XP 项目实施成功总结

在该项目实施过程中并没有死板地照搬 XP 方法,如需求分析阶段,还是采用 Use Case 来对需求进行描述,而不是 XP 规定的 CRC 卡片;在系统分析与设计阶段,首先进行系统的架构设计,而不是简单地套用 XP 的"简单设计"实践。目前,国内执行 XP 的理想情况应该是:在保持组织既有的开发过程和生命周期模型的情况下,根据应用类型、项目特点和组织文化,借鉴、采取个别对项目有效的 XP 做法,将 RUP 进行一定的剪裁,形成自己的软件开发过程。

在该项目的实施过程中,XP 对于执行者的要求比较高,因为它要求开发团队必须具备熟练的代码设计技能和严格的测试保障技术,了解面向对象和模式,掌握了重构和 OO 测试技术,习惯测试先行的开发方式,等等。因此,对于目前国内的软件开发组织来说,应该首先加强对于软件开发过程化和系统架构设计的掌握,然后,才是利用 XP 等敏捷方法来完善软件开发过程。

12.3 Scrum

Scrum 概念是 1986 年竹内广隆和野中郁次郎基于制造业背景提出的,在 1993 年 Easel 公司首次将 Scrum 用于软件开发和实施,此后被数十家公司在数百个软件项目中应用,主要适用于需求难以预测的复杂商务应用产品的开发。Scrum 作为一种卓有成效的敏捷软件开发方法,一种迭代式增量软件开发过程,在最近几年也逐渐在国内流行了起来。Scrum 将用于工业过程控制的概念引入软件开发中,认为软件开发过程更多是经验性过程(Empirical Process),而不是确定性过程(Defined Process)。确定性过程是可明确描述的、可预测的过程,因而可重复(Repeatable)执行并能产生预期的结果,并能通过科学理论对其优化。然而经验性过程与之相反,应作为一个黑盒子(Black Box)来处理,通过不断度量黑盒子的输入输出,再经对黑盒子进行调控,使其产生渐趋满意的输出。Scrum 敏捷开发方法将传统软件开发中的分析、设计、实施视为一个黑盒子,通过加强黑箱内部的混沌性,使 Scrum 项目团队工作在混沌的边沿,充分发挥团队中每个人的创造力。Scrum 方法提供一个敏捷实践框架,由一系列预定义角色和实践组成,提供一种或几种经验开发方法,使得 Scrum 团队成员独立而集中地在创造性的环境下工作。Scrum 发现了软件工程的社会意义,这一过程是迅速、有适应性、自组织的,它的成功实施代表了从顺序开发过程到敏捷开发的软件工程重大变革的开始。

12.3.1 Scrum 概念

Scrum 是一个敏捷开发框架,由一个开发过程、集中角色以及一套规范的实施方法组成。可运用于软件开发、项目维护,也可作为一种管理敏捷项目的框架。在 Scrum 中产品需求被定义为需求积压(Product Backlogs),产品需求积压可以是用户案例、独立的功能描述、技术要求等。所有的产品积压都是从一个简单的想法开始,并逐步被细化,直到可以被开发的程度。Scrum 将开发过程分为多个 Sprint 周期,每个 Sprint 代表一个 2~4 周的开发周期,有固定的时间长度。首先,产品需求被分成不同的产品需求积压条目,然后,在 Sprint 计划会议(Sprint Planningmeeting)上,最重要或者是最有价值的产品需求积压被优先安排到下一个 Sprint 周期中,同时,在 Sprint 计划会议上,将会预先估计所有已经分配到 Sprint 周期中的产品需求积压的工作量,并对每个条目进行设计和任务分配,在 Sprint 开发过程中,每天开发团队都会进行一次简短的 Scrum 会议(Daily Scrum Meeting),会议上,每个团队成员需要汇报各自的工作进展情况,同时提出目前遇到的各种障碍,每个 Sprint 审查会议(Sprint Review Meeting)上,开发团队将会向客户或终端用户演示新的系统功能,同时,客户会提出意见以及一些需求变化,这些可以以新的产品需求积压的形式保留下来,并在随后的 Sprint 周期中得到实现,Sprint 回顾会议随后会总结上次 Sprint 周期中有哪些不足需要改进,以及有哪些值得肯定的方面,最后整个过程将从头开始,开始一个新的 Sprint 计划会议。

Scrum 团队中定义了 4 中主要角色:

(1)产品拥有者(Product Owners)。该角色负责产品的远景规划,平衡所有利益相关者(Stakeholder)的利益,确定不同的产品需求积压的优先等级,是开发团队和客户或者最终用户之间的联络员;

(2)利益相关者(Stakeholer)。该角色与产品之间有直接或者间接的利益关系,通常是客户代表,负责收集编写产品需求,审查项目成果等。

(3)Scrum 专家(Scrum Master)。Scrum 专家负责指导开发团队进行 Scrum 开发和实践,也是开发团队与产品拥有者之间交流的联络员;

(4)团队成员(Team Member)。即项目开发人员。

12.3.2 Scrum 模型

1. Scrum 的重要特性

Scrum 是一种迭代递增型的实践,是一个快捷轻便的开发过程,是众多快速发展的敏捷软件开发方式之一,已被 Yahoo,微软,Google,Motorola,Cisco,GE 等许多大中小企业成功使用,其中个别企业因此在生产效率和职业道德方面取得了彻底的改革。Scrum 是对现存软件工程成功实践的包装,是一个提高软件生产率,改善沟通和合作的方法。Scrum 特别适用于小型研发队伍(≤10 人)经常性地推出产品更新,很好地体现了现代商业软件开发对速度、适应性和灵活性的严格要求。Scrum 具有自发组织管理的团队,通常由 6~10 人组成,负责将产品的 Backlog 转化成 Sprint 中的工作项目,所有团队成员协作完成 Sprint 中的每个规定的工作,所有成员和 Scrum 专家负责每个 Sprint 的成功;有由商业价值驱动的频繁而快速的检验和规划,并使得功能不断更新和加强的特点;有及时控制需求利益等因素的冲突和矛盾的特点;有实时地监测和扫除障碍的特点。

2. Scrum 的工作流程

Scrum 的工作流程如图 12－1 所示：

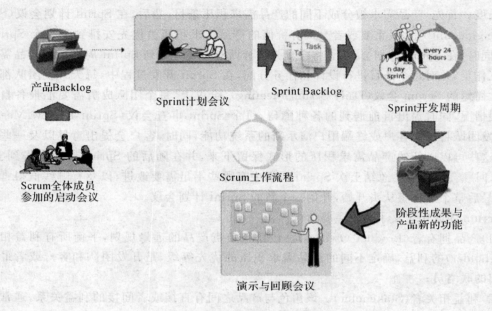

图 12－1　Scrum 工作流程

3. Scrum 相关名词

ProductBacklog：可以预知的所有任务，包括功能性的和非功能性的。

Sprint：一次迭代开发的时间周期，一般最多 30 天为一个周期。在这段时间内，开发团队需要完成一个制定的 Backlog，并且最终成果是一个增量的、可以交付的产品。

Sprint Backlog：一个 Sprint 周期内所需要完成的任务。

Scrum Master：负责监督整个 Scrum 进程，修订计划的一个团队成员。

Product Owner：产品所有者。

Time-box：一个用于开会的时间段。比如每日 Scrum 例会的 Time-box 为 15 min。

Sprint Planning Meeting：在启动每个 Sprint 前召开。一般为一天时间（8 h）。该会议需要要制定的任务是：产品 Owner 和团队成员将 Backlog 分解成小的功能模块，决定在即将进行的 Sprint 里需要完成多少小功能模块，确定好这个 Product Backlog 的任务优先级。另外，该会议还需详细地讨论如何能够按照需求完成这些小功能模块。制定的这些模块的工作量以小时计算。

Daily Scrum Meeting：每日开发团队成员召开的例会，一般为 15 min。每个开发成员需要向 ScrumMaster 汇报三个项目：今天完成了什么？是否遇到了障碍？即将要做什么？通过该会议，团队成员可以相互了解项目进度。

Sprint Review Meeting：在每个 Sprint 结束后的回顾会议，团队将这个 Sprint 的工作成果演示给 Product Owner 和其他相关的人员。该会议一般为 4 h。

Sprint Retrospective Meeting：对刚结束的 Sprint 进行总结的会议。会议的参与人员为团队开发的内部人员，该会议一般为 3 h。

12.3.3　Scrum 开发过程

Scrum 的开发过程由一系列迭代过程 Sprint 组成，需要开发的功能在 Product Backlog 中列表，表中的项目是商业和技术功能的动态序列。Sprint 从 Sprint 计划会议开始，Product Owners 从产品 Backlog 中选择最高级别和最优先的项目去实现，Scrum 团队决定该项目有多少可以在本次 Sprint 中开发完成，经过团队一致同意将要实现的功能转入本次 Sprint 的 Backlog 中，Scrum 团队开始一步步开发需要的功能，Scrum Master 通过每日例会关注每天的开发进展，当本次 Sprint 结束时，在 Sprint 回顾会议上向 Product Owner 给出产品性能和商业功能列表，并开始下一次 Sprint 迭代周期。

1. Scrum 启动

产品所有者（Product Owner）在 Scrum 开发的第一步清晰地展示产品的未来景象，并按需求的重要性列表展示，按客户和商业价值排序，最高价值的项目也就是最重要的项目在列表的顶端，从而形成产品的 Backlog。产品 Backlog 唯一存在，并在整个开发周期中不断发展，在项目的任何时期，Backlog 是唯一具有权威性的"以优先权排序为准，需要完成的所有任务"的概况。所以在一个 Scrum 软件开发项目中只可以存在唯一一个产品 Backlog。

产品的 Backlog 包括许多不同的条目，例如：

标识符（ID）：条目的唯一标识符，是一个自增长的数字，可防止与其后的条目重名。

名称（Name）：条目的简短、描述性的名称。比如"查看你自己的交易明细"。名称必须含义明确，使得开发人员和产品负责人员可以望名而知该条目的大概内容，可由 2～10 个字组成，并避免与其他条目重名。

重要性（Importance）：产品负责人评出的一个标志条目重要性的数值，例如 10 或 150，分数越高表明该条目越重要。

初始估算（Initial Estimated）：团队的初始估算，表示与其他条目相比，完成该条目所需要的工作量，相当于一个"理想人"/天。例如如果把一个团队成员锁在一个屋子里，有很多食物，在完全没有打扰的情况下工作，那么需要几天才可能给出一个经过测试验证可以交付的完整实现？如果答案是 3 人需要 4 天时间，那么初始估算的结果就是 12 个节点。当然不需要保证这个估计值绝对无误，而是要保证相对的正确定，如两个节点所花费的时间应该是四个节点所花费时间的一半。

演示（How to Demo）：大略描述了该条目如何在 Sprint 会议上演示，本质是一个简单的测试规范，例如规定"先这样做，然后那样做，就应该得到某个结果"，如果在使用测试驱动开发（TDD），那么这段描述就可以作为验收测试的伪代码表示。

备注(Notes):相关信息、解释说明和对其他资料的引用等称为注解。一般应非常简短。

产品 Backlog 也可以包含其他额外字段,例如条目分类、请求者、Bug 跟踪 ID 等。通常 Backlog 放在共享的文档中,多个用户可以同时编辑,虽然 Backlog 本身属于产品负责人所有,但是开发人员常常要打开它,来弄清楚一些事情或者修改某个条目的估算值。也可将 Backlog 文档放入版本控制仓库中,但是多用户同时编辑时会导致锁操作或者合并冲突,共享是最简单的方法,更符合敏捷开发的原则。

2. Sprint 计划会议

在每一个 Sprint 的起始阶段进行 Sprint 计划会议。在 Sprint 计划会议的开始部分,产品所有者和 Scrum 开发团队在 Scrum 专家的协助下,共同评审产品的 Backlog,讨论 Backlog 中各条项目的目标和背景,并提供 Scrum 开发团队深入了解产品所有者想法的机会。Sprint 计划会议的第二部分,开发团队从产品 Backlog 中挑选项目并承诺在 Sprint 周期结束时完成任务,从产品 Backlog 的顶端开始,也就是从 Backlog 中最高优先权的项目开始,并按照列表顺序依次工作,这是 Scrum 的重要实践之一。由开发团队来决定并承诺完成工作量的多少,而不是由产品所有者安排工作量,从而使得任务交付更可靠。因为开发团队承诺工作量,并自己决定所需要的工作量,不受制于他人,产品开发者对开发团队的承诺任务没有多少控制权,只需要知道开发团队负责的项目是从 Backlog 中按照顺序从上而下进行的。

在 Sprint 计划会议之前,一定要确保产品 Backlog 井然有序。这意味着:

(1) 产品的 Backlog 必须存在;

(2) 只能有一个产品 Backlog 和一个产品负责人(对一个产品而言);

(3) 所有重要的 Backlog 条目都已经根据重要性被评过分,不同的重要程度对应不同的分数。当然重要程度较低的条目,评分相同也无妨,因为在这次 Sprint 计划会议上可能根本不会提到这些条目。

Backlog 条目的重要性一定由产品负责人确定。分数只是用来根据重要性对 Backlog 条目进行排序,假如 A 条目为 20 分,B 条目为 100 分,仅仅意味着 B 比 A 重要,而绝不以为着 B 比 A 重要 5 倍,如果 B 的分数为 21 分,一样仅仅意味着 B 比 A 重要。最好在打分时留有适当的间隔,以防后面出现一个 C,比 A 重要而不如 B 重要,最好只用整数来打分。产品负责人需要深刻理解每个条目的含义,从而给出一个较为合理的重要性分数,虽然不需要知道每个条目如何实现,但是必须知道为何该条目有这样的分值。因为产品负责人独有的权利就是决定产品 Backlog 中的每个条目的重要性分数,而开发团队独有的权利就是决定产品 Backlog 中每个条目的时间估算值。

Sprint 计划会议是 Scrum 中最重要的活动,如果 Sprint 计划会议执行得不好,整个 Sprint 会被毁掉,举办 Sprint 计划会议的目的是让团队获得足够的信息,能够在几个星期内不受干扰地工作,同时也让产品负责人能对团队充分信任,从而对 Scrum 项目的完成充满信心。在 Scrum 计划会议上会产生实实在在的结果,如下:

(1)Sprint 目标;

（2）团队成员名单，以及各成员投入的时间；

（3）Sprint Backlog，即 Sprint 中需要完成的产品 Backlog 条目；

（4）确定 Sprint 演示日期；

（5）确定举行每日 Scrum 会议的时间地点。

整个开发团队和产品负责人必须参加 Sprint 计划会议，一般开始可以由产品负责人确定产品 Backlog 中某个条目的范围和重要性，由开发团队确定该条目的估算时间值，通过会议上面对面的交流，不断地调整和优化，最终确定。开发团队在估算时间值时，应避免过低地估计任务的难度，而且决不能降低系统的内部质量，相对于系统用户可以感知的运行缓慢和界面模棱两可等外部质量，系统内部质量包括系统设计的一致性、测试覆盖率、代码可读性和重构等用户不可见的要素，但是其对系统的可维护性意义深远，无论如何绝对不能降低系统的内部质量。同时要避免无休止的 Sprint 计划会议，Scrum 中的一切事情都应该有一个时间盒，而且要始终如一的贯彻，如果 Sprint 计划会议接近尾声，但是仍然没有得出 Sprint 目标或者 Sprint Backlog，应立即终止而不是延期，所以要求 Sprint 计划会议一定要有一个确定的时间期限，让整个团队学会按照会议日程工作，并提高会议的效率。如果每个人，包括所有团队成员和产品负责人，满意地离开 Sprint 计划会议，并在第二天的每日例会上依然保持相同的观点，那么 Sprint 计划会议就是成功的了。

3. 编写 Sprint Backlog

成功完成 Sprint 计划会议后，Scrum Master 现在应该创建 Sprint Backlog 了，而且应该在 Sprint 计划会议之后，第一次每日例会之前完成。Sprint Backlog 可采用多种形式，如 Jira，Excel，挂在墙上的任务板。其中很多公开的 Excel 模板可以用来管理 Sprint Backlog，如可自动生成的燃尽图等。

4. 每日（站立）例会

每当 Sprint 开始，Scrum 开发团队将会实施另一个 Scrum 重要实践方法，即每日站立例会，就是在每个工作特定时间举行的短小的（15 min）的会议，要求每个开发团队成员必须参加，为保证会议短小精悍，与会成员保持站立，以此提供给开发团队汇报交流和阐述任何障碍的机会，每个团队成员只可以说三件事情：第一，从上次会议之后完成了哪些工作；第二，在下次会议之前准备完成哪些工作；第三，在工作进行中存在哪些障碍。Scrum Master 会把障碍内容记录下来，在会后协助团队成员铲除障碍，在每日例会中不容许讨论，只将以上三个重要信息点作汇报，可在会后讨论。产品所有者和项目管理者也可参加每日例会，但是应避免发起讨论，每个与会的团队成员必须清楚每日例会时开发团队之间相互汇报和交流，并不是向产品所有者或项目管理者或 Scrum 专家汇报。例会结束后，开发团队成员将更新其负责的 Sprint Backlog 中条目的剩余时间。根据更新情况，由 Scrum 专家汇总剩余工作时间并绘制燃尽图，从而显示每日直至开发团队完成全部任务的剩余工作量（以小时或天计算）。燃尽图在理想情况下其抛物线在 Sprint 的最后一天应到零点，但是实际上大多数不会到零点，但是燃尽图体现了团队在相对于 Sprint 目标的实际进展情况。如果燃尽图中的抛物线在 Sprint 末期不接近零点,那么开发团队应该加快速度,或简化和削减其工作内容。

5. Sprint 评审会议

在 Sprint 结束后,将召开 Sprint 评审会议,产品所有者,开发团队成员,Scrum Master,加上客户、项目管理者、专家、高层人士和任何对此感兴趣的人都可以出席该会议,准备时间通常不会超过 30 min,会议上只是简单展示所构造的产品、工作结果,所有与会人员可以提出问题和建议,会议可持续 10 min,也可以是两个小时,目的是对工作结果的展示和听取反馈。

6. Sprint 回顾会议

在 Sprint 评审之后,开发团队会进行 Sprint 回顾,讨论什么方法起作用,什么方法不起作用,使潜在的改进可视,并将其转化为结果。开发团队、产品所有者和 Scrum Master 都将参加会议,会议由外部中立者主持,如可由其他团队的 Scrum Master 主持,同时也可以起到各个团队信息传播的作用。

7. 开始新的 Sprint

在回顾会议之后,产品所有者汇总所有建议,和在 Sprint 中产生的新的优先权项目,并将这些项目合并于产品的 Backlog 中,增加新的条目,并对现有条目进行更改、排序或删除,形成当前 Sprint 的 Backlog。在产品 Backlog 更新完毕后,循环周期可以再次开始,以 Sprint Backlog 为目标,以一个新的 Sprint 计划会议为开端,开始了新的 Sprint 开发历程。

8. 产品发布计划 Sprint

Scrum 的 Sprint 周期循环,一直持续直至产品所有者决定产品已经可以准备发布为止,然后由"发布 Sprint"来进行最后的整合和发布产品前的检测,如果开发团队在 Scrum 项目的每一个 Sprint 中有效执行测试,就不会存在许多遗留问题需要清除。

12.3.4　Scrum 在其他领域的应用

Scrum 是一种敏捷开发框架,更注重于实践而非理论研究,与 XP 同样关注如何把事情做好,承认在开发过程中会犯错误,但只要投入实践中,动手构建产品,这才是找到错误并及时修正的最佳方式,不同之处在于 XP 用于软件开发更多的关注代码的规范,测试驱动的编写,和持续集成等实现细节,Scrum 认为可根据具体项目的不同,灵活运用各种方法,并有效的在其框架中加以实施,所以 Scrum 具有更广泛的应用领域,例如在互联网产品、医药产品开发和营销项目中的成功应用。

12.4　敏捷方法选择依据

选择一种合适的敏捷方法取决于多种因素,可考虑以下方面:

(1)所选敏捷方法的复杂程度。确保团队或组织能够应付这种复杂度。

(2)网络讨论社区和产业界支持。流行的敏捷方法可能并不是最理想的选择,但流行的方法至少有较多的社区以及行业支持,因此受益匪浅。

（3）实用敏捷开发工具。选择一种可以提供支持工具的敏捷方法，一个良好的软件工具可以帮助团队有效地处理日常工作，促进团队协作，并减少管理成本。

（4）目前的开发方式以及团队关于敏捷方法的认识程度。选择一些与当前开发方式比较接近的敏捷方法将有助于推动方法的实施。

（5）小规模团队。当团队规模较小时最好从简单方法入手，但并不意味只能选择那些本身就比较简单的方法如 Crystal Clear，也可选择一些相对比较全面的方法，但是从简单入手，当团队规模逐渐扩大，再增加相应的细节。

（6）不需要只遵从一种方法。可以为团队选择一个主要的方法如 Scrum，然后从其他方法中借鉴对团队或组织有所帮助的其他方法加以整合。

敏捷开发总是不断在发展演变，因此，没有一个人能保证目前的敏捷方法都是正确的，每个采用敏捷开发的团队都可以通过实践发现并形成自己的最佳想法，甚至提出一种全新的敏捷开发框架或者方法，对敏捷开发做出自己的贡献。

12.5　本章小结

本章介绍了敏捷开发的概念，实践原则以及敏捷开发方法 XP，Scrum。敏捷软件开发包含了许多方法，这些方法构成了敏捷软件开发的总体。没有哪一种方法是最有效的，必须根据实际情况灵活运用，这种灵活性就是敏捷开发原则的精髓。

本 章 练 习

1.敏捷开发与传统开发方法有什么区别？

2.敏捷开发实践原则有哪些？

3.什么是 XP 编程？

4.简述 XP 实践过程。

5.简述你对 Scrum 方法的理解。

第 13 章　嵌入式软件设计

本章目标　嵌入式系统已经"无所不在"而且"无所不能",在消费、电子、通信、交通、金融、智能电器、智能建筑、工业控制、自然探索、航天航空以及军事装备等领域都有着广泛的应用。嵌入式系统由嵌入式硬件和嵌入式软件构成,嵌入式软件包括存储在嵌入式系统存储器中的微型操作系统和控制应用软件。本章主要关注嵌入式应用软件开发的主要步骤,主要包括嵌入式软件需求分析、嵌入式软件构架设计和嵌入式软件测试。

本章的目标是让读者了解嵌入式软件开发的主要步骤和需要遵循的一般原则。通过对本章的学习,读者应达到以下目标:

- 了解嵌入式系统的基本概念;
- 掌握如何分析嵌入式软件需求和编写需求文档;
- 掌握如何进行嵌入式软件构架设计和编写设计文档;
- 了解嵌入式软件测试基本方法和工具。

13.1　嵌入式系统的基础知识

嵌入式系统(Embedded System)是指用于执行独立功能的专用计算机系统,硬件包括微处理器、定时器、微控制器、存储器、传感器等电子芯片与器件,软件包括存储在嵌入式系统存储器中的微型操作系统和控制应用软件。嵌入式系统以应用为中心,综合微电子技术、自动控制技术、计算机技术和通信技术,由硬件与软件协同工作,具有可裁剪、低功耗、体积小等特点。自从 20 世纪 90 年代以来,嵌入式系统的设计不再将软件和硬件截然分开,采用软件硬件协同设计方法,对硬件和软件统一描述、综合和验证,避免了独立设计软硬体系结构带来的弊病。

13.1.1　嵌入式系统概述

嵌入式系统初期是以可编程控制器为硬件基础,软件应用无操作系统的支持,软件实现为汇编语言对硬件的直接控制。在 20 世纪 80 年代,随着硬件的集成度提高,面向 I/O 的微控制器在嵌入式领域异军突起,此时的嵌入式软件设计也就发展为基于简单的操作系统的应用,简单操作系统的应用大大缩短了嵌入式应用软件的开发周期,提高了开发效率。随着嵌入式硬件的飞速发展,进入 20 世纪 90 年代,高速度、大运算量、高精度的面向实时信号的 DSP 出现在嵌入式领域,嵌入式硬件实时性要求提高嵌入式软件的实时性,从而出现了实时多任务操作系统(RTOS)。目前随着高位嵌入式处理器的普及,实时嵌入式操作系统得到迅猛发展,并在工业控制、通信、国防工业、医疗设备等领域得到广泛应用。

嵌入式系统通常由嵌入式微处理器、外围设备，嵌入式操作系统和应用软件等组成。嵌入式系统硬件是以嵌入式处理器为核心，由存储器、I/O 设备、通信模块和电源等必要的辅助接口所组成。嵌入式微处理器是嵌入式系统的核心部分。目前嵌入式处理器的种类有 1 000 多种，主流体系结构达 30 多个，寻址空间可从 64KB 到 2GB 不等，处理速度 0.1MIPS～2000MIPS。嵌入式处理器可分为以下四类：嵌入式微处理器（Embedded Microprocessor Unit，EMPU），嵌入式微控制器（Microcontroller Unit，MCU），嵌入式 DSP 处理器（Embedded Digital Signal Processor，EDSP），嵌入式片上系统（System On Chip，SOC）。四类处理器在速度、体积、能耗、可靠性、可扩展性等方面都各有特色，用户可根据应用的需要，选择合适的嵌入式微处理器芯片。嵌入式系统最复杂的部分是其外围设备，不同的应用有不同的要求，千变万化，种类复杂。输入输出设备有触摸屏、语音识别、按键、键盘和虚拟键盘，输出设备有 LCD 显示和语音输出。接口有 RS-232 串口，USB 接口，IrDA 红外接口，SPI 串行外围设备接口，IIC 接口、EtherNet 接口，CAN 总线接口，A/D 和 D/A 转换器等。

嵌入式软件系统与嵌入式硬件紧密相关，运行在嵌入式硬件平台之上，主要实现嵌入式硬件中的内存分配、I/O 设备管理、寄存器和中断响应等功能。嵌入式软件包括嵌入式操作系统、硬件服务软件（Hardware Dependent Software，HDS）和嵌入式应用软件。嵌入式操作系统负责嵌入式系统的全部软件、硬件资源的分配、任务调度，控制和协调并发工作，具有小巧、实时性、可装卸和可固化代码等特征。嵌入式操作系统的主要部分是实时多任务内核，需要实现任务管理、定时器管理、存储器管理、资源管理、事件管理、系统管理、消息管理、队列管理、信号量管理等。嵌入式操作简化了嵌入式应用程序的开发，并有效地保障了软件质量和缩短了开发周期。目前主流的嵌入式操作系统有 Vxworks，QNX，uC/OS-II，Nucleus，eCos，嵌入式 Linux，Windows CE，pSOS，RTEMS 等。

总而言之，嵌入式系统一般具有性价比高、体积小和低功耗的特点，嵌入式软件具有实时性、操作系统与应用不可分割性和受到硬件配置限制的特点，在目前的后 PC 时代，嵌入式系统淡化了计算机的外形，和谐地与人的生活、工作环境融为一体，无论是在工业控制、商业管理和军工民用领域，都有极其广泛的应用前景。

13.1.2　嵌入式系统软件基础知识

嵌入式软件是实现嵌入式系统功能的软件，由嵌入式系统软件和嵌入式应用软件两部分组成。嵌入式系统软件一般包括 Bootloader 程序和嵌入式操作系统，其中 Bootloader 程序是系统启动后，操作系统内核运行之前最先被执行的一段程序。嵌入式软件基本构成图如图 13-1 所示。

Bootloader 的主要功能是初始化硬件设备，建立内存空间的映射图，引导系统的软硬件环境，为操作系统内核的运行准备好正确的环境，最后再将操作系统内核从 Flash 拷贝到 RAM 中，并跳转到内核的入口点，然后启动操作系统。Bootloader 程序依赖于嵌入式硬件环境，没有一种适用于所有嵌入式系统的通用 Bootloader 程序，而 Bootloader 程序是否成功加载决定了是否能成功加载嵌入式操作系统和应用程序的运行，所以 Bootloader 的开发是嵌入式系统软件开发中的难点和重点之一。目前主流的 Bootloader 有 ARM 下的开发的 U_boot，三星系列产品的 Vivi 引导程序，WinCE 的引导程序 NBoot 和 Eboot，X86 架构下的 Lilo 和其高级版本 Grub 等。

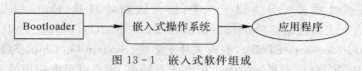

图 13-1 嵌入式软件组成

嵌入式操作系统（EOS）是专用于嵌入式系统的操作系统，负责嵌入式软件和硬件资源的分配和调度，将 CPU 时钟、I/O、中断等资源封装为标准的 API 提供给上层应用，一般由操作系统内核、设备驱动程序、设备驱动程序接口和应用程序接口等组成。EOS 内核一般具有任务调度、同步机制、中断处理、文件处理等最基本功能，具有可裁剪性、强实时性、强稳定性、弱交互性和代码固化的特点。依据 EOS 的执行类型可分为实时系统，分时系统和顺序执行系统三种形式，实时 EOS 系统内有多个程序运行，每个程序有不同的优先权，只有最高优先权的任务才可占用 CPU 资源。实时 EOS 又可分为硬实时（强实时）和软实时（弱实时）系统两种。分时系统内同时可运行多个程序，把 CPU 时间按顺序分为若干片，每个时间片内执行不同的程序。顺序执行系统中只含有一个程序，独占 CPU 运行时间，按照语句顺序执行该程序直到执行完毕，另外一个程序才可以启动运行。目前主流的 EOS 主要是实时嵌入式操作系统，在实时系统中如果系统在指定时间内未能实现某个确定任务，会造成系统的全面失败，则系统是强实时系统，如 Vxworks，uC/OS，RTEMS 等。实时系统中虽然要求快速响应，但是超时却并不会发生致命的错误的系统就是弱实时系统，如 WinCE、嵌入式 Linux 等。

嵌入式应用软件可根据不同的系统特点和需求编制。总之嵌入式软件开发可分为编写简单的板级测试软件，主要辅助硬件的调试；开发基本的驱动程序；开发特定的嵌入式操作系统的驱动程序（BSP）；开发嵌入式系统软件，如操作系统；开发嵌入式应用软件。嵌入式软件的开发一般采用交叉开发模式，由宿主机和目标机组成，宿主机与目标机之间在物理连接的基础上建立逻辑连接，从而构成嵌入式的交叉开发环境。

13.1.3 嵌入式系统的应用

计算机技术在经过数十年的飞速发展后，已经以嵌入的方式在隐藏在人类的生活与工作的每个角落，嵌入式系统功能强大，无处不在，从远涉火星的"勇气号"探测器，到"小鹰号"航空母舰，再到中国的歼-10 战斗机，从神秘的导弹系统，直到每个人手中的手机、数码相机，家中的数字电视等，嵌入式系统几乎无所不在。嵌入式设备占有所有计算机系统的 95%，从复杂到简单，从看得见到看不见，嵌入式系统的应用正在超乎寻常的繁荣发展。嵌入式系统应用例子见表 13-1。

表 13-1 嵌入式系统应用例子

应用领域		实　例
民用	家用电器	数码相机、数字电视、DVD、可视电话、空调、洗衣机、电冰箱、游戏机、MP3、MP4
	工业控制	工业机器人、数控机床、工业自动化系统、工业过程控制系统、电力传输系统
	通信设备	移动电话、电话交换机、GPS、网络交换机、对讲机、可视电话
	商业、金融	自动柜员机、POS、信用卡管理系统、自动售货机
	交通运输	导航系统、雷达、汽车、轮船、火车、自动售票、高速公路收费等
	医疗	X 光透视系统、心脏起搏器、CT
	仪器仪表	示波器、数字万用表、信号分析仪、智能仪器仪表
军　用		战斗机、导弹、坦克、战舰、无人机、火控系统、战场指挥作战系统

13.1.4 嵌入式软件开发模式概述

嵌入式软件开发具有软件和硬件综合开发的特点,可分为系统定义、系统总体设计、软件/硬件设计实现、软硬件集成、功能性能测试,如果系统符合要求就可投产批量生产。在系统总体设计阶段要做的工作有系统总体框架设计、软件硬件划分、处理器的选定、操作系统选定、开发环境的选定。硬件的设计实现有硬件概要设计(如功能模块图设计)、硬件详细设计(如逻辑电路图设计)、硬件制作(如 PCB 设计与制作)、硬件测试(PCB 测试)。软件开发一般分为软件需求分析、软件架构设计、软件详细设计、编码实现、软件测试、发布和维护几个基本步骤。嵌入式系统开发过程示意图如图 13-2 所示。

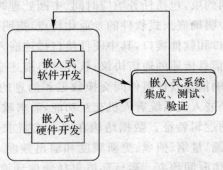

图 13-2 嵌入式系统开发过程

嵌入式软件开发过程如图 13-3 所示。

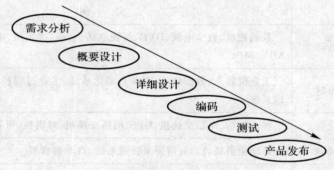

图 13-3　嵌入式软件开发过程

13.2　嵌入式软件需求分析

软件需求分析是软件设计、实现和测试的基础,由于需求原因造成软件系统失败的约占 45%,嵌入式软件由于所面对的问题复杂,对需求分析相对于 PC 软件需求更为严格。嵌入式软件需求的完整性、准确性和规范性是影响软件可靠性的关键因素,也是决定嵌入式软件开发成功与否的基础。

13.2.1　需求概述

嵌入式软件需求的内容主要包括六个方面:功能、性能(可靠性和安全性)、接口、数据、运行环境和设计约束。功能指的是嵌入式软件的功能描述,主要包括输入、处理过程和输出,与 PC 软件需求并无区别,但是嵌入式软件在实时性、与硬件的耦合性等方面会提出特殊要求和严格要求。性能主要针对嵌入式软件的实时性、可靠性和安全性等特点,在软件需求设计的阶段,必须明确软件的运行时间约束,包括任务响应时间、中断处理时间、系统恢复时间和功能实现时序等,必须在需求分析中明确嵌入式软件的专业化特点,指明可靠性、安全性的指标,以及实现措施。接口包括硬件接口和软件接口,其中硬件接口描述嵌入式系统中支持的硬件类型,软硬件之间数据交换和控制信息传递的通信协议;软件接口描述嵌入式系统的数据库、操作系统、工具和专用库等组件,明确描述软件组件间交换数据和消息的目的,描述组件间共享机制的实现措施与通信方式;如果嵌入式系统有人机交互功能,需求软件接口需要考虑嵌入式用户界面,要描述每个用户界面的逻辑特征。数据结构在嵌入式需求分析中与 PC 软件需求完全相同,也包括数据的结构、来源、量纲、值域、更新频度和输出频度,如果需求实时采集数据,应详细说明需要采集数据的具体时间约束。运行环境包括硬件环境支持和软件环境支持,硬件环境支持在需求中要明确指出硬件的各个部分的详细规格、参数和特性;软件环境支持一般指嵌入式操作系统、硬件驱动程序和其他交互嵌入式软件,在需求中应明确嵌入式软件的软件运行环境。设计约束主要指开发标准、编程语言、保密要求、可维护性和可继承性等,应在需求说明中声明。

13.2.2 嵌入式系统问题定义

设计与构建嵌入式软件相对于 PC 软件要困难很多,主要是嵌入式软件除了要解决 PC 软件所面临的问题外,还要应对很多独特的问题。PC 上运行的软件几乎完全面对用户,而嵌入式软件在面向用户的同时,还要处理来自传感器和传动器等其他设备的数据。因此嵌入式软件所面对的问题通常具有不可预测性,而软件必须在问题发生时及时响应,而不是在方便的时候才处理。嵌入式软件一般都会完成一件或者一组高级任务,而高级任务的具体实现又依赖于很多同步的并发的任务,而对于并发任务在单处理器系统上,必须采用调度策略来控制任务的执行时间,在多处理器系统中,由于处理器可以实现真正的并发,但是也需要协调多处理器,并提供有效的多处理器通信机制,从而实现嵌入式软件的真正并发。嵌入式软件所运行的硬件环境一般是仅仅满足专用功能和性能的计算机,而降低硬件性能的同时,也就意味着会增加软件开发的难度。嵌入式软件应避免复杂的算法、大量的性能优化,因为没有 PC 所提供的大容量 RAM 和动辄上 GB 的硬盘空间,必须在软件需求分析中较好折中软件性能与所运行的硬件环境。嵌入式软件开发一般采用宿主机与目标机的模式,也就是开发者使用 PC 或者工作站上的交叉编译工具,开发运行于体积小和功能少的专用嵌入式硬件平台,由于开发环境和目标环境之间的差异,加之大多数目标平台缺乏成熟的调试工具和错误显示器,开发和测试嵌入式软件变得富有挑战性,而且更加费时费力。所以在嵌入式软件需求中应明确软件集成和测试的任务、时间和成本。嵌入式软件一般要求支持嵌入式系统的连续运行特点,没有特殊原因不能重置嵌入式计算机,这是完全不同于 PC 软件的需求要求。嵌入式软件所运行的物理环境一般相对 PC 软件运行环境要恶劣很多,例如无人太空探测器等,所以软件需求阶段应充分考虑运行的真实环境。嵌入式软件对安全性和可靠性要求相对于 PC 软件要严格很多,例如武器系统控制、交通工具控制和核电站控制的软件,在需求分析阶段必须考虑系统的安全和可靠性能。

总而言之,嵌入式软件需求所要解决的问题相对于 PC 软件所要解决的问题要困难很多,从硬件功能上的差别,内存更少,严格时限,到专用的额外要求都给开发者提出了很大的挑战,而在嵌入式软件需求上所花费的精力和时间也就相对要多很多。

13.2.3 嵌入式系统需求定义

嵌入式软件需求分析是嵌入式项目软件设计中的首要的关键一步,在需求中指明系统的功能,以及功能实现的程度,如何实现功能的详细信息,使得使用需求的开发者能很快了解这个软件所要解决的问题,也可通过需求对软件有个整体的概念。

嵌入式软件需求一般包括软件背景说明、软件使用简述、运行环境(硬件和软件环境)、接口描述(硬件和软件接口、通信协议)、功能描述(输入、处理和输出)、数据字典、系统性能描述和设计约束等几个部分。嵌入式软件需求主要目的为描述嵌入式系统需要解决的问题,并说明系统有限的硬件资源制约,描述系统的功能,以及预计达到的实时性、可靠性和安全性的指标,为后期的开发和测试提供文档依据。

13.2.4 需求分析

嵌入式软件需求分析所要完成的工作是在彻底了解嵌入式系统的情况后,编写严格定义被开发的软件系统的需求规格说明。嵌入式软件需求规格说明的格式可根据所采用的建模方法不同而不同,但是一般应包括功能性需求说明和非功能性需求说明两方面。功能性需求说明主要描述系统的基本功能,如输入输出信号、操作方式等;非功能需求说明主要描述系统性能、成本、功耗、体积、质量等因素。在严格的需求规格说明指导下,开发者可进一步确定软件设计的任务和设计的目标,并提炼出设计规格说明书,作为正式设计指导和验收的标准。

嵌入式软件需求中最为突出的特点是注重时效性,需求分析阶段的主要任务包括:

1.识别和分析嵌入式软件需要解决的问题

对问题进行抽象识别从而产生以下需求:功能需求、性能需求、环境需求、可靠性需求、安全需求、用户界面需求、资源使用需求、软件成本与开发进度需求。

2.编写规格说明文档

在充分分析和识别问题的基础上,细化嵌入式系统的各方面需求后,按照需求说明文档编写规范的指导,编写出清晰、准确和规范的嵌入式软件需求说明文档,一般包括需求规格说明书和初级的用户手册等。

3.评审需求

需求评审是嵌入式软件开发进入下一阶段前最后的需求分析复查手段,在需求分析的最后阶段对各项需求进行评估,以保证软件需求的质量。需求评审的内容一般包括正确性、无歧义性、安全性、可验证性、一致性、可理解性、可修改性、可追踪性等多个方面的综合评价。

13.2.5 需求规格说明书

嵌入式软件需求分析阶段产生的最重要的文档就是软件的《需求规格说明书》,需求规格说明书的制定可根据国家计算机软件设计文档编写规范,结合具体的工程项目进行适当增删进行编写。需求说明是为开发者和产品使用者初步规定的一个共同理解。下面列出一般嵌入式软件需求规格说明书的主要内容以及简要编写说明。

(1)封面。可包含项目名称,文档名称,编写单位,参加编写人员姓名和编写时间等项目。

(2)目录。可包含如下内容:

1 引言

　1.1 编写目的（说明:如文档的预期读者等）

　1.2 编写背景（说明:如项目提出者、开发者、产品使用者及应用现状）

　1.3 项目术语定义（说明:定义本文档中的专用语,如字母缩写等）

1.4 参考资料（说明：与本文档有关的资料，如任务合同和上级批文）

2 任务概述

2.1 目标（说明：项目开发意图，应用目标和范围，是否其他项目子模）

2.2 系统特点（说明：软件的使用频率，是否有用户交互界面等）

2.3 假定和约束（说明：项目开发的经费限制和时间约束等）

3 需求规定

3.1 功能性需求规定（说明：用列表等方式逐项细化软件需要实现的功能）

3.2 非功能性需求规定

3.2.1 时间性能（说明：响应时间，数据交换时间，更新时间指标）

3.2.2 精确性能（说明：输入、输出和传输的数据精度指标）

3.2.3 安全性能（说明：系统使用的安全和可靠性指标）

3.3 输入输出要求（说明：输入、输出数据类型，格式和范围，精度指标）

3.4 数据管理要求（说明：是否使用数据库，管理数据记录的数量规模）

3.5 故障处理要求（说明：对可能发生的软件和硬件故障的处理能力）

3.6 其他专用要求（说明：具体项目的其他特殊要求）

4 支持环境

4.1 目标环境

4.1.1 目标硬件环境（说明：软件运行的目标硬件类型、容量、通信方式）

4.1.2 目标软件环境（说明：软件运行是否需要嵌入式操作系统支持）

4.2 开发环境

4.2.1 开发硬件环境（说明：软件开发硬件类型、容量、通信方式）

4.2.2 开发软件环境（说明：软件开发的交叉编译环境、通信方式）

4.3 接口（说明：与其他软件的接口和通信协议）

4.4 控制（说明：软件运行中的控制信号类型与来源等）

(3)正文。根据具体项目编写。

(4)附录。项目的附加说明如图表和参考文档等。

13.3 嵌入式软件架构设计

嵌入式软件的架构设计是在前期需求分析的基础上，描述软件如何实现需求文档所描述的功能和非功能需求。嵌入式软件的架构设计首先要考虑嵌入式系统设计特点，即硬件和软件的协同设计。所以首先基于体系结构，对系统的软件、硬件进行详细设计，而且设计一般采用并行方式进行。嵌入软件架构设计包括系统设计、任务设计和任务的详细设计，由于嵌入式系统中任务往往具有并发的特性，所以架构设计中可综合运用多种设计方法实现嵌入式软件的架构设计。

13.3.1 确定系统设计目标

在嵌入式软件设计的初始阶段,无论是采用目前主流的设计方法(Design Approach for Real-Time System,DARTS),还是传统结构化分析和设计方法的补充方法(Real-Time Structured Analysis and Design,RTSAD),首先都要明确系统设计所要实现的目标。

在嵌入式硬件架构设计的基础上,软件将在物理器件的约束上,划分为多个子系统,例如包、任务和对象等具体的实现过程,软件的设计就成为子系统的设计、包和任务的设计,以及它们之间连接过程的设计。一般嵌入式软件分为从抽象(与嵌入式系统的问题域相关)向下到具体(与底层硬件关系密切)的层次,例如,应用程序、用户接口、通信协议、操作系统、硬件抽象层。

在明确了软件的实现目标后,设计还需要考虑软件的时效性,例如系统必须响应各种周期差异很大的周期事件,突发的各种非周期事件,以及嵌入式系统最关键的并发设计。最后在基本设计完成后还需要实现一个目标,就是系统的错误处理策略,保证系统在出现软件或硬件故障时仍然可以保有正确的性能。除主流的 DARTS 和 RTSAD 设计方法外,常用的嵌入式软件设计方法还有语言描述及数学分析、流程图、结构图、伪代码、有限状态机、Petri 网等。

13.3.2 分解系统

根据嵌入式系统所需要解决的问题和需求规定实现的功能,软件系统可在不同粒度下划分,如可划分为若干个小的子系统,子系统进而可划分为模块,模块又可细分为一个或多个任务实现,任务就是软件的最小单元。在任务划分完成后,还需要定义任务间的数据流和控制流,从而完成整个软件的分解设计。系统分解层次图如图 13-4 所示。

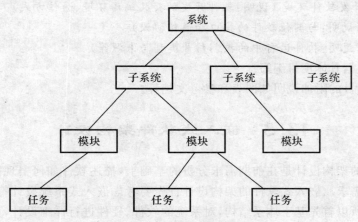

图 13-4 系统分解示意图

嵌入式系统中的任务的状态一般分为就绪态、运行态、阻塞态和挂起态。在 DARTS 设计方法中，主要关注处于运行态的当前任务。在嵌入式软件设计的任务分解阶段，每种方法可以实现一种或两种分解目标，然而没有一种方法可以覆盖所有目标，也就没有一种方法可以完全满足所有嵌入式系统的需求目标，所以在分解阶段，需要设计人员根据项目具体采用多种方法综合以求达到最佳的分解效果。

13.3.3　并发

嵌入式任务一般具有多个同时执行的特性，任务是一组顺序执行的可执行动作，并发任务是可以在时间或空间上平行执行的动作集合。嵌入式软件设计方法 DARTS 可有效地将实时系统分解为并发的任务，并定义任务间的接口。DARTS 的步骤一般包括三个：

（1）数据流分析。定义数据字典、数据流和控制流、数据存储，并设计数据流图。

（2）划分任务。例如可采用开发系统环境图和状态转移图，将任务分解成不同层次，并为不同层次的任务建立数据和控制信息转换关系图。

（3）定义任务间的接口。对不同层次的任务根据其执行顺序、时间和函数等划分其并行性，分析各个并行任务间的数据和控制信息接口定义任务接口。

（4）任务设计。每个任务代表了一系列顺序动作，因此可以采用结构化设计方法设计任务，每个任务可被设计为一个模块，并对每个模块实现功能详细设计。

嵌入式软件的设计是在传统软件设计方法基础上，增加嵌入式所特有的实时和并发设计技术而达到最佳设计目的。

13.3.4　开发环境的选择和组件的设计

嵌入式软件开发过程中可使用多种语言，如 Ada，C/C++，Java 等。其中 Ada 语言有丰富的支持库，而且易读易懂，广泛应用于国防、航空航天等领域。C 语言是目前在嵌入式开发中应用最广泛的语言，而且由于有多种支持库的优势，在未来很长一段时间仍然主导嵌入式开发语言。C++是一种面向对象的编程语言，如 Gnu C++ 也在嵌入式设计中得到广泛应用。但与 C 相比，由于 C++目标代码一般过于庞大，所以在嵌入式领域并没有成为主流编程语言。Java 语言的跨平台特性，尤其随着网络技术与嵌入式技术的紧密结合，以及普适计算的兴起，嵌入式 Java 也将越来越为开发人员所接受，但是由于其硬件资源消耗较大，一般多用于嵌入式高端产品中。

嵌入式开发一般采用交叉开发的模式，所以选择正确、功能强大、方便易用和界面友好的集成开发环境，对于嵌入式软件开发成功与否显得至关重要。目前嵌入式主要的开发环境有基于 Windows 和基于 Linux 两种，基于 Windows 操作系统的开发环境一般具有界面友好的特点，如面向 51 单片机系列的开发工具 Keil，面向 ARM 系列处理器的开发工具传统的 ADS 和目前新的 RealView MDK，面向 PIC 系列单片机的集成开发工具 MPLAB，面向 DSP 的 VisualDSP++，其他还有 Xilinx Platform Studio，NiosII IDE，风河传统的 Tornado 和目前新的 Workbench 开发平台等。基于 Linux 操作系统的开发环境虽然没有友好的用户界面，但是由于开放源码的特点，也广泛应用于嵌入式软件开发中，如 Gnu 工具集，开源集成开发环境 KDevelop，用于开发嵌入式 GUI 的开源工具 QT 等。

总而言之，在选择开发语言和集成开发环境时需要综合考虑以下几个方面：

（1）调试能力。嵌入式软件调试要远比 PC 应用软件调试复杂很多。

（2）编译器是否可持续升级。

（3）支持库。如 C 语言提供各种封装好的存储和搜索函数。

（4）链接程序是否提供所有目标文件格式。

嵌入式组件设计方法与 PC 软件组件技术相同，是通过复用系统中高质量的功能模块，快速构建软件的一种方法。嵌入式组件设计过程中，除遵循通用组件设计方法外，还需要针对嵌入式领域的非功能需求和平台依赖特点，考虑以下方面：

（1）指定组件之间的严格时域和值域接口；

（2）定义严格的通信网络界面（标准化）。

嵌入式组件是一个维持自身的封装的相对独立的自治单元。理想的组件应具有以下特点：

（1）预备设备组件。服务跳过实时服务界面给组件提供调用环境。

（2）确定组件。组件具有单独值域和时域，必须确认该组件的正确操作。

（3）错误封锁组件。所有发生在组件内的错误不能传播到组件以外，必须在组件界面之内被检测到。

（4）可重用组件。具有符合标准的组件界面，易于复用。

（5）可维护组件。具有方便维护的特点。

13.3.5　人机界面设计

嵌入式人机界面是嵌入式系统提供给人与机器交互的窗口，承担着为人和机器传递信息的重要作用，也是嵌入式软件设计的一个重要部分。可遵循以下原则：

（1）风格一致。风格一致的软件界面是指在系统的不同子系统和子系统内部的人机界面保持外观、布局、交互方式、信息反馈格式和色彩等大体相似。风格一致的界面易于使用，可减少使用过程的误操作率。

（2）合理布局。界面布局要简洁明了，尤其图形化界面上的菜单、工具栏和按钮等的合理布局，可有效提高操作效率。

（3）提供反馈信息。在用户使用中可提示结果或操作的正确与否，以及产生的效果，可采用图形、文字或声音的方式反馈。

（4）选择合适的颜色、字体和字号。颜色在同一界面不超过 3～5 种，色彩尽量柔和，可缓解操作者的疲劳，亮度适中，在激活和未激活状态采用不同色彩或亮度提示用户。字体不选择复杂和无力的字型，尽量保持各个界面字体一致，字型变化不大，简洁和高分辨率是设计的原则。

13.3.6　设计文档与设计范例

嵌入式软件架构设计阶段产生的最主要的文档是《软件架构设计说明书》,软件架构设计说明书重点在于将系统分层产生层次内的模块,并说明模块间的相互关系。一般包括概述、目的、架构设计(架构分析、设计思想、架构体系、模块划分、模块描述、模块接口设计)三大部分。以下为一个嵌入式文件浏览器的软件架构设计书。

1. 概述

可阅读规定格式的电子文档,并可从网络通过 USB 端口下载电子文档。

2. 目的

利用友好人机界面,激发阅读和学习兴趣。支持文本、图片、动画和声音播放,提供复读功能。

3. 架构设计

(1)架构分析与模块划分。软件可分解为文本阅读、图片浏览、动画和声音播放、文件下载存储四个模块,其中动画和声音播放模块可细分为浏览和复读模块。

(2)模块描述。

文本阅读:可支持 Txt,Doc,chm 和 Pdf 阅读,包含一个向前翻页按钮,一个向后翻页按钮,一个返回按钮。

图片浏览:可支持 bmp,jpg 和 gif 格式图片,可单独显示也可与文本同步显示。

动画和声音播放:可支持 avi,MP3 和 wav 格式,可单独播放也可与文本同步显示。

文件下载与存储:经 USB 端口读取数据,按页存放在嵌入式设备上,分文本、图片、动画和声音四块存放。

(3)模块接口设计。

文本阅读与图片浏览间的接口设计:设置图片与文本关联的页码。

文本阅读与动画和声音播放的接口设计:设置动画和声音与文本关联的页码。

文本阅读、图片浏览、动画和声音播放与文件下载与存储的接口设计:大小,位置,数据类型。

(4)人机界面设计。人机界面的设计采用统一风格,简洁明了,以下仅列出文本浏览和图片同步的界面示意图如图 13-5 所示。

13.3.7　设计中应注意的问题

嵌入式软件设计中应注意以下事项:

(1)简单设计;

(2)避免动态分配内存,多采用静态分配方法;

(3)数组的大小尽量统一;

(4)划分尽量少的任务;

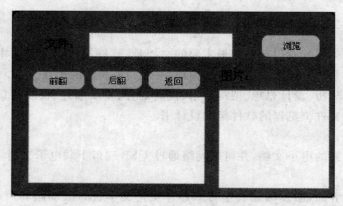

图 13-5　文本同步图片浏览界面示意图

(5)避免多线程,可串行的操作尽量不强行并行化;

(6)仅对最频繁执行的任务进行优化;

(7)尽量采用简单排序和搜索算法;

(8)可采用状态机简化设计;

(9)用时间戳来避免时间消耗;

(10)设计应尽量考虑系统未来的扩展和维护;

(11)尽量采用面向对象技术。

13.4　嵌入式软件测试

软件测试是指使用人工或自动的手段来运行或测定某个系统的过程,测试的中心任务是发现系统中的缺陷,主要目的是检验系统是否满足规定的需求,或验证预期结果与实际结果是否一致。在系统开发过程中,测试有助于提高系统的品质。软件测试的目的是发现软件中的错误,而不是肯定软件没有错误。嵌入式软件测试的目的是发现和嵌入式系统需求相关的缺陷,并提出经常性的良好建议,对开发团队提出系统深入的明显缺陷或隐含的可能缺陷,从而让管理者能依据测试说明做出更好决定,合理调配资源来提高整个系统的性能。尽管嵌入式软件测试没有一个或者若干个普遍适用到所有嵌入式系统中的测试方法,但是对于目前行之有效的嵌入式测试方法仍然存在许多相似性,对于不同的嵌入式系统中由测试所发现的问题也存在相似的解决方法,在此,所要讨论的测试方法也就是指适用于绝大多数嵌入式系统的基本测试原则。

13.4.1　嵌入式软件的测试方法

嵌入式软件测试是为特定的系统组合恰当的测试方法,这组特定测试方法与被测试的嵌入式系统的特性相关。对于任何嵌入式系统,测试原则的基础是通用元素,如根据一定的生命周期来计划测试项目、采用标准化技术、专用的测试环境、测试团队和测试报告等。通用元素与结构化测试的四个要素,生命周期、技术、基础设施和团队紧密相关。测试中通用元素的设计遵循一个原则,这四个要素必须均等体现在测试中,不能忽略任何一个。可以侧重其中之一,如生命周期为中心元素进行测试,则生命周期是其他元素的关联主线,在嵌入式软件的生命周期的不同阶段,其他元素的技术路线和测试环境各不相同。测试原则将各个不同的测试方法按照一定的机制组合,构成结构化测试。嵌入式系统的测试中存在一些相同的基本原理,在不考虑细节的前提下,每个测试项目都会选择许多具体的特定方法,来解决特定处理特性的嵌入式系统的特定问题,如基于风险的系统安全性测试,对自治系统采用专用的自动测试工具来执行自动测试,如对人造卫星等“一次性”系统的回归性测试等。嵌入式原则的必须考虑系统的特性,由系统特性所引起的需要测试的问题,在对这些问题制定测试计划是,必须考虑嵌入式系统的独特性,如强调系统安全性的嵌入式系统测试中,可成立特殊的安全团队,采用稀有事件测试的技术,进行负载强度的测试;再如自治系统,可采用硬件和软件循环的方法测试其自治性。

13.4.2　嵌入式软件的测试工具

虽然在嵌入式软件测试中并不是绝对需要工具,但是合适的测试工具可以让测试人员达到事半功倍的效果。嵌入式测试工具种类繁多,可按照使用工具的测试阶段分为:

(1)进度控制工具,缺陷管理工具等(计划阶段)。

(2)需求管理工具,复杂性分析工具等(准备阶段)。

(3)测试用例生成器,测试数据生成器等(细化阶段)。

(4)监视器,逻辑分析仪,比较程序,覆盖范围分析程序等(执行阶段)。

测试工具按照测试目的可分为内存分析工具,性能分析工具,覆盖分析工具,缺陷跟踪工具等。

嵌入式系统的内存资源通常是受限的,内存分析工具可以用来处理在进行动态内存分配时产生的缺陷。当动态分配的内存被错误地引用时,产生的错误通常难以再现,出现的失效难以追踪,使用内存分析工具可以很好地检测出这类缺陷。目前常用的内存分析工具有软件和硬件两种。基于软件的内存分析工具可能会对代码的执行性能带来很大影响,从而影响系统的实时性;基于硬件的内存分析工具对系统性能影响小,但价格昂贵,并且只能在特定的环境中使用。嵌入式系统的性能通常是一个非常关键的因素,开发人员一般需要对系统的某些关键代码进行优化来改进性能。如时间性能分析工具可以提供有关数据,帮助确定哪些任务消耗了过多的执行时间,从而可以决定如何优化软件,以获得更好的时间性能。在进行白盒测试时,可以使用代码覆盖分析工具追踪哪些代码被执行过。分析过程一般通过插桩来完成,插桩可以是在测试环境中嵌入硬件,也可以是在可执行代码中加入软件,或者是两者的结合。开发人员通过对分析结果进行总结,可以确定哪些代码被执行过,哪些代码被遗漏了。目前常用的覆盖分析工具一般都提供有关功能覆盖、分支覆盖、条件覆盖等信息。

嵌入式软件的测试工具种类很多,功能相差很大。主要的有:

(1)CODETEST。CODETEST 是一款由 METROWERKS 公司推出的嵌入式软件测试工具。CODETEST 为测试嵌入式应用程序,分析软件性能,测试软件的覆盖率等提供了一个实时在线的高效测试和分析工具。CODETEST 系统主要包括以下四个功能模块:性能分析,CODETEST 能够同时对多达 32 000 个函数进行非采样性测试,精确计算出每个函数或任务的执行时间或间隔,并能给出其最大和最小的执行时间;测试覆盖分析模块,CODETEST 能支持多种嵌入式软件覆盖性测试;CODETEST 覆盖率信息包括程序实际执行的所有内容,而不是采样的结果,它能以不同颜色区分运行和未运行的代码,CODETEST 可以跟踪超过一百万个分支点,特别适用于测试大型嵌入式软;动态存储器分配分析,CODETEST 能分析出有多少字节的存储器被分配给了程序的哪一个函数。这样就不难发现哪些函数占用了较多的存储空间,哪些函数没有释放相应的存储空间。甚至还可以观察到存储体分配情况随着程序运行动态的增加和减少,即 CODETEST 可以统计出所有的内存的分配情况。随着程序的运行,CODETEST 能够指出存储体分配的错误,测试者可以同时看到其对应的源程序内容;执行追踪分析,CODETEST 可以按源程序,控制流以及高级模式来追踪嵌入式软件。最大追踪深度可达 150 万条源码级程序。

(2)RTRT(Rational Test RealTime)。RTRT 是一款由 IBM 推出的测试工具。RTRT 可帮助测试人员创建测试脚本、执行测试用例和生成测试报告,并提供对被测代码进行静态分析和运行时分析功能。主要功能特色有支持代码静态分析、功能测试和运行时分析等;集代码编辑、测试和调试于一体;通过分析源代码,自动生成测试驱动(Test Driver)和桩(Test Stub)模板;测试执行后自动生成测试报告和各种运行时报告,测试报告可显示出通过或失败的测试用例,而运行时分析报告包括代码覆盖分析报告,内存分析报告、性能分析报告和执行追踪报告。

(3)LOGISCOPE。LOGISCOPE 是法国 Telelogic 公司推出的专用于软件质量保证和软件测试的产品。其主要功能是对软件做质量分析和测试以保证软件的质量。LOGISCOPE 主要由三个功能模块组成:

1)规则检查器(RuleChecker):Logiscope RuleChecker 根据为项目定制的规则自动地检查代码编程规则。可以避免错误陷阱和代码误解。预定义 220 多个的编程规则,例如:名称约定(如局部变量用小写等),表示约定(如每行一条指令),限制(如不能用 GOTO 语句,不能修改循环体中的计数器等),也可以选用 MISRA(The MotorIndustry Software Reliability Association)规则指南。用户可以从这些规则中选择,也可以定义新的规则;RuleChecker 用所选的规则对源代码进行验证。指出所有不符合编程规则的代码,并提出改进源代码的解释和建议;RuleChecker 通过文本编辑器直接访问源代码并指出需要纠正的位置;RuleChecker 可生成 HTML 格式的代码规则的审核报告,供软件团队成员参考。

2) 测试检查器(TestChecker):Logiscope TestChecker 分析代码测试覆盖率和显示未覆盖的代码路径。发现未测试源代码中隐藏的 Bug,来提高软件的可靠性。Logiscope Test-Checker 产生每个测试的测试覆盖信息和累计信息。用直方图显示覆盖比率,并根据测试运行情况实时在线更改。随时显示新的测试所反映的测试覆盖情况。Logiscope TestChecker 允许所有的测试运行依据其有效性进行管理。用户可以减少那些用于非回归测试的测试。Logiscope TestChecker 是基于源代码插针技术的测试工具,它要与用户的测试环境兼容。

3) 代码检查器(CodeChecker):验证应用程序与质量模型的一致性。代码检查器和静态分析器(Static Analyzer)通过阅读器(Viewer)产生用于应用程序分析的数据。代码检查器(CodeChecker)可以使我们尽早发现和修改质量缺陷。这对质量控制尤为重要。

4) 静态分析器(Static Analyzer):Static Analyzer 帮助定位错误的代码模块。一旦发现错误代码模块,Static Analyzer 可提供基于软件度量和图形的质量信息,能够帮助用户诊断问题和做出判断(是重写模块还是作更彻底的测试)。

(4)逻辑分析仪。逻辑分析仪是在不中断被测试程序运行流程的基础上,对程序运行中的相关细心进行采集和分析,再通过真实再现程序运行的逻辑流程和分析程序运行数据,从而优化系统设计和解决嵌入式系统面临的问题。逻辑分析仪主要功能:有真实再现程序运行流程;发现系统死锁和软件造成的死机;发现系统内存泄漏;指导任务的合理划分;指导关键路径的设计与验证;指导任务堆栈的合理分配;CPU 使用率的统计;指导合理设计中断服务程序。如图 13-6 所示为逻辑分析仪的堆栈使用率统计结果。

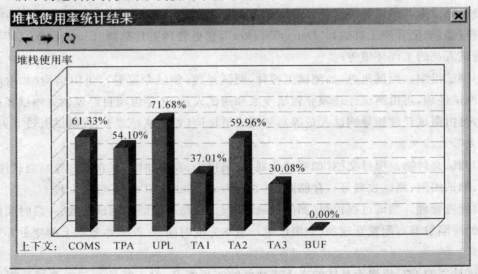

图 13-6　堆栈使用率统计图

13.4.3　嵌入式软件测试计划的编写

嵌入式测试计划内容一般包括：

(1)分配任务。委托人是谁，承包人是谁，验收测试的范围是什么，测试的目标是什么(如确定系统是否满足需求，报告观测行为与预期行为之间的差异，交付测试件以便复用等)，测试的前提条件是什么(如外部的：某日系统文档交付，某日系统交付以供测试，某日测试完成；内部的：测试对象已经成功通过项目检查可进行测试，在测试执行时测试工具是否准备好，在测试时开发部门是否随时解决任何障碍性问题等)。

(2)测试基础。产品规范(如一般功能设计、详细功能设计完成日期、用户手册交付日期等)，标准(如测试产品内部标准等)，用户手册(如测试环境用户手册等)，项目计划(如被测项目计划)，制订计划(如计划开发团队)。

(3)测试策略。采取具体测试方法的前提(如与委托人、项目领导和测试经理商定，而且假设模块测试和集成测试已经由开发团队完成等)，针对质量特性的测试以及对其总要性的估算(如：功能测试占 50%，可用性占 30%，可靠性占 20%等)，规定每个系统部分的测试技术(如 A 部分采用状态转换法测试，B 部分采用基本比较法测试，A,B 和 C 部分都必须采用稀有事件测试方法等)，估计测试工作量(如测试计划制定 30 h，测试执行时间 300 h 等)。

(4)制定具体测试计划(如确定测试任务的开始日期和完成日期，包括超时预算等)。

(5)隐患、风险和措施(如测试交付日期可能延期如何应对，当产品交付测试时开发团队已经解散等)。

(6)基础设施。测试环境选择(如：测试 PC 机器的配置，测试团队的人员构成等)，测试工具的选择(如：缺陷管理工具选择"DefectTracker"，变更管理工具选择"ChangeMaster"等)，环境(如测试人员的工作环境等)。

(7)测试组织。测试角色(如测试工程师，测试经理，领域专家等)，组织结构(如由产品经理领导测试经理，再由测试经理领导领域专家和测试人员，还是由项目经理领导测试经理和领域专家，再由测试经理领导测试人员等)，测试成员比例(如测试经理 1 人、测试人员 5 人、领域专家 2 人等)。

(8)测试交付物。项目文档(如测试计划、缺陷报告、发布建议、审查报告等)，测试件(如测试脚本、测试用例、测试数据等)，存储路径(如\\Prod_Manag\Test_DOC\..)。

(9)配置管理。测试过程控制(如出现缺陷的总数、每个缺陷的测试次数、一段时间内每个级别下的缺陷数等)，配置管理项(如测试第一版本完成时间、在此版本基础上的变更等管理方法)。

测试计划的编写依赖于具体的嵌入式软件的实现细节，对于特殊细节的测试计划项目可在此模板基础上具体情况具体分析，但是此模板中的所有信息是嵌入式软件测试计划中必不可少的项目。

13.5　本 章 小 结

本章介绍了嵌入式软件设计的基本概念,概述了嵌入式软件的开发步骤,介绍了嵌入式软件需求分析的主要步骤和编写需求说明的方法,嵌入式软件构架设计的步骤和编写设计说明的方法,嵌入式软件测试的方法和工具,为嵌入式软件开发学习提供了良好的思路。

本 章 练 习

1.嵌入式软件包括哪些内容?
2.如何编写嵌入式软件需求规格说明书?
3.嵌入式软件构架设计的步骤是什么?
4.简述嵌入式软件测试方法。

参考文献

[1]　王庆育. 软件工程[M]. 北京:清华大学出版社,2004.

[2]　胡飞,武君胜,等. 软件工程基础[M]. 北京:高等教育出版社,2008.

[3]　赵池龙. 实用软件工程[M]. 北京:电子工业出版社,2003.

[4]　Grady Booch. 面向对象的分析与设计[M]. 冯博琴,冯岚,薛涛,等,译. 北京:机械工业出版社,2003.

[5]　刘超,张莉. 可视化面向对象建模技术:标准建模语言 UML 教程[M]. 北京:北京航空航天大学出版社,2001.

[6]　孙家广,刘强. 软件工程——理论、方法与实践[M]. 北京:高等教育出版社,2005.

[7]　Soren Lauesen. 软件需求(Software Requirements)[M]. 刘晓晖,译. 北京:电子工业出版社,2002.

[8]　卢潇. 软件工程[M]. 北京:清华大学出版社,2005.

[9]　刘志峰. 软件工程技术与实践[M]. 北京:电子工业出版社,2004.

[10]　陈绍英,刘建华. LoadRunner 性能测试实践[M]. 北京:电子工业出版社,2007.

[11]　李伟波,刘永祥,等. 软件工程[M]. 武汉:武汉大学出版社,2006.

[12]　李代平,等. 软件工程[M]. 北京:清华大学出版社,2008.

[13]　Ken Schwaber,Mike Beedle. Agile Software Devleopment with Scrum [M]. 北京:清华大学出版社,2004.

[14]　Ron Patton. Software Testing[M]. 北京:机械工业出版社,2006.

[15]　肖刚. 实用软件文档写作[M]. 北京:清华大学出版社,2005.

[16]　刁成嘉. 软件工程导论[M]. 天津:南开大学出版社,2006.

[17]　Kerzner H. 项目管理:计划、进度和控制的系统方法[M]. 北京:电子工业出版社,2006.

[18]　康一梅. 嵌入式软件设计[M]. 北京:机械工业出版社,2007.

[19]　黄林鹏,徐小辉,伍建焜. 面向对象软件工程[M]. 北京:机械工业出版社,2009.